基于可持续发展的
绿色建筑设计与节能技术研究

王爱风　王　川　著

电子科技大学出版社
University of Electronic Science and Technology of China Press
·成都·

图书在版编目（CIP）数据

基于可持续发展的绿色建筑设计与节能技术研究
王爱风，王川著. -- 成都：电子科技大学出版社，
2020.6
ISBN 978-7-5647-7879-8

Ⅰ.①基… Ⅱ.①王… ②王… Ⅲ.①生态建筑–建
筑设计–节能设计–研究 Ⅳ.①TU201.5

中国版本图书馆CIP数据核字（2020）第088619号

基于可持续发展的绿色建筑设计与节能技术研究

王爱风　王　川　著

策划编辑　　杜　倩　李述娜

责任编辑　　李述娜

出版发行　　电子科技大学出版社
　　　　　　成都市一环路东一段159号电子信息产业大厦九楼　邮编　610051
主　　页　　www.uestcp.com.cn
服务电话　　028-83203399
邮购电话　　028-83201495

印　　刷　　定州启航印刷有限公司
成品尺寸　　170mm×240mm
印　　张　　21
字　　数　　386千字
版　　次　　2020年6月第一版
印　　次　　2020年6月第一次印刷
书　　号　　ISBN 978-7-5647-7879-8
定　　价　　79.00元

前　言

　　建筑节能在可持续发展的基础之上，成为一个受到普遍关注和日益紧迫的问题。生态、节能、可持续发展是 21 世纪人居环境建设的一个必然的发展方向。倡导生态文明建设，不仅对我国自身发展有着深远的影响，也是我国面对全球日益严峻的生态问题做出的庄严的承诺。我国正处于经济快速发展的阶段，资源消耗总量迅速增长，因此非常有必要树立和认真落实科学发展观，坚持可持续发展的理念。我国政府把节约资源作为一项基本国策并加以高度重视，且提出建设资源节约型、环境友好型社会的长期战略目标。建筑的发展在一定程度上推动了经济的高速发展，但同时也带来了很大的能源消耗，在当前的技术水平下，不可再生能源面临着加速消耗和地球环境日益恶化的问题。因此，坚持发展特色的绿色建筑是当务之急。

　　早在 20 世纪 70 年代的时候，发达国家就已经开始探索"绿色建筑""可持续建筑"的发展战略以及相关技术，并制定了一系列的节能标准、法规和评价指标体系，建造了很多生态型、可持续发展的建筑。一些著名的建筑师设计了很多具有代表性的节能建筑，不管是在技术上还是在设计思想上，都提倡最大限度地利用可持续发展生态建筑材料。我国建筑面积基数较大，建筑能耗总量较大，但是就单位建筑面积能耗和人均能耗水平来说，我国仍然远远低于发达国家的水平，因此在这种情况下，从能源节约、生态环境关注等角度审视基于可持续发展的绿色建筑设计与节能技术，在设计建筑的过程中最大限度地节约资源、保护环境、减少污染，为人们提供健康和高效的使用空间。

　　本书以可持续发展的绿色建筑为研究对象，分析当前绿色建筑的基本概况，并对当前的绿色建筑设计标准、设计要素、设计特点、设计技术等进行了详细的论述。本书具有内容丰富、实用性强等特点，对从事建筑设计、建筑工程等方面的工作者和研究者具有学习和参考价值。

　　本书写作任务分配详情：第一章至第五章由王爱凤老师撰写，共计约 19 万字；第六章至第十二章由王川老师负责撰写，共计约 18 万字。在撰写本书的过程中，作者参阅了大量国内外有关绿色建筑的文献资料，并对其中一些专家学者的研究成果进行了引用，这里表示最诚挚的谢意。由于时间较为仓促，加之作者水平有限，书中难免存在疏漏与不妥之处，恳请广大读者提出宝贵的意见和建议，以便日后更好地完善此书。

著者

2020 年 3 月

C目录
Contents

第一章 基于可持续发展的绿色建筑概述

第一节　可持续发展建筑的基本概念

一、"可持续发展"概念的提出

自 20 世纪 70 年代以来，面对着资源和环境这威胁人类发展的两大危机，特别是以全球气候变暖、臭氧层损耗和生物多样性消失等为代表的环境问题，使人们认识到一味地向大自然索取是不行的。因此，必须寻求一条新的发展道路。

1972 年 6 月，联合国人类环境会议在瑞典召开。会议通过了《联合国人类环境宣言》，倡导各国政府和人民为维护及改善人类环境、造福子孙后代而共同努力。联合国人类环境大会是一次具有跨时代意义的盛会，它标志着环境问题已经开始列入人类发展的议程。以此为开端，人类开始对实现资源、经济、社会、环境协调统一的新发展模式进行深入探索。

1980 年，联合国向世界发出呼吁：必须研究自然的、社会的、生态的、经济的以及利用自然资源过程中的基本关系，确保全球持续发展。同年，由世界自然保护联盟（IUCN）牵头，联合国环境规划署（UNEP）和世界野生生物基金会（WWF）等国际组织共同参与的研究团体，发表了题为《世界自然保护大纲》的重要报告。该报告分析了保护和发展之间的关系，首次提及可持续发展一词，报告中将可持续发展理解为"为使发展得以继续，必须考虑社会和生态因素，考虑生物及非生物资源基础"。

1981 年，美国世界观察研究所所长布朗《建设一个可持续发展的社会》一书出版，阐明了可持续发展的社会属性。

1983 年 12 月，联合国成立了由挪威首相布伦特兰夫人（Gro Harlem Brundtland）领导的世界环境与发展委员会（WCED）。该委员会于 1987 年向联合国大会提交报告——《我们共同的未来》，报告中提出了可持续发展的定义：可持续发展是既满足当代人的需要，又不对后代人满足其需要的能力构成危害的发展。对此又做了进一步的解释：可持续发展包括两个主要概念，一个是需求的概念，尤其是世界上贫穷人民的基本需要，应将此放在特别优先的地位来考虑；另一个是限制的概念，即技术状况和社会组织对环境满足当代和后代需要的能力是有限的。同时，该报告以可持续发展为基本纲领，提出了一系列政策和建议，这是首次明确地提出可持续发展的概念，标志着可持续发展战略的初步形成。

1989 年，联合国环境规划署通过了《关于可持续发展的声明》。该声明指出，可持续的发展，系指满足当前需要而又不削弱子孙后代满足其需要之能力的发展，而且绝不包含侵犯国家主权的含义。联合国环境规划署理事会认为，要达到可持续的发展，涉及国内合作和跨越国界的合作。可持续发展意味着走向国家和国际的公平，包括按照发展中国家的国家发展计划的轻重缓急及发展目的，向发展中国家提供援助。此外，可持续发展意味着要有一种支援性的国际经济环境，从而导致各国特别是发展中国家的持续经济增长与发展，这对于环境的良好管理也是具有很大的重要性的。可持续发展还意味着维护、合理使用并且提高自然资源基础，这种基础支撑着生态抗压力及经济的增长。再者，可持续发展还意味着在发展计划和政策中纳入对环境的关注与考虑，而不代表在援助或发展资助方面的一种新形式的附加条件。这标志着"可持续发展"概念正式提出。

1991 年，世界自然保护联盟、联合国环境规划署和世界野生生物基金会又联合发表了一份重要报告——《保护地球—可持续生存战略》。该报告提出应通过以下两个方面来改进人类状态：一方面保证人类社会广泛深入地信守可持续生存这种新的伦理观，并将这种伦理的原则付诸实施；另一方面是使"保护"与"发展"相结合，"保护"要求人类的行为不能超越地球本身所容许的范围，"发展"要使人类都能够享受到长期的、健康的和充实的生活。

1992 年 6 月，在巴西里约热内卢召开的联合国环境与发展大会上，以"可持续发展"为指导方针，通过了《里约环境与发展宣言》《21 世纪议程》和《关于森林问题的原则声明》，签署了《联合国气候变化框架公约》和《生物多样性公约》。这次会议是人类发展历程中一个重要的里程碑，它正式确立了可持续发展作为人类社会共同发展战略和全球行动纲要的关键角色，并开始将可持续发展从理论引入实践，在各项活动中付诸实施。

2002 年 9 月，在南非约翰内斯堡召开的可持续发展世界首脑会议上，通过了《可持续发展世界首脑会议实施计划》和《约翰内斯堡可持续发展宣言》，进一步重申了各国政府对可持续发展在思想和行动上所做的承诺，制定了一系列具体的环境和发展目标，明确了当前的共同责任是在地方、国家、区域和全球范围内促进和加强经济、社会和生态这三者可持续发展。

二、可持续发展的内涵

可持续发展是人类传统发展观念的一次重大转变。自正式提出可持续发展概念以来，国内外众多学者分别从各自所从事的学科角度出发，对其所包含的深刻内涵进行了概括和总结，据说有 98 种之多。

其中在最一般意义上为世人所广泛接受和认同的是由挪威前首相布伦特兰夫人主持的联合国世界环境与发展委员会（WCED）提出的可持续发展的概念，即在联合国环境规划署第 15 届理事会通过的《关于可持续发展的声明》中所提出的"可持续发展"概念，江泽民将其概括为：所谓可持续发展，就是既要考虑当前发展的需要，又要考虑未来发展的需要，不要以牺牲后代人的利益为代价来满足当代人的利益。

一种观点认为，可持续发展包括三方面的含义：人类与自然界的共同进化思想；当代与后代兼顾的伦理思想；效率与公平目标兼容的思想。

还有观点认为，可持续发展的内涵体现为：可持续发展不否定经济增长，尤其是穷国的经济增长，但需要重新审视如何推动和实现经济增长；可持续发展以自然资源为基础，同环境承载力相协调；可持续发展以提高生活质量为目标，同社会进步相适应；可持续发展承认并要求在产品和服务的价格中体现出自然资源的价值；可持续发展的实施以适宜的政策和法律体系为条件，强调综合决策和公众参与。

有的学者认为，可持续发展的要点在于：发展的内涵既包括经济发展，也包括社会的发展和保持、建设良好的生态环境；自然资源的永续利用是保障社会经济发展的物质基础；自然生态环境是人类生存和社会经济发展的物质基础；控制人口增长与消除贫困，是与保护生态环境密切相关的重大问题。

还有的学者认为，对可持续发展的认识和理解应强调以下方面：可持续发展的核心是发展，发展包括经济发展、社会发展和保持建设良好的生态环境；可持续发展的重要标志是资源的永续利用和良好的生态环境；可持续发展要求既考虑当前发展的需要，又考虑未来发展的需要，不以牺牲后代人的利益为代价来满足当代人的利益；实现可持续发展战略的关键在于综合决策机制和管理机制的改善；实施可持续发展战略的最浓厚根源在于民众之中。

三、可持续发展的原则

可持续发展是从环境保护和资源持续利用的角度提出的关于人类长期发展

的战略，它特别强调环境和资源的承载能力及其对经济和社会发展的重要性，实现可持续发展的过程即是依靠科技进步、节约资源与能源、减少污染排放、采取清洁生产和绿色消费，由资源型发展模式转变成技术型发展模式的过程。可持续发展体现了以下几个原则：

（一）发展性原则

实现人类社会的发展才是最终目的，可持续发展强调维持新的平衡，谋求经济、社会与生态系统的协调发展。正如在《我们共同的未来》中明确指出的："为了公平地满足今世后代在发展与环境方面的需求，寻求发展的权利必须实现。"这里的发展主要包括转变经济增长方式、减少贫穷、改善工业技术、提高资源利用效率、降低环境污染和改善人民生活质量等。

（二）公平性原则

可持续发展强调机会选择的平等，要求实现社会公平，这包括当代人之间的代内公平、当代人与后代人之间的代际公平和资源在人们之间的分配公平。代内公平指要满足全体人民的基本需求和给全体人民机会以满足他们要求较高生活的愿望。代际公平指当代人不应为自己的发展和需求而损害世世代代满足需求的条件——自然资源与环境，人类赖以生存的自然资源是有限的，当代人必须给子孙后代留以公平利用自然资源的权利。资源分配公平指有限的自然资源应在不同国家和不同人群中公平分配和利用，占世界人口较少部分的发达国家消耗了世界绝大多数的资源，发达国家的发展以掠夺发展中国家的有限资源为代价，这是不公平的，人类均具有平等利用资源和环境的权力。

（三）可持续性原则

发展要以资源和环境的承载能力为极限，若只顾发展而忽略了资源和环境的可持续性，则长远发展必将丧失牢固的根基，因此，需转变不可持续的生产和消费模式，保持自然资源的持续利用和生态环境的持续改善。人类应根据生态系统的承载能力，调控自身的行为，确定合适的生活方式和消费标准，合理开发利用自然资源，使资源和环境能够被人类持续享用。

（四）整体性原则

可持续发展包括经济可持续发展、社会可持续发展和生态可持续发展。经济可持续发展是指在不损害生态环境和自然资源质量水平的前提下，实现经济的增长和发展；社会可持续发展是指发展应以提高人民生活质量为目标，满足人类不断增长的物质需求和精神需求，同时要兼顾公平和效率；生态可持续发展是指经济和社会的发展要以节约利用资源和保护生态环境为基础，不能以破坏生态环境为代价，生态可持续发展又可分为资源可持续利用和环境可持续发展。可持续发展主张必须维护经济、社会和生态的整体协调统一，不能只注重某一方面而忽视其他方面，这样才能确保经济、社会和生态不断地持续向前发展。

（五）共同性原则

由于世界各国历史文化、自然条件和发展水平各异，在制定可持续发展战略时所考虑的各因素的重要性必有所不同，可持续发展的目标、模式和途径也不可能是唯一的，但是，作为全球发展的总目标，可持续发展所体现的基本原则是共同的。同时，由于各国之间经济、社会、资源和环境的相互依赖性，每个国家不可能单独实现本国的可持续发展，而必须联合起来，采取协调的行动，实现全球的可持续发展。

第二节　绿色建筑的基本概念

一、绿色建筑的基本概念

建筑从广义上讲是研究建筑和环境的学科，其涵盖的范围十分广泛。由于地域、观念、经济、技术等方面的差异，不同的学者对建筑的定义也不尽相同。大百科对"建筑"定义为："人工建造的供人们进行生产、生活等活动的房屋或场所。"

绿色建筑是建筑的重要理念与形式。根据国家标准《绿色建筑评价标准》（KGB/T 50378—2014）的定义，"绿色建筑是指在建筑的全寿命周期内，最大限度地节约资源（节能、节地、节水、节材）、保护环境和减少污染，为人们提供健康、适用和高效的使用空间，与自然和谐共生的建筑。"

二、"绿色建筑"思潮的产生

"绿色建筑"的思潮最早起源于 20 世纪 70 年代的两次世界能源危机，当时因为石油恐慌，兴起了建筑界的节能设计运动，同时也引发了"低能源建筑""诱导式太阳能住宅""生态建筑""风土建筑"的热潮，至今成为环境设计思潮的主流之一，最近，产生了"生命周期评估""CO_2减量""生物多样性设计"等全面性的地球环保设计理念，形成今日最新的绿色建筑理念。

回顾人类建筑的发展史，从新石器时代直到工业革命前夕，尽管出现过许多著名的建筑，但其本质上还属于人类遮风避雨和御寒的掩蔽所。那时除了人们为御寒、烹饪和照明消耗少量的天然能源之外，建筑基本上是不耗能的。在生产力低下的条件下，人类改变自然的能力有限，对自然的破坏能力也有限。天然能源再生和生态平衡恢复的速度远远高于人类消耗的速度。

工业革命实现了人类科学技术的跨越式发展，现代化城市里真正意义上的"高楼大厦"鳞次栉比，人口和建筑密度空前提高。钢材、水泥等建筑材料的应用，带动了建筑结构理论的发展，使建筑物在高度上已经没有什么技术障碍；而动力机械和电力的应用，锅炉、电气照明、电梯、空调等标志现代文明的设施使西方国家富裕起来的人们有条件去追求建筑的舒适性，进入所谓"舒适建筑"阶段。尤其是第二次世界大战后，西方国家的建设规模巨大，对自然资源进行掠夺式开发，对自然界的破坏力也是空前巨大的。到 20 世纪中叶，正是建筑现代主义最盛行的时候，建筑设计朝向全面机械化、设备化的模式，例如全天候的中央空调、全玻璃的建筑外观、24 h 供应的热水系统、夜不熄灯的全面人工照明等设计充斥全世界，消耗着地球资源。人类由于掌握了现代技术，有恃无恐地试图征服自然、抗衡自然，人类与自然界之间的和谐被打破了。

20 世纪 70 年代，由于各种原因，中东产油国家联合起来对以美国为首的发达国家实行石油禁运，使得发达国家不得不以牺牲生活质量、降低生活水准为代价，节制使用能源。由此带来的直接影响是建筑室内空气品质的劣化，员工工作效率的降低和各种"现代病"（如建筑病综合征 SBS、大楼并发症和多种化学物过敏症等）的出现。这一阶段出现的智能建筑，基本上秉承了密闭空间、人工环境的设计思路。于是，室内空气品质成为学者们研究的热点，兴建"健康建筑"成为潮流。

石油危机之后，油价不断下跌。为了改善室内空气品质、创造健康环境，建筑能耗又有所反弹，甚至超过石油危机之前。特别是在智能建筑里，大量办公设备的采用使得其夏季空调冷负荷为一般办公楼的 1.3 ～ 1.4 倍，而冬季空调热负荷却仅为一般办公楼的 50%。冬季在高层办公楼的内区还需要开动制冷机供冷，过渡季节同时供冷供热。特别是新兴的互联网中心和门户网站，每平方米的设备发热量达到了 1 kW，是普通办公楼的 10 倍。

早在 100 多年前，恩格斯就指出：人类不能陶醉于对自然的胜利，每次胜利之后，都是自然的报复。进入 20 世纪 90 年代，人们发现，酸雨的出现频率和覆盖范围在增加，地球臭氧层空洞在不断扩大，全球温暖化进程在加速，异常气候出现的周期在缩短，微生物的变异使得某些细菌和病毒更具对人类的杀伤力。严酷的现实使人们认识到，工业革命之后短短一二百年间的建筑发展历程，实际上是人类在以不可再生的资源和能源作为武器试图征服大自然的过程。人类与自然的和谐被打破了，其结果是人与自然两败俱伤。大自然大规模的报复引发的一系列环境和生态事件，一些有识之士开始觉醒。于是，学者们提出"绿色建筑"的概念。

绿色建筑是指为人们提供健康、舒适、安全的居住、工作和活动的空间，同时在建筑全生命周期（物料生产、建筑规划、设计、施工、运营维护及拆除过程）中实现高效率地利用资源（能源、土地、水资源、材料），最低限度地影响环境的建筑物。

三、绿色建筑的基本特点

绿色建筑的基本特点有如下三个方面。

（一）社会性

绿色建筑的社会性主要是从建筑观念问题出发进行考量的，指这种建筑形式必须贴近现代人的生活水平、审美要求和道德、伦理价值观。

从绿色建筑的社会性出发，其要求建筑者在建设领域及日常生活中约束自身的行为，有意识地考虑建筑过程中生活垃圾的回收利用、控制烟气的排放，如何在建筑过程中做到节能环保等。

这些问题的解决不仅是技术问题，同时也体现出了绿色建筑设计者的建筑理念、生活习惯、个人意识等。建筑设计者如何从社会的角度出发进行设计，需要公共道德的监督和自我道德的约束。这种道德，即是所谓的"环境道德"或"生态伦理"。

除此之外，由于现代社会生活和工作节奏快，人们面临的压力大等问题，因此对建筑的舒适程度与健康程度都有着较强的关注，甚至对上述两个方面的关注要高于对建筑中能源和资源消耗的关注。这也给建筑设计者的绿色建筑设计带来了一定的难题。

绿色建筑设计者应该从建筑的社会性出发，在满足现代人心理需求的前提下进行设计。否则一味地强调建筑的环保性和节约性，其对人们的吸引力也不会提高。

（二）经济性

绿色建筑是从环境和社会的角度出发进行的设计，因此对于社会的可持续发展有着积极的推动作用。但是，由于绿色建筑在初期建设阶段投资往往较高，很多建筑投资者并不十分看好这种建筑形式。

企业若想资源投资建设生态建筑，就应该从经济性出发，考虑建筑的全生命周期，并综合考虑绿色建筑的价值。具体来说，建筑设计者需要考虑以下两个要素。

（1）如何降低建筑在使用过程中运行费用。

（2）如何减少建筑对人体健康、社会可持续发展的影响。所谓建筑的全生命周期是指从事物的产生至消亡的过程所经历的时间。就建筑而言，从能源和环境的角度，其生命周期是指从材料与构件生产（含原材料的开采）、规划与设计、建造与运输、运行与维护直至拆除与处理（废弃、再循环和再利用等）的全循环过程；从使用功能的角度，是指从交付使用后到其功能再也不能修复使用为止的阶段性过程，即是建筑的使用（功能、自然）生命周期。建筑的生命周期成本如图1-1所示。

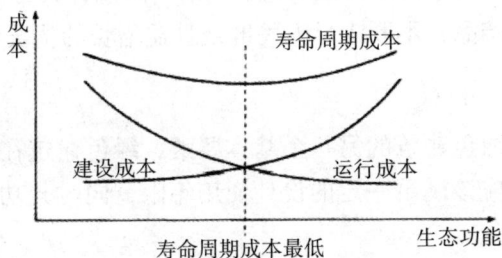

图1-1　建筑的生命周期成本

绿色建筑在设计时要注意平衡建筑成本以及后期的运营维护成本。

（三）技术性

绿色建筑的发展不仅需要科学的设计理念作为支撑，还需要设计者立足于现有社会资源和技术体系，设计出真正满足人们生产、生活需求的建筑。因此，绿色建筑还应该具有技术性。

但是需要说明的是，绿色建筑的技术性也是和其社会性紧密相连的。虽然传统木质、岩石、黏土等结构建筑材料最为生态环保，但是却不能满足现代社会的生活方式。原始人的巢穴也是人类居住的场所，也是最环保的居住方式，但是时代不同，建筑的要求也应该更加多元化。

因此，绿色建筑在技术性的要求下应该使用新的技术与材料，融合绿色建筑设计者的理念与方式，结合现代社会的环保问题进行设计。

四、绿色建筑的基本要素

（一）自然和谐

自然和谐是绿色建筑设计的基本要素之一，同时也体现出了绿色建筑的本质特征。

我国传统文化推行"天人合一"的唯物辩证法思想，绿色建筑理念便是这一思想的反映。

人与自然的关系是人类社会最基本的关系，人类也总是在同自然的互动中生产、生活、发展。生态环境是人类生存和发展的根基，生态环境变化直接影响文明兴衰演替。习近平同志强调，生态环境是关系党的使命宗旨的重大政治问题，也是关系民生的重大社会问题。广大人民群众热切期盼加快提高生态环境质量。我们要积极回应人民群众所想、所盼、所急，大力推进生态文明建设，提供更多优质生态产品，不断满足人民群众日益增长的优美生态环境需要。

（二）经久耐用

经久耐用是对绿色建筑的另一个基本要素，绿色建筑在正常运行维护的情况下，其使用寿命应该满足一定的设计使用年限，同时其功能性和工作性也能得到体现。

需要指出的是，即便是一些临时性的绿色建筑物也要体现经久耐用的特点。例如，为了 2008 年北京奥运会临时搭建的中国击剑馆，其在奥运会期间作为国际广播电视中心、主新闻中心、击剑馆和注册媒体接待中心。奥运会过后，它被改为满足会议中心运营要求的国家会议中心。

（三）节约环保

节约环保是绿色建筑的第三大基本要素。绿色建筑的节能环保是一个全方位全过程的节约环保概念，包括建筑用地、用能、用水和用材，这也是人、建筑与环境生态共存和两型社会建设的基本要求。

2008 年北京奥运会的许多场馆，如国家体育馆的地基处理和太阳能电池板系统等，就融有绿色建筑节约环保的设计理念和元素。

除了物质资源方面的有形节约外，还有时空资源等方面所体现的无形节约。这就要求建筑设计者在构造绿色建筑物的时候要全方位全过程地进行通盘的综合整体考虑。

（四）安全可靠

安全可靠是绿色建筑的第四个基本要素，也是人们对作为其栖息活动场所的建筑物的最基本要求之一。安全可靠从本质上就是崇尚生命、尊重生命，是指绿色建筑在正常的设计、施工和运用与维护条件下能够经受各种可能出现的作用和环境条件，并对有可能发生的偶然作用和环境异变仍能保持必需的整体稳定性和工作性能，不致发生连续性的倒塌和整体失效。对安全可靠的要求贯穿于建筑生命的全过程中，不仅在设计中要考虑到建筑物安全可靠的方方面面，还要将其有关注意事项向与其相关的所有人员予以事先说明和告知，使建筑在其生命周期内具有良好的安全可靠性及其保障措施和条件。

绿色建筑的安全可靠性不仅是对建筑结构本体的要求，而且也是对绿色建筑作为一个多元绿色化物性载体的综合、整体和系统性的要求，同时还包括对建筑设施设备及其环境等的安全可靠性要求。例如，国家游泳中心"水立方"便在绿色建筑过程中融入了安全可靠性的理念与元素，如图 1-2 所示。

图 1-2　水立方

（五）科技先导

科技先导是绿色建筑的第五大基本要素。这也是一个全面、全程和全方位的概念。

　　绿色建筑是建筑节能、建筑环保、建筑智能化和绿色建材等一系列实用高新技术因地制宜、实事求是和经济合理的综合整体化集成，绝不是所谓的高新科技的简单堆砌和概念炒作。

　　科技先导强调的是要将人类的科技实用成果恰到好处地应用于绿色建筑，也就是追求各种科学技术成果在最大限度地发挥自身优势的同时使绿色建筑系统作为一个综合有机整体的运行效率和效果最优化。我们对建筑进行绿色化程度的评价，不仅要看它运用了多少科技成果，而且要看它对科技成果的综合应用程度和整体效果。

　　2008年北京奥运会的许多场馆，如国家体育场"鸟巢"（图1-3）和国家游泳中心"水立方"（图1-4）的内部结构等，都融有绿色建筑科技先导的设计理念和元素。

图1-3　鸟巢内部结构　　　　**图1-4　水立方内部结构**

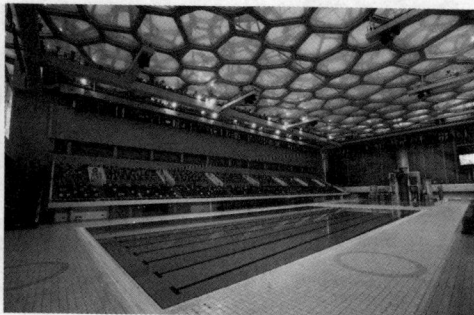

第三节　国内外绿色建筑

　　绿色建筑的发展是人类社会发展的必然路径，体现出了人类追求与自然和谐相处的努力。本节就对国内外绿色建筑的起源与发展进行总结。

一、绿色建筑的起源

　　在现代科学和工业革命的影响下，人类社会出现了前所未有的进步，但是同时也引起了严重的环境问题与发展挑战，如人口剧增、资源紧缺、气候变化、环境污染和生态破坏等问题。这些问题的出现说明，必须寻求一条人口、经济、社会发展与资源及环境相互协调的发展道路。

20 世纪 60 年代，全球兴起了一场"绿色运动"，以此寻求人类持续生存和可持续发展的空间。"生态"思想的出发点是保护自然资源，调整人类行为，满足自然生态的良性循环，保证人类生存的安全。面对保护生态环境、维护生态平衡这一全球性课题以及日益蓬勃发展的绿色运动，在建筑这一与人类息息相关的领域，生态建筑开始日益受到关注。

20 世纪 60 年代，美籍意大利建筑师保罗·索勒瑞（Paola Soleri）主张保持生态平衡并保持城市与建筑的自身特征，把生态学 Ecology 和建筑学 Architecture 两词合并为 Arology，即"生态建筑学"。

1963 年，维克多·奥戈亚（V.Olgyay）在《设计结合气候：建筑地方主义的生物气候研究》中，提出建筑设计与地域、气候相协调的设计理论。

1969 年，美国风景建筑师麦克哈格（Mc Harg）出版了《设计结合自然》一书，提出人、建筑、自然和社会应协调发展并探索了建造生态建筑的有效途径与设计方法，它标志着生态建筑理论的正式诞生。

1972 年，英国经济学家巴巴拉·沃德（BarbaraWard）和美国生物学家雷内·杜博斯（Rene Dubos）为联合国环境会议起草的报告《只有一个地球》问世，把人类生存与环境的认识提高到可持续发展的新境界。同年，罗马俱乐部发表了著名的研究报告《增长的极限》，明确提出"持续增长"和"合理的持久的均衡发展"的概念。

1976 年，安东·施耐德博士在西德成立了建筑生物与生态学会，探索采用天然的建筑材料，利用自然通风、天然采光和太阳能供暖的生态建筑，倡导有利于人类健康和生态的温和建筑艺术。

20 世纪 80 年代，巴比尔（EdwardB.Barbier）等学者发表了一系列有关经济、环境可持续发展的文章，引起了国际社会的广泛关注。

1987 年，以挪威首相布伦特兰（Gro Harlem Brundtland）为主席的世界与环境发展委员会向联合国提交了一份经过充分论证的报告——《我们共同的未来》，正式提出可持续发展概念，即"既满足当代人的需要，又不对后代人满足其需要的能力构成危害的发展"，并以此为主题对人类共同关心的环境与发展问题进行了全面论述，受到世界各国政府组织和舆论的极大重视。

1990 年，英国建筑研究院绿色建筑评估体系——BREEAM 发布，世界上首次建立科学的绿色建筑设计和评价体系。BREEAM 体系对建筑与环境的矛盾做出比较全面和科学的响应，即建筑应该为人类提供健康、舒适、高效的工作、居住、活动空间，节约能源和资源，减少对自然和生态环境的影响。此后，很多国家和地区参考 BREEAM 体系，编制本地的绿色建筑标准，如德国的 DGNB、法国的 ESCALE、澳大利亚的 NABERS、加拿大的 BEPAC 等。

1991 年，布兰达·威尔和罗伯特·威尔夫妇出版《绿色建筑：为可持续发展而设计》，提出绿色建筑系统和整体的设计方法，如节能设计、结合气候条件的设计、资源的循环利用等，使绿色建筑设计变得系统和容易操作，而不仅仅是停留在理念和技术层面。

在 1992 年巴西里约热内卢召开的联合国环境与发展会议上，"可持续发展"的战略思想得到与会者的一致认可。会上通过了《21 世纪议程》，至此可持续发展理念开始转变为人类的共同行动纲领。可持续发展理论摒弃了过去"零增长"（过分强调环保）和过分强调经济增长的偏激思想，主张"既要生存、又要发展"，力图把人与自然、当代与后代、区域与全球有机地统一起来。20 多年来，各国政府、专家学者纷纷投入时间和精力，从经济学、社会学和生态学等各个领域对可持续发展的概念、意义与应用进行了大量卓有成效的研究。随着可持续发展理论体系的发展和完善，这一全新价值观逐渐深入人心。许多行业和领域纷纷展开行动，把可持续发展理念贯彻于具体实践之中。

1993 年，国际建筑师协会第十八次大会发表了《芝加哥宣言》，号召全世界建筑师把环境和社会的可持续性列入建筑师职业及其责任的核心。1999 年，国际建筑师协会第二十届世界建筑师大会发布的《北京宪章》，明确要求将可持续发展作为建筑师和工程师在 21 世纪中的工作准则。可持续发展已经成为建筑领域的重要原则与行动纲领。而绿色建筑的普及与发展将成为符合可持续发展理念，创造自然、健康、舒适人工环境的必然道路。

1996 年，美国绿色建筑协会能源与环境设计先导 LEED 公告执行，1998 年颁布正式的 LEEDV 1.0 版本。美国绿色建筑协会以商业化的操作模式，将 LEED 推广到全球，成为如今最为人们熟知的绿色建筑评估体系，LEED 的宣传和推广为绿色建筑的普及和发展做出了重要的贡献。

绿色建筑的概念在欧洲和美国略有不同。美国集中于建筑能效。在欧洲，可持续建筑物和可持续建筑的概念运用得更为广泛，它们包含了能效以及其他绿色方面的内容，如为达到京都议定书的要求实行二氧化碳减排和建筑材料循环利用。

美国联邦环境执行办公室将绿色建筑界定为以下两点。

（1）提高建筑物和建筑能源、水资源和材料的使用效率。

（2）通过选址、设计、建设、运行、维护和拆除（建筑整个生命周期）来减少建筑对人类健康和环境的影响。

二、绿色建筑的发展

随着绿色建筑理念的推行，国内外绿色建筑都有着重要的发展。下面分别对国内外绿色建筑的发展进行分析。

（一）国内绿色建筑的发展

国内绿色建筑从 20 世纪 80 年代开始萌芽。在我国经济的带动下，掀起了全国范围内的建筑高潮。但是由于当时建筑水平低下，绿色建筑理念缺乏，因此建筑过程中并没有切实考虑建筑的节能环保。

1992 年巴西里约热内卢"联合国环境与发展大会"以来，中国政府开始大力推动绿色建筑的发展。20 世纪 90 年代，节地、节能、节水、节材和环境保护等绿色建筑概念逐渐成为人们关注的焦点，人们开始对绿色建筑进行探索性研究，将国外的绿色建筑评价体系引入国内，通过政府的支持和国际项目的合作，开始了绿色建筑理论研究。

之后，中国通过借鉴国外成功的绿色建筑评价体系，制定了绿色建筑评价体系。例如，2001 年出版的《中国生态住宅技术评估手册》、2004 年出版的《绿色奥运建筑评估体系》、2005 年出版的《住宅性能评定技术标准》等，在以上绿色建筑评价体系的基础上，2006 年由建设部颁布的《绿色建筑评价标准》（GB/T 5073—2014）出台，标志中国绿色建筑的体系的正式建立。

自 2011 年起，国内掀起了绿色建筑的发展热潮，带动了绿色建筑的发展。2011 年，中国获得绿色建筑认证的项目多达 160 多个，截至 2012 年 7 月，正式通过住房和城乡建设部网站公示的绿色建筑项目多达 488 个，加上地方政府评审的项目和国外机构认证的绿色建筑，绿色建筑项目总数超过 700 个。

如果把绿色建筑发展看作一个新事物的发展周期，那么我国的绿色建筑发展正处于初期发展阶段，而发达国家的绿色建筑发展已经进入了成熟壮大期。因此，我国的绿色建筑还有很大的发展空间。在大力发展绿色建筑技术的同时，应注重相关政策法规、技术规范和推广机制的建立和完善，形成立体化、多层次的绿色建筑发展模式。

随着绿色建筑和绿色施工认证制度在国内的实施，国家建设行政主管部门于 2006 年 3 月颁布了《绿色建筑评价标准》（KGB/T 50378—2006，2006 年6 月实施），2007 年 9 月发布了《绿色施工导则》（建质〔2007〕223 号），2010 年 11 月颁布了《建筑工程绿色施工评价标准》（GB/T 50640—2010，2011 年 10 月实施）。这些导则和标准的出台，有力地推动了我国绿色建筑和绿色施工的发展，使绿色建筑设计、施工与运营逐步规范化和标准化，而且推动了绿色建筑设计、绿色施工和运营的认证工作在全国的开展，提高了设计单位、施工单位和物业管理单位全面参与工程建设的积极性。

（二）国外绿色建筑的发展

在可持续发展理念思想的推广与传播作用下，越来越多的行业人员开始重视与积极支持绿色建筑理念。这种建筑理念的出现体现出了人与自然和谐相处、协调发展的美好愿望。将绿色理念在建筑中推行，是国际建筑者对人类可持续发展的积极回应。

绿色建筑在发达国家的发展轨迹到了今天，其成熟的标志性运行模式，就是建立了绿色建筑评价系统。

20世纪90年代以来，世界各国都发展了各种不同类型的绿色建筑评价系统，为绿色建筑的实践和推广做出了重大的贡献。目前国际上发展较成熟的绿色建筑评价系统有英国 BREEAM（Building Research Establishment Environmental Assessment Method）、美国 LEED（Leader ship in Energy and Environmental Design）、加拿大 GBC（Green Building Challenge）等，这些体系的架构和应用，成为其他各国建立新型绿色建筑评价体系的重要参考。

为了促进绿色建筑的发展与实践，美国绿色建筑委员会（U.S.Green Building Council，USGBC）于1995年建立了一套自愿性的国家标准 LEEDTM（Leader ship in Energy and Environment Design）领导型的能源与环境设计，该体系用于开发高性能的可持续性建筑，进行绿色建筑的评级。

1990年由英国的建筑研究中心（Building Research Establishment，BRE）提出的《建筑研究中心环境评价法》（Building Research Establishment Environmental Assessment Method，BREEAM）是世界上第一个绿色建筑综合评价系统，也是国际上第一套实际应用于市场和管理之中的绿色建筑评价办法。其目的是为绿色建筑实践提供指导，以期减少建筑对全球和地区环境的负面影响。

1998年10月，由加拿大自然资源部发起，美国、英国等14个西方主要工业国共同参与的绿色建筑国际会议——"绿色建筑挑战98"（Green Building Challenges 98），目标是发展一个能得到国际广泛认可的通用绿色建筑评价框架，以便能对现有的不同建筑环境性能评价方法进行比较。我国在2002年参加了有关活动。

2001年，由日本学术界、企业界专家、政府等三方面精英力量联合组成的"建筑综合环境评价委员会"，开始实施关于建筑综合环境评价方法的研究调查工作，开发了一套与国际接轨的评价方法，即CASBEE（Comprehensive Assessment SystemforBuilding Environmental Efficiency）。

第四节 绿色建筑的发展制约因素与发展前景

发展绿色建筑的途径有很多，国家应该多角度、多途径发展绿色建筑，扩大绿色建筑面积。然而，绿色建筑在发展的过程中也受到多方面因素的制约。相关部门应该注意这些因素带来的影响，从而通过采取合理的措施来克服发展过程中的困难，实现绿色建筑工程的顺利发展。

一、绿色建筑发展的途径

发展绿色建筑必须立足于现有的资源状况和现代的技术体系，用现代技术来解决现代人面临的问题，满足现代生活生产的需求。毋庸置疑，绿色建筑的环境效益和社会效益是有利于社会可持续发展的，但是由于其初始投资往往较高，通常不被投资商所看好。因此，要想实现绿色建筑的发展就必须把绿色建筑作为房地产业落实科学发展观、实现可持续发展的战略目标，从技术上再创新、制度上再完善、认识上再提高、市场上再开拓，在新建建筑全面推行绿色建筑标准的同时，加快既有建筑绿色化改造。具体来说，应注意把握好以下几点。

（一）加大宣传力度，完善政策法规

社会的发展已经决定了绿色建筑的发展，而绿色建筑的发展则要依靠人们对其的接受程度。因此要在社会上大力宣传绿色建筑，让人们更多地认识到绿色建筑的优点，组织全社会都能参与其中，形成全民节能意识使绿色建筑的发展更具活力。

绿色建筑市场是一个市场机制容易失灵的领域，尤其在既有住房节能改造、新能源的利用等方面，需要强有力的行政干预才能取得实质性进展。缺乏统一的协调管理机制，会形成不良竞争局面，也会产生各种社会资源的浪费。

完善相关的政策法规，可以在很大程度上消除市场失灵对绿色建筑发展的消极影响，并且可以提高资源的配置效率。只有政策发挥好引导和规范作用，

才有利于促进绿色建筑市场的健康发展。通过法律手段，绿色建筑体系的技术规划才能够转化为全体社会成员自觉或被迫遵循的规范，绿色建筑运行机制和秩序才能够广泛和长期存在。

（二）加快技术创新，整合技术资源

绿色建筑的节能环保理念是通过很多技术体系来实现的，所以要加快绿色建筑技术的创新改进，并在此基础上，根据气候条件、材料资源、技术成熟程度以及对绿色建筑的功能定位，因地制宜，选择推广适应当地需要的、行之有效的建筑节能技术和材料。

（1）在建材选择上，要依照节约资源能源和环境保护的原则，发展新型绿色建材，应尽量利用可再生的材料。

（2）在技术创新上，要对太阳能、地热等可再生能源的技术，外墙保温技术，窗体的隔热保温以及密封技术等改进加大开发力度。

（3）在技术整合上，随着各种新技术的产生及发展，需要根据建筑物的功能要求，把不同的节能技术有机地整合，统筹协调，使其各自发挥应有的作用。

（三）充分发挥市场竞争的作用

由于市场竞争环境的演变，房地产开发商向市场提供产品的质量也必须有进一步的提升，绿色建筑已日益成为中国房地产从资本外延型向技术集约内涵式产业转化进程中一个重要的产品发展方向。

在市场经济条件下，绿色建筑将是一种商品，在这种前提下，其背后的利益主体共同构成了一条完整的产业链。只有市场机制才能将这些利益主体统一起来。要完善市场运行机制，使各个利益主体能够相互配合，调动各方面发展绿色建筑的积极性。

（四）做好过程的监管

绿色建筑是从全寿命周期出发的一个系统工程，因此绿色节能要贯穿于建筑物的规划、设计、施工、运行与维护，直到拆除与处理的全过程。这就需要每一个人都参与进来，以节能环保为原则，在建筑物的各个阶段都能达到节能、降耗、环保的要求。

二、绿色建筑发展的制约因素

目前中国绿色建筑的发展仍然存在着许多制约因素，主要包括以下几种。

（一）社会普及宣传不够

绿色建筑究竟是什么样的建筑？对于这个问题，少部分人都是模棱两可的，这也就对绿色建筑的发展起到了阻碍作用。绿色建筑有一定的社会性，这也决定了绿色建筑的发展必须立足于现代人的生活水平、审美要求和道德、伦理价值观。绿色建筑不仅要为人们所熟知，还要被人们所接受，否则不仅会增加绿色建筑在社会中推广的难度，甚至会产生一定的误解和抵触。而当前，绿色建筑的普及和宣传是不够的，这对绿色建筑的发展显然是不利的。

（二）对绿色建筑的认识不够准确

绿色建筑在我国的发展也有很长一段时间，但是人们对于绿色建筑的认识还有待提高。有一部分人把绿色建筑技术看成割离的技术，缺乏整体的整合以及注重过程行为落实等更深层次的意识。同时，绿色建筑的节能环保特性并不仅指建筑师在建筑设计与规划中对各种节能技术的应用，而且包括建筑的使用者在日常生活中自觉的节能措施，如人走关灯、关电脑，节约用水，将空调温度调到 26℃ 等，这些都不是技术能解决的问题，而是一个人的意识问题、生活习惯问题。也正是因为对绿色建筑的认识不够准确，绿色建筑并未完全发挥其应有的作用。

（三）行业对绿色建筑的认知不足

购买新的设备需要一定的前期投入，但实际上通过对这些设备的合理运用、调试以及搭配，可以从后面的节能上与前期投入达到平衡。然而，资金的回收往往需要一个过程，所以有些业主仍然倾向于一开始购买那些更便宜的设备。但是他们忽略了在整个绿色建筑的运营过程中，很多的初期投资是可以完全得到回收的，这就是对公众和业主在绿色建筑方面的教育。

（四）有待完善激励政策和法律法规

2011 年 5 月，住房和城乡建设部发布了《中国绿色建筑行动纲要》，表示将全面推行绿色建筑"以奖代补"的经济激励政策。但是部门的规章和奖励政策力度不够，不能充分调动开发企业兴建绿色节能建筑的积极性。

三、绿色建筑发展前景

绿色建筑是将可持续发展理念引入建筑领域的结果，是转变建筑业增长方式的迫切需求，是实现环境友好型、建设节约型社会的必然选择。因此，发展绿色建筑是历史的必然选择。在探讨绿色建筑发展前景之前，首先来简要了解一下绿色建筑可持续发展的历史。

（一）绿色建筑的可持续发展分析

从历史的角度看，建筑的功能和形态总是与一定历史时期人类的建筑观念相适应的。

在原始社会，生产力水平低下，人类敬畏自然、依存自然。建筑仅是为遮风挡雨、获得安全而建造的庇护所，体现的只是其自然属性，属于自然的一部分，建筑对生态环境的影响也小。

在奴隶社会与封建社会时期，由于生产力发展，产品剩余导致商品经济，行业分工形成社会阶层，建筑逐渐被赋予了"权力"和"财富"的象征意义，或被单纯地奉为"艺术之母"，体现出其社会属性和艺术价值。这一时期，人口增加，农业生产和建筑活动增强，人类大量砍伐森林和开垦土地，对自然造成了一定程度的危害，但尚未超出自然的承载能力，建筑活动的破坏性并不为人们所重视。

工业革命以来，一方面科学技术不断进步，使社会生产力空前提高，人口急剧增加，创造了前所未有的人类文明；另一方面，这种文明以工业化密集型机器大生产为标志，以大量资源消耗和环境损失为代价，又危及人类自身的生存。

1933 年，《雅典宪章》中提出了城市的"四大功能"——居住、工作、游憩和交通，强调建筑活动的功能性。

20 世纪 50～70 年代，由于经济、科技、信息、生活水平的进一步提高，人的需求成为建筑的重点，人文环境被提到了重要的地位，设计中注重人的特性、心理因素和行为模式等，注重新建筑与原有环境间的关系，出现了"整体设计"思想。

20 世纪 80 年代以后，人们希望能探索出一种在环境和自然资源可承受基础上的发展模式，提出了经济"协调发展""有机增长""同步发展""全面发展"等许多设想，为可持续发展的提出作了理论准备。

1980 年，世界自然保护联盟在《世界保护策略》中首次使用了"可持续发展"的概念，并呼吁全世界"必须研究自然的、社会的、生态的、经济的以及利用自然资源过程中的基本关系，确保全球的可持续发展"。

1981 年第 14 届国际建协《华沙宣言》关于"建筑学是人类建立生活环境的综合艺术和科学"的认识，将传统建筑学引入了"环境建筑学"阶段，强调了环境的整体（自然环境、社会环境及人工环境）同建筑设计的关系。"建筑学是对环境特点的理解和洞察的产品"，地域性是建筑存在的前提，表现为建筑的"地方性""地区性"及"民族性"。

1983年，21个国家著名的环境与发展问题专家组成了联合国世界环境与发展委员会（WECD）研究经济增长和环境问题之间的相互关系，经过4年调查研究，于1987年发表了《我们共同的未来》的长篇调查报告。报告从环境与经济协调发展的角度，正式提出了"可持续发展"的观念，并指出走"可持续发展"道路是人类社会生存和发展的唯一选择。可持续发展观是人类经过长期探索，吸取了以往发展道路的经验教训，根据多年的理论和实际研究而提出的一种崭新的发展观和发展模式。它一经提出，即成为全世界不同社会制度、不同意识形态、不同文化群体人们的共识，成为解决环境问题的根本指导思想和原则。

1992年6月，联合国环境与发展会议在巴西里约热内卢召开。这次会议通过了《里约环境与发展宣言》（又名《地球宪章》）和《21世纪议程》两个纲领性文件以及《关于森林问题的原则声明》，签署了《气候变化框架公约》和《生物多样性公约》。这次大会的召开及其所通过的纲领性文件标志着可持续发展已经成为人类的共同行动纲领。

1998年签订的《京都议定书》和2009年的"哥本哈根国际气候变化峰会"把控制碳排放量作为处理地球环境恶化问题的解决方法。可持续发展的方式要求在发展过程中，既可以满足我们这一代人的需要，又不影响下一代发展的需要。保障下一代使用资源的权利的基础是合理地使用资源和减少对环境的影响。

"可持续发展"的核心内容是人类社会、经济文化、自然环境的和谐共生与协同发展，是将资源、环境、生态三者进行综合整体考虑的新的观点。"可持续发展"观念成为建筑领域里的新观念。作为一种全新的建筑观，可持续发展观为建筑学理念的发展树立了新的里程碑，正在全球范围内引发一场新的建筑变革。

任何建筑形式的产生和发展都是社会经济发展过程的物化表现，每种形式都存在时代的烙印并反映时代特征，而一定时期的社会经济、政治、思想等的综合作用又影响着建筑设计的理念。

时代在发展，社会在进步，我们传统的经济结构、生产方式、工作和生活方式以及我们的思想观念都发生了很大的变化，建筑设计理念也在发生着相应的改变。不断上涨的油价、建筑材料的过度使用，生活中供暖、空调等方面的大量耗能，都对环境造成了严重的影响。

1996年3月，我国八届人大四次会议通过的《中华人民共和国国民经济和社会发展"九五"计划和2010年远景目标纲要》明确把"实施可持续发展，推进社会主义事业全面发展"作为我们的战略目标。

可持续发展原则的基本理念契合了当代国际社会均衡发展的需要，是解决当前社会利益冲突和政策冲突的基本原则。具体而言，可持续发展原则包含以下四项核心理念。

（1）代际公平原则。

（2）可持续利用原则。

（3）公平利用原则。

（4）一体化发展原则。

可持续发展要求将环境因素纳入经济和发展计划以及决策过程之中。随着可持续发展进程的逐步扩大，绿色建筑设计理念的提出顺应时代的潮流。绿色建筑遵循可持续发展原则，强调建筑与人文、环境及科技的和谐统一，是 21 世纪世界建筑可持续发展的必然趋势。

（二）绿色建筑发展的前景分析

绿色建筑可以说是由资源与环境组成的，所以绿色建筑的设计理念一定涉及资源的有效利用和环境的和谐相处。

1.建筑的节约资源理念

建筑的节约资源理念指最大限度地减少对地球资源与环境的负荷和影响，最大限度地利用已有资源。建筑在生产及使用过程中，需要消耗大量自然资源，为了抑制自然资源的枯竭，需要考虑资源的合理使用和配置，提高建筑物的耐久性，合理地使用当地的材料，减少资源消耗以及抑制废弃物的产生。

（1）节约用水，设置污水处理设备，进行污水回用。

（2）选用低能耗可再生环保型材料，减少木材的使用。

（3）充分利用建筑资源，包括对建材生产废料、建材包装废料、旧建筑利用、建筑设施共用、施工废弃物减量、拆除废弃物的再利用。

在建筑设计时应考虑到通过建筑物的长寿命化来提高资源的利用率，通过建设实用、耐久、抗老化的建筑，将近期建设与长久使用有机结合。

2.建筑的环保理念

保护环境是绿色建筑的目标和前提，包括建筑物周边的环境、城市及自然大环境的保护。社会的发展带来环境的破坏，而建筑对环境产生的破坏占很大比重。一般建筑实行商品化生产，设计实行标准化、产业化，这样就在生产过程中很少去考虑对环境的影响。

绿色建筑强调尊重本土文化、自然、气候，保护建筑周边的自然环境及水资源，防止大规模"人工化"，合理利用植物绿化系统的调节作用，增强人与自然的沟通。例如：

（1）减少温室气体排放，提高室内环境质量，进行废水、垃圾处理，实现对环境的零污染。

（2）建筑内部不使用对人体有害的建筑材料和装修材料，尽量采用天然材料。

（3）室内空气清新，温、湿度适当，使居住者感觉良好。

（4）土壤中不存在有毒、有害物质，地温适宜，地下水纯净，地磁适中。

3. 建筑的节能理念

一般建筑的节能意识和节能能力要弱一些，并且还会产生一定的环境污染。绿色建筑克服了一般建筑的这一弱势，将能耗的使用在一般建筑的基础上降低70%～75%，并减少对水资源的消耗与浪费。绿色建筑在设计过程中通常会充分考虑以下方面，运用传统的技术手段来实现节能降耗的目标。

（1）利用太阳能等可再生能源来实现能量的供给。

（2）采用节能的建筑围护结构来减少供暖以及空调的使用。

（3）合理布置窗户的位置以及窗户形状的大小。

（4）根据自然通风的原理设置风冷系统，使建筑能够有效地利用夏季的主导风向。

（5）采用适应当地气候条件的平面形式及总体布局。

（6）建筑材料的使用在不以破坏自然环境为前提的条件下，尽可能地使用当地的自然材料以及一些新型环保材料和可循环利用的材料。

4. 建筑的和谐理念

一般建筑的设计理念都是封闭的，即将建筑与外界隔离。而绿色建筑强调在给人营造"适用""健康""高效"的内部环境的同时也要保证外部环境与周边环境的融合，利用一切自然、人文环境和当地材料，充分利用地域传统文化与现代技术，表现建筑的物质内容和文化内涵，注重人与人之间感情的联络；内部与外部可以自动调节，和谐一致、动静互补，追求建筑和环境生态共存。从整体出发，通过借景、组景、分景、添景等多种手法，创造健康、舒适的生活环境，与周围自然环境相融合，强调人与环境的和谐。

尽管绿色建材已经成为建材行业的"新宠"，业内对其未来发展寄予厚望。然而，绿色建材的现状却也同样令人担忧。"目前绿色建材发展滞后，标准规范更加滞后，绿色建材发展与应用推广力度不够。"中国民主同盟中央常委李竞先表示，以标准规范为抓手，促进绿色建材发展和应用，既有利于生产环节

的节能减排，也有利于使用环节的节能环保和安全延寿。

实际上，在《绿色建材评价标识管理办法》正式发布前，我国并没有专门的绿色建材标准，部分节能防火建材标准也存在不统一的问题。以防火材料为例，消防部门的评价标准与住建部门的评价标准就不统一，这样的情况常导致执行过程中出现漏洞。

《2014—2018 年中国绿色建筑行业市场调查研究报告》显示，截至 2012 年，全球累计 LEED 认证项目已经达到 16060 个，注册项目 29479 个。截至 2013 年上半年，LEED 项目已经遍布 140 个国家和地区，每天有约 14m^2 的建筑面积获得 IJEED 认证，一周的总建筑面积相当于接近 4 个帝国大厦。LEED 认证商用项目级别分布：铂金级 1281 个，金级 7686 个，银级 6243 个，认证级 3825 个。

发改委和住建部曾明确提出，2011—2015 年完成新建绿色建筑 10 亿 m^2。我国目前既有建筑面积达 500 多亿 m^2，同时每年新建 16 亿～ 20 亿 m^2。我国建筑 95% 以上是高耗能建筑，如果达到同样的室内舒适度，单位建筑面积能耗是同等气候条件发达国家的 2 ～ 3 倍。对既有建筑进行节能改造，节能减排潜力巨大。

第二章　绿色建筑的设计标准

第一节　绿色建筑的设计方法与应用

一、绿色建筑设计的依据

（一）环境因素

绿色建筑的设计建造是为了在建筑的全生命周期内，适应周围的环境因素，最大限度地节约资源，保护环境，减少对环境的负面影响。绿色建筑要做到与环境的相互协调与共生，因此在进行设计前必须对自然条件有充分的了解。

1. 地形、地质条件和地震烈度

对绿色建筑设计产生重大影响的还包括基地的地形、地质条件以及所在地区的设计地震烈度。基地地形的平整程度、地质情况、土特性和地耐力的大小，对建筑物的结构选择、平面布局和建筑形体都有直接的影响。结合地形条件设计，在保证建筑抗震安全的基础上，最大限度地减少对自然地形地貌的破坏，是绿色建筑倡导的设计方式。

2. 气候条件

地域气候条件对建筑物的设计有最为直接的影响。例如：在干冷地区建筑物的体型应设计得紧凑一些，减少外围护面散热的同时利于室内采暖；而在湿热地区的建筑物设计则要求重点考虑隔热、通风和遮阳等问题。在进行绿色建筑设计时应首先明确项目所在地的基本气候情况，有利于在设计开始阶段就引入"绿色"的概念。

日照和主导风向是确定房屋朝向和间距的主导因素，对建筑物布局将产生较大影响。合理的建筑布局将成为降低建筑物使用过程中能耗的重要前提条件。如在一栋建筑物的功能、规模和用地确定之后，建筑物的朝向和外观形体将在很大程度上影响建筑能耗。在一般情况下，建筑形体系数较小的建筑物，单位建筑面积对应的外表面积就相应减小，有利于保温隔热，降低空调系统的负荷。住宅建筑内部负荷较小且基本保持稳定，外部负荷起到主导作用，外形设计应采用小的形体系数。对于内部发热量较大的公共建筑，夏季夜间散热尤为重要，因此，在特定条件下，适度增大形体系数更有利于节能。

3. 其他影响因素

其他影响因素主要指城市规划条件、业主和使用者要求等因素，如航空及通信限高、文物古迹遗址、场所的非物质文化遗产等。

（二）人体工程学和人性化设计

绿色建筑不仅仅是针对环境而言的，在绿色建筑设计中，首先必须满足人体尺度和人体活动所需的基本尺寸及空间范围的要求，同时还要对人性化设计给予足够的重视。

1. 人性化设计

人性化设计在绿色建筑设计中的主要内涵为：根据人的行为习惯、生理规律、心理活动和思维方式等，在原有的建筑设计基本功能和性能的基础之上，对建筑物和建筑环境进行优化，使其使用更为方便舒适。换言之，人性化的绿色建筑设计是对人的生理、心理需求和精神追求的尊重和最大限度的满足，是绿色建筑设计中人文关怀的重要体现，是对人性的尊重。

人性化设计意在做到科学与艺术结合、技术符合人性要求，现代化的材料、能源、施工技术将成为绿色建筑设计的良好基础，并赋予其高效而舒适的功能，同时，艺术和人性将使得绿色建筑设计更加富于美感，充满情趣和活力。

2. 人体工程学

人体工程学，也称人类工程学或工效学，是一门探讨人类劳动、工作效果、效能的规律性的学科。按照国际工效学会所下的定义，人体工程学是一门"研究人在某种工作环境中的解剖学、生理学和心理学等方面的各种因素；研究人和机器及环境的相互作用；研究在工作中、家庭生活中和休假时怎样统一考虑工作效率、人的健康、安全和舒适等问题的科学"。

建筑设计中的人体工程学主要内涵是：以人为主体，通过运用人体、心理、生理计测等方法和途径，研究人体的结构功能、心理等方面与建筑环境之间的协调关系，使得建筑设计适应人的行为和心理活动需要，取得安全、健康、高效和舒适的建筑空间环境。

（三）建筑智能化系统

绿色建筑设计中不同于传统建筑的一大特征就是建筑的智能化设计，依靠现代智能化系统，能够较好地实现建筑节能与环境控制。绿色建筑的智能化系统是以建筑物为平台，兼备建筑设备、办公自动化及通信网络系统，是集结构、系统服务、管理等于一体的最优化组合，向人们提供安全、高效、舒适、便利的建筑环境。而建筑设备自动化系统（BAS）将建筑物、建筑群内的电力、照明、空调、给排水、防灾、保安、车库管理等设备或系统构成综合系统，以便集中监视、控制和管理。

建筑智能化系统在绿色建筑的设计、施工及运营管理阶段均可起到较强的监控作用，便于在建筑物的全寿命周期内实现控制和管理，使其符合绿色建筑评价标准。

二、绿色建筑设计的原则

绿色建筑是综合运用当代建筑学、生态学及其他技术科学的成果，把建筑看成一个小的生态系统，为使用者提供生机盎然、自然气息深厚、方便舒适并节省能源、没有污染的建筑环境。绿色建筑是指能充分利用环境自然资源，并以不破坏环境基本生态为目的而建造的人工场所，所以，生态专家们一般又称其为环境共生建筑。绿色建筑不仅有利于小环境及大环境的保护，而且将十分有益于人类的健康。为了达到既有利于环境，又有利于人体健康的目的，应坚持以下原则。

（一）坚持建筑可持续发展的原则

规范绿色建筑的设计，大力发展绿色建筑的根本目的，是为了贯彻执行节约资源和保护环境的国家技术经济政策，推进建筑业的可持续发展，造福于千秋万代。建筑活动是人类对自然资源、环境影响最大的活动之一。我国正处于经济快速发展阶段，资源消耗总量逐年迅速增长。因此，必须牢固树立和认真落实科学发展观，坚持可持续发展理念，大力发展绿色建筑。

发展绿色建筑应贯彻执行节约资源和保护环境的国家技术经济政策。实事求是来讲，我国在推行绿色建筑的客观条件方面，与发达国家存在很大的差距。坚持发展中国特色的绿色建筑是当务之急，应从规划设计阶段入手。追求本土、低耗、精细化，是中国绿色建筑发展的方向。制定《绿色建筑设计规范》的目的是规范和指导绿色建筑的设计，推进我国的建筑业可持续发展。

（二）坚持全方位绿色建筑设计原则

绿色建筑设计不仅适用于新建工程绿色建筑的设计，同时也适用于改建和扩建工程绿色建筑的设计。城市的发展是一个不断更新和变化的动态过程，在这种新陈代谢的过程中，如何对待现存的旧建筑成为亟待解决的问题。其中包括列入国家历史遗址保护名单的旧建筑，还包括大量存在的虽然仍处于设计寿命期，但功能、设施、外观已不能满足当前需要，根据法规条例得不到保护的一般性旧建筑。随着城市的发展日趋成熟与饱和，如何在已有的限制条件下为旧建筑注入新的生命力，完成旧建筑的重生成为近几年来关注的热点问题。

城市化要进行大规模建设是一个永恒的课题。对城市旧建筑进行必要的改造，是城市发展的具体方式之一。世界城市发展的历史表明，任何国家城市建设大体都经历 3 个发展阶段，即大规模和新建阶段、新建与维修改造并重阶段，以及主要对旧建筑更新改造再利用阶段。工程实践充分证明，旧建筑的改建和扩建不仅有利于充分发掘旧建筑的价值、节约资源，而且还可以减少对环境的污染。我国的旧建筑的改造具有很大的市场，绿色建筑的理念应当应用到旧建筑的改造中去。

（三）符合国家其他相关标准的规定

绿色建筑的设计除了必须符合《绿色建筑设计规范》外，还应当符合国家现行有关标准的规定。由于在建筑工程设计中各组成部分和不同的功能，均已经颁布了很多具体规范和标准，在《绿色建筑设计规范》中不可能包括对建筑的全部要求，因此，符合国家的法律法规与其他相关标准是进行绿色建筑设计的必要条件。

在《绿色建筑设计规范》中未全部涵盖通常建筑物所应有的功能和性能要求，而是着重提出与绿色建筑性能相关的内容，主要包括节能、节地、节水、节材与保护环境等方面。因此建筑方面的有些基本要求，如结构安全、防火安全等要求，并未列入《绿色建筑设计规范》中。所以设计时除应符合本规范要求外，还应符合国家现行的有关标准的规定。

三、绿色建筑设计的内容

绿色建筑的设计内容远多于传统建筑的设计内容。绿色建筑的设计是一种全面、全过程、全方位、联系、变化、发展、动态和多元绿色化的设计过程，是一个就总体目标而言，按照轻重缓急和时空上的次序先后，不断地发现问题、提出问题、分析问题、分解具体问题、找出与具体问题密切相关的影响要素及其相互关系，针对具体问题制定具体的设计目标，围绕总体的和具体的设计目标进行综合的整体构思、创意与设计。根据目前我国绿色建筑发展的实际情况，一般来说，绿色建筑设计的内容主要概括为综合设计、整体设计和创新设计三个方面。

（一）绿色建筑的整体设计

所谓绿色建筑的整体设计是指全面全程动态人性化的整体设计，就是在进行建筑综合设计的同时，以人性化设计理念为核心，把建筑当作一个全寿命周期的有机整体来看待，把人与建筑置于整个生态环境之中，对建筑进行的包括节地与室外环境、节能与能源利用、节水与水资源利用、节材与绿色材料资源利用、室内环境质量和运营管理等方面内容在内的人性化整体设计。

整体设计对绿色建筑至关重要，必须考虑当地的气候、经济、文化等多种因素，从 6 个技术策略入手：首先要有合理的选址与规划，尽量保护原有的生态系统，减少对周边环境的影响，并且充分考虑自然通风、日照、交通等因素；要实现资源的高效循环利用，尽量使用再生资源；尽可能采取太阳能、风能、地热、生物能等自然能源；尽量减少废水、废气、固体废物的排放，采用生态技术实现废物的无害化和资源化处理，以回收利用；控制室内空气中各种化学污染物质的含量，保证室内通风、日照条件良好；绿色建筑的建筑功能要具备灵活性、适应性和易于维护等特点。

（二）绿色建筑的综合设计

所谓绿色建筑的综合设计是指技术经济绿色一体化综合设计，就是以绿色设计理念为中心，在满足国家现行法律法规和相关标准的前提下，在进行技术上的先进可行和经济的实用合理的综合分析的基础之上，结合国家现行有关绿色建筑标准，按照绿色建筑的各方面的要求，对建筑所进行的包括空间形态与生态环境、功能与性能、构造与材料、设施与设备、施工与建设、运行与维护等方面内容在内的一体化综合设计。

在进行绿色建筑的综合设计时，要注意考虑以下方面：进行绿色建筑设计时要考虑到建筑环境的气候条件；进行绿色建筑设计时要考虑到应用环保节能材料和高新施工技术；绿色建筑是追求自然、建筑和人三者之间和谐统一；以可持续发展为目标，发展绿色建筑。

绿色建筑是随着人类赖以生存的自然界，不断濒临失衡的危险现状所寻求的理智战略。它告诫人们，必须重建人与自然有机和谐的统一体，实现社会经济与自然生态高水平的协调发展，建立人与自然共生共息、生态与经济共繁荣的持续发展的文明。

（三）绿色建筑的创新设计

所谓绿色建筑的创新设计是指具体进行个性化创新设计，就是在进行综合设计和整体设计的同时，以创新型设计理论为指导，把每一个建筑项目都作为独一无二的生命有机体来对待，因地制宜、因时制宜、实事求是和灵活多样地对具体建筑进行具体分析，并进行个性化创新设计。创新是以新思维、新发明和新描述为特征的一种概念化过程，创新是设计的灵魂，没有创新就谈不上真正的设计，创新是建筑及其设计充满生机与活力永不枯竭的动力和源泉。

四、绿色建筑设计的方法

（一）整体环境的设计方法

所谓整体环境设计，不是针对某一个建筑，而是建立在一定区域范围内，从城市总体规划要求出发，从场地的基本条件、地形地貌、地质水文、气候条件、动植物生长状况等方面分析设计的可行性和经济性，进行综合分析、整体设计。整体环境设计的方法主要有：引入绿色建筑理论、加强环境绿化，然后从整体出发，通过借景、组景、分景、添景多种手法，使住区内外环境协调。

（二）建筑单体的设计方法

建筑的体型系数即建筑物表面积与建筑的体积比，它与建筑的热工性能密不可分。曲面建筑的热耗小于直面建筑，在相同体积时分散的布局模式要比集中布局的建筑热耗大，具体设计时应减少建筑外墙面积、控制层高，减少体形凹凸变化，尽量采用规则平面形式。

外墙设计要满足自然采光、自然通风的要求，减少对电器设备的依赖，设计时采用明厅、明卧、明卫、明厨的设计，外墙设计要努力提高室内环境的热稳定。

采用良好的外墙材料，利用更好的隔热砖代替黏土砖，节省土地资源。采用弹性设计方案，提高房屋的适用性、可变性，具体表现在建筑结构、建筑设备等灵活性要求上。然后尽量采用建筑节能设计和建筑智能设计。

第二节　绿色建筑的节地设计规则

一、生态建筑场地设计研究

场地设计是对工程项目所占用地范围内，以城市规划为依据，以工程的全部需求为准则，对整个场地空间进行有序行的组合，以期获得最佳经济效益与使用效益。

场地一般包括建筑物、交通设施、室外活动设施、绿化设施以及工程设施，等等。为了满足建设项目的需求，达到建设目的，场地设计需要完成对上述各项内容的总体布局安排，也包括对每一项内容的具体设计。为了合理地处理好场地中所存在的各种问题，形成一个系统整合的设计理念，以获得最佳的综合效益，在此提出了相应的对策。

（一）遵循生态理念

20 世纪 60 年代以后，建筑学逐渐把对建筑环境的认识放到了一个重要而突出的位置。现代建筑设计逐渐突破建筑本身，拓展成为对建筑与环境整体的设计。文脉意识也渐渐成为建筑界的普遍共识，为建筑师们所关注，并在设计中进行不同角度的探索。许多建筑大师在经过了国际主义风格和追求个人表现后，转向挖掘现代建筑思想内涵，探索建筑与生态的深层关系，作品寓于文脉之中。

（二）与周边环境协调性

在场地设计中，自然环境与场地是不可分割的有机整体。建筑与环境的结合、自然与城市的关系、建筑对环境的尊重，越来愈为公众所关注。当代建筑逐渐由个体趋向群体化、综合化、城市化。场地环境、区域环境乃至整体环境的平衡史应该成为建筑工作者所关注和重视的问题。场地周边环境包括自然环境、空间环境、历史环境、文化环境以及环境地理等，要进行综合分析，方能达到圆满的境地。

（三）强调内部各活动空间布局合理性

场地中，建筑物与其外部空间呈现一种相互依存、虚实互补的关系，建筑物的平面形式和体温决定着外部空间的形状、比例尺度、层次和序列等，并由此产生不同的空间品质，对使用者的心理和行为产生不同影响。因此，在场地总体布局阶段、建筑空间组织过程中，应当强调场地内部各活动空间的布局合理性，运用有关建筑构图的基本原理，灵活运用轴线、向心、序列、对比等空间构成手法，使平面布局具有良好的条理性和秩序感。

在已经建成的建筑物周围，生态环境正与基地建设，形成人类赖以生存的空间。目前存在的基地设计只是生态环境设计中的一个尝试，人们希望在未来做出更系统的设计和环境设计研究，从而为其他领域的生态环境建设提供较为广泛的经验。

二、城市化的节地设计

从土地的利用结构上来看，在城市发展的不同阶段，土地资源的开发程度也会不同。从城市发展的进程上来看，城市结构的调整也会影响着土地资源的流动分配，进而发生土地资源结构的变动。农业占有较大比例的时期为前工业化阶段，土地利用以农业用地为主，城镇和工矿交通用地占地比例很小。随着工业化的加速发展，农业用地和农业劳动力不断向第二、三产业转移。如果没有新的农业土地资源投产使用，那么农业用地的比例就会迅速下降，相反城市用地、工业用地以及交通用地的比例就会不断提升。在产业结构变化过程中，农业用地比例下降，就会产生富余劳动力，这些劳动力就会自动地向第二产业和第三产业流动，直到进入工业化时代，这种产业结构的变动才会变缓。随着工业的不断增长，工业用地增长就会放缓，相应的第三产业、居住用地以及交通用地的比例就会增加。在发达国家中，包括荷兰、日本、美国等国家，在城市化发展的进程中，就经历过相同的变化趋势。从总体上讲，城市在发展过程中见证着城市土地资源集约化的过程，土地对其他生产性要素的替代作用并不相同，这一现象可以用来解释不同城市化阶段中的许多土地利用现象，如土地的单位用地产值越来越高等。

城市规模对城市土地资源有较大的影响，主要表现在两个方面：首先，城市规模对用地的经济效益有很大的影响；其次，用地效益这两方面的影响主要具有以下两个特点。城市用地效益可用城市单位土地所产生的经济效益来表示，其总的趋势是大城市的用地效益比中小城市高，即城市用地效益与城市规模呈正相关。就人均建设用地指标而言，总体上来讲，在城市化进程中，各级城市的建设用地面积均会呈上升趋势，都会引起农地的非农化过程，但各级城市表现不一。总的来看，大城市人均占地面积的增长速度小于中小城市。

此外，城市的规模对建设用地也有一定的影响，表2-1为不同城市规模对各类用地的影响。随着城市发展规模的减小，可采用的建设用地面积越大，相应的，各种功能的建筑用地面积越大。

表2-1　不同城市规模的人均用地

	建设总用地	工业用地	仓库用地	对外交通用地	生活居住用地	其他用地
特大城市	57.8	15.0	3.3	3.0	26.8	9.7
大城市	74.0	24.4	4.2	5.3	29.5	10.6
中等城市	81.1	27.3	5.4	5.5	32.9	10.0
小城市	92.6	27.7	8.0	6.4	39.8	10.7
较小城市	1010.1	29.9	8.7	7.8	44.0	10.7

在一定程度上，城市各类用地的弹件系数表明了不同城市规模的用地效率。城市用地的弹性系数越小，说明城市的土地资源较为紧张，其用地效率也就越高。一般来说，在我国城市化进程中，各类城市的用地弹性系数具有很大的差异。城市的用地弹性系数与城市中的人口增长率和城市年用地增长率等因素密切相关。如果城市的土地增长弹性系数数值为1，表明城市中的人口增长率与年用地增长率持平，说明城市的人均用地不发生变化。如果弹性系数数值大于1，则说明城市扩张加快，人均用地面积增加；相反，如果弹性系数数值小于1，说明城市的用地面积增长率低于城市人口增长率，人均用地面积减少。

三、建筑设计的节地策略

有关建筑设计中的节地策略，许多专家和学者也给出了自己的观点。建筑节地的内容在于：①合理规划设计建筑叫地，减少对耕地和林地的占用，尽量地开发荒地、劣地以及坡地等不适合耕种的七地资源；②合理开发设计建筑区，在保证建筑健康舒适和满足基本功能的前提下，能够增加小区内建筑层数，提高建筑用地的利用率；③进行优化设计，改善建筑结构，增加建筑可使用面积，向下开发地下空间，提高土地资源利用率，提高建筑质量，减少建筑重建周期，有效提高建筑的有效年限；同时也要合理设计建筑体型，实现土地集约化发展；④提高建筑居住区内的景观，满足人们对室外环境的功能需求，也可以通过设计地下停车场和立体车库，减少建设用地的占用、提高土地利用率。王铁宏工程师则从规划设计、维护结构和地下空间三个方面指出节约土地的要求：首先建筑要满足规划设计要求，通过小区规划布局，实现土地的集约化发展，要保证开发区域的土地集约化。其次是建筑围护结构的改革，通过采用新型的建筑材料，减少对耕地资源的破坏。最后是开发地下空间，减少对地上空间的占用。

目前，学术界对城市土地节约利用的研究主要侧重于对城市土地的集约利用研究，主要研究内容包括：①对节地概念的研究，主要是对节地的内涵与外延进行剖析；②对节地意义的研究，旨在说明集约利用土地是我国土地开发利用的发展方向；③对节地问题的研究，主要是对土地开发利用与布局进行研究；④对节地实现途径的研究，主要通过土地储备、土地置换、城市规划、建筑设计等方法达到城市土地的集约利用。

（一）建筑设计大师戴念慈的许地设计研究

戴念慈在"住宅建设中进一步节约用地的探讨"一文中，从当时的国情出发，从理论上论证了岛层并不是节约用地、加大密度的最有效的办法。他提出解决问题的出路在于住宅个体平面和总体平面如何符合节约用地的规律。文中通过对不同个体平面的住宅研究，来分析住宅节地的设计策略。他总共提出了四种节约用地的途径：途径一是通过改变住宅的层数、层高、间距系数、标准层每户面宽、进深来减小住宅基本用地；途径二是适当考虑少量的东西朝向的建筑，使两栋楼所需的间距空地重叠起来；途径之三是利用靠近住宅的马路空间，把房屋所需的日照间距空间和马路空间重叠；途径之四是运用高层塔楼住宅在节约用地方面的优势。

（二）建筑设计大师张开济的设计

建筑设计大师张开济提出"多层高密度"住宅规划设计和"利用内天井，加大进深，缩小面宽，节约用地"的想法。

张开济大师认为建设高层住宅并不是节约住宅用地的唯一途径，他认为住宅节约用地应该从住宅组团规划和住宅单体设计两个方面来解决住宅的组团规划，应秉持"多层高密度"的思想，利用住宅院落式布置的方法来进行规划设计。他通过北京民安胡同住宅小区和承德市竹林寺小区的规划设计来验证"多层高密度"的可行性。两个设计都是采用院落式布局和利用前高后低的剖面设计来提高建筑密度，并通过不同高低层数与坡顶和平顶结合的屋顶，使这些住宅组群的空间体型和建筑轮廓线活泼多变，丰富多彩，给人们一种崭新的观感。在满足人们基本生活要求的条件下，尽可能加大住宅进深，缩短每户平均面宽，是住宅用地的有效措施。他主张在住宅设计中，将卫生间、厨房"内迁"，通过住宅中心的内天井来满足采光、通风要求。

住宅的屋顶还可以采用南高北低的方法来减少日照间距，以此来达到节地的目的。张开济用32个字来总结概括了住宅节地的方法：少建高层，改进多层，利用天井，内迁厨房，加大进深，缩小面宽，节约用地，节省投资。在当时的时代背景下，他就能意识到建筑节地的重要性和提出建筑节地的方法，是非常具有前瞻性的，这也是中国老一辈建筑师具有深厚学术精神所造就的。

（三）统计大学台阶式住宅的节地设计研究

在"多层高密度"的思想下，同济大学建筑系提出了台阶式住宅的节地设计方法，通过对上海霍兰新村实验性规划及方案设计，论证了台阶式住宅的节地效果及建设的可行性。霍兰新村规划布局及建筑设计吸取了上海传统里弄住宅的方法。规划采用行列式布局方式，将弄道设置其中，并将房屋端墙贴临街道布置，充分利用土地。住宅通过层层跌落的五、四、三层台阶式设计来减少日照间距，并且通过内部小天井的设置来增大进深、缩小面积，达到提高建筑容积率的效果。经过研究表明，采用五层台阶式的居住建筑的建筑面积比采用普通六层的居住建筑的建筑面积高出25%。

天津大学的建筑师胡德君先生设计了里弄式居住建筑布局，同时采用了退台式的设计手法和错列式的布局方式，建立了高密度的住宅形式。该住宅通过单体建筑向北退台减少的形式，拉开了建筑的间距，同时能够错列地利用光照，在两层建筑上可并列但不是重叠，从而能够保证后排建筑的光照需求。

第三节　绿色建筑的节水设计规则

一、绿色建筑节水问题与可持续利用

绿色建筑是对持续发展建筑，能够与自然环境和谐共生。而水资源作为自然环境的一大主体，是建筑设计中必须考虑的一个重要因素。节水设计就是在

建筑设计、建造以及运营过程中将水资源最优化分配和利用。从目前我国的水资源利用现状来看，水资源的可持续利用是我国的经济社会发展命脉，是经济社会可持续发展的关键。

建筑在施工建造过程中会消耗自然资源，对自然环境造成危害。在社会耗水量中，建筑耗水量占据相当大的比例，所以建筑的节水设计问题是绿色建筑迫在眉睫的问题。

绿色建筑节水不仅是普通的节省用水量，而且是通过节水设计将水资源进行合理的分配和最优化利用，减少取用水过程中的损失、使用以及污染，同时人们能够主观地减少资源浪费，从而提高水资源的利用效率。水资源之所以出现匮乏的情况，主要原因有两大方面。一方面是人口增长，且人民生活水平随着经济和社会的发展不断提高，对水资源的需要量增加，呈直线式增长，但是某一地区，可用水资源的量是有限的，因此部分地区出现水荒，甚至某些地区出现断水情况；另一方面是由于国家的不断发展，工业等主要行业作为国家的主要产业，不断增多，加上人员多，部分人无节水意识，造成了可用水资源的污染。

水资源是全世界的珍贵资源之一，是维持人类最重要的自然因素之一。为了解决水资源缺乏的情况，人们在绿色建筑设计中，十分重视节能这一重要问题。在绿色建筑的节水理念中，要求水资源能够保证供给与产出相平衡，从而达到资源消耗与回收利用的理想状态。这种状态是一种长期、稳定、广泛和平衡的过程。在绿色建筑设计中，人们对建筑节水的要求主要表现在以下四点。

（1）要充分利用建筑中的水资源，提高水资源的利用效率。

（2）遵循节水节能的原则，从而实现建筑的可持续发展利用。

（3）降低对环境的影响，做到生产、生活污水的回收利用。

（4）要遵循回收利用的原则，能够充分考虑地域特点，从而实现水资源的重复利用。

按照绿色建筑设计中的水资源的回收利用的目标，结合现存的建筑水环境的问题，从而依据绿色建筑技术设计规定，在节水方面，重点宜放在采用节水系统、节水器具和设备上；在水的重复利用方面，重点宜放在中水使用和雨水收集上；在水环境系统集成方面，重点宜放在水环境系统的规划、设计、施工、管理上，特别是水环境系统的水量平衡、输入输出关系以及系统运行的可靠性、稳定性和经济性。

在水的重复利用方面，重点宜放在中水使用和雨水收集上。一方面，在目前水资源十分紧缺的情况下，随着城市的不断扩大，水资源的需求量不断上升，水污染也会相应增加。另一方面，部分城市的水资源没有经过回收利用，就会白白流失。伴随着城市的改建与扩大，城市的建筑、道路、绿地会不断变化，地面径流量也会发生变化。

我国水资源分布不均，因此建筑供水是一个需要解决的难题。建筑在运营期间对水资源的消耗是非常大的，因此要竭尽所能实现公用建筑的节水。建筑的屋顶面积相对较大，为屋顶集水提供了较为行利的条件。我国很多的建筑已经开始使用中水回收技术，对雨水进行回收处理，用于卫生间、植被绿化以及建筑物清洗。从设计角度，绿色建筑节水及水资源利用技术措施可分为以下几个方面。

（一）中水回收技术

为了满足人们的用水需求，减少对净水资源的消耗，我们必须在环境中回收一定量的水源。中水回收技术能够满足上述要求，同时也能够减少污染物的排放，减少水体中的氮磷含量。与城市污水处理工艺相比，中水回收系统的可操作性较强，而且在拆除时不会产生附加的遗留问题，因此对环境的影响较小。在绿色建筑的开发中，我国采用了中水回收技术和无水处理装置，从而能够保证水资源的循环使用。中水回收技术一方面能够扩大水资源的来源，另一方面可以减少水资源的浪费，因此兼有"开源"和"节流"两方面的特点，在绿色建筑中可以加以应用。

在设计中水回收装置时，人们往往只考虑了其早期投入，而很少计算其在运行中的节水效益。这样在投资过程中，就会造成得不偿失的结果。因此在中水处理中，需要将处理后的水质放在第一位，这就需要采用先进的工艺和手段。如果处理后水源的水质达不到要求，那么再低廉的成本也是资源与财力的浪费。

随着科学技术的进步与经济实力的增长，对于传统的污水处理工艺，例如臭氧消毒工艺、活性炭处理工艺以及膜处理工艺，在使用过程中经过不断地改进与发展，已经趋于安全、高效。人们在建筑节能设计中的观念也在不断改变，国际建筑商们普遍采用陈旧的节水处理装置，因此水源节水处理效率较低，而逐渐被摒弃。同时，随着自动控制装置和监测技术的进步，建筑中的许多污染物处理装置可以升级为自动化。也就是说，污水处理过程逐渐简单化。

绿色建筑中水工程是水资源利用的有效体现，是节水方针的具体实施，而中水工程的成败与其采用的工艺流程有着密切联系。因此，选择合适的工艺流程组合应符合下列要求：采用先进的工艺技术，保证水源在处理后达到回收用水的标准；工艺经济可靠，在保证水质的情况下，能够尽可能地减少成本、运营费用以及节约用地；水资源在处理过程中，能够减少噪声与废气排放，减少对环境的影响；水资源在处理过程中，需要经过一定的运营时间，从而达到水源的实用化要求。如果没有可以采用的技术资料，可以通过实验研究进行指导。

（二）室内节水措施

一项对住宅卫生器具用水量的调查显示：家庭用的冲水系统和洗浴用水约占家庭用水的 50% 以上。因此为了提高用水的效率，在绿色建筑设计中，提倡采用节水器具和设备。这些节水器具和设备不但要运用于居住建筑，还需要在办公建筑、商业建筑以及工业建筑中得以推广应用。特别的，以冲厕和洗浴为主的公共建筑中，要着重推广节水设备，从而避免雨水的跑、冒、滴、漏现象的发生。此外还需要人们通过设计手段，主动或者被动地减少水资源浪费，从而主观地实现节水。在节水设计中，目前普遍采用的家庭节水器具包括节水型水龙头、节水便器系统以及淋浴头等。

（三）雨水利用技术

自然降水是一种污染较小的水资源。按照雨形成的原理，可以看出降雨中的有机质含量较少，通过水中的含氧量趋近于最大值，钙化现象并不严重。因此，在处理过程中，只需要简单操作，其便可以满足生活杂用水和工业生产用水的需求。同时，雨水回收的成本要远低于生活废水，同时水质更好，微生物含量较低，人们的接受和认可度较高。

建筑雨水收集技术经过 10 多年的发展已经趋于完善，因此绿色小区和绿色建筑的应用具有较好的适位性。从学科方面来看，雨水利用技术集合了生态学、建筑学、工程学、经济学和管理学等学科内容，通过人工净化处理和自然净化处理，能够实现雨水和景观设计的完美结合，实现环境、建筑、社会和经济的完美统一。对于雨水收集技术虽然伴随着小区的需求而不同，但是也存在一定的共性，其组成元素包括绿色屋顶、水景、雨水渗透装置和回收利用装置，其基本的流程为，初期雨水经过多道预处理环节，保证了所收集雨水的水质。采用蓄水模块进行蓄水，有效保证了蓄水水质，同时不占用空间，施工简单、方便，更加环保、安全。通过压力控制泵和雨水控制器可以很方便地将雨水送至用水点，同时雨水控制器可以实时反应雨水蓄水池的水位状况，从而到达用水点。可用的水还可以作为水景的补充水源和浇灌绿化草地，还应考虑到不同用途必要用水量的平衡、不同季节用水量差别等情况，进行最有效的容积设计，达到节约资源的目的。伴随着技术的不断进步，有很多专家和干净城市已经将太阳能、风能和雨水等可持续手段应用于花园式建筑的发展之中。因此，在绿色建筑设计中，能够切实地采用雨水收集技术，其将于生态环境、节约用水等结合起来，不但能够改善环境，而且能够降低成本，产生经济效益、社会效益和环境效应。

在绿色建筑设计中，可以通过景观设计实现建筑节水。在设计初期要提高合理完善的景观设计方案，满足基本的节水要求，此外还要健全水景系统的池水、流水及喷水等设施。特别的，需要在水中设置循环系统，同时要进行中水回收合雨水回收，满足供水平衡和优化设计，从而减少水资源浪费。

二、绿色建筑节水评价

绿色建筑节水评价指标是评价所要实现的目标及诸多影响因素综合考虑的结果。绿色建筑节水评价主要针对绿色建筑用水，因而所有与绿色建筑用水有关的因素在制定指标体系初期皆应在考虑之列。

（一）绿色建筑节水评价指标体系框架

根据已有的绿色建筑评价体系中对节水的指导项要求以及建筑节水评价指标设置的原则，经调研测试和分析权衡影响建筑节水诸因素对应的节水措施在当前实施的可行性程度及其经济、社会效益的大小，广泛征求专家意见，提出"建筑节水评价指标体系框架"。

（二）绿色建筑节水措施评价指标及评价标准

在绿色建筑设计中，中水回收利用技术是建筑师较为青睐的节水措施之一，这种技术具有效率高、规模大的特点。这样在建筑中产生的废水就可以实现就地回收利用，从而可以减少建筑用水的使用量。在建筑上，采用中水回收利用技术，可以减少建筑对传统水源的依赖性，达到废水、污水资源化的目的，在资源紧缺的大背景下，能够有效地缓解水资源矛盾，促进社会的可持续发展。因此，绿色建筑的中水回收利用技术理应受到全社会的重视。

建筑用水的影响因素众多，因此对建筑用水指标的评价需要综合各种因素方可完成，在因素选择中需要采用综合评价法。综合评价法的一般过程为基于给定的评价目标与评价对象，选择给定的标准，综合分析其经济、环境与社会等多个方面中的定性与定量指标，然后通过计算分析，显示被评价项目的综合情况，从而指出项目中的优势与不足，从而为后续工作中的决策提供数据信息。总的来说，各因素对水质和水资源的作用方式不同，从多个角度影响着建筑节水效果。所以采用综合评价法能够从多个方面将评价目标与对象分解为多个不同的子系统，然后对各个小项进行逐一评价。分析各小项之间的关联性，采用适当的方法进行组合求和，做出评价。在综合评价法中，人们比较常用的方法为模糊综合评价法和层次分析法。

1. 模糊综合评判

模糊综合评判这一方法由于环境模糊性的，故在评判过程中受到很多因素的影响。模糊综合指依据特定目的综合评判某一项事物。它的基本原理是 Fuzzy 模拟人的大脑对事物进行评价的过程。理论实践中，人们评价一项事物采用最多的是多种目标、因素与指标相结合的方法。但是随着评价系统变得更加复杂情况下，对系统的不准确性和不确定性的描述也变得更加复杂。该系统所拥有的两项特性同时又具备随机性和模糊性。再者，人们大多数情况下评价事物时是模糊性的，所以根据人脑评价事物的这一特性，我们采用模糊数学的方式评判复杂的系统，是完全能够模拟甚至吻合人类大脑的全过程的实践证明。在众多评判方法中，模糊综合评判是最有效的方法之一。各个行业人士部在广泛应用该评判方法，并把模糊评判方法的原理运用到其他评判方法中。

2. 绿色建筑节水评价方法的选择

对比上述内容提到的两种评判方法，一方面我们不难发现，模糊综合评判方法的优势在于评价结果采用向量的方式标识，比其他评判方法更加直接客观，但是整个计算过程比较烦琐。另一方面，层次分析法就比较直接简单，被各界人士广泛应用于素质测评、经济评估、管理评价、资源分析和全经济等专业。综上所述，这两种评判方法在绿色建筑节水评估中可以求同存异，相辅相成。

3. 绿色建筑节水措施评价

上述总结了综合运用模糊综合评判法和层次分析法进行绿色建筑节水措施的最终节水效果评价，分析各种不同的节水措施在绿色建筑用水中的效果和应用频率。频率越大的表示该项节水措施达到的节水效果越显著，即可以运用到绿色建筑节水设计中。

①绿色建筑节水措施的层次结构模型。我们按照层次分析法的要求构建绿色建筑节水设计中的层次结构模型，主要包括以下几个：目标层次结构模型（节水措施所要实现的节水效果）、措施层次模型（管理制度、雨水收集率、设备运行负荷率、工作记录、设备安装率、水循环利用率、防污染措施、中水水质、利用水质量合格率、回收废水、雨水收集等利用率、水循环措施、节水宣传效果）、二级评价目标层次模型（雨水、中水利用率、节水管理效果）。②绿色建筑节水措施的层次分析评价。

（三）绿色建筑节水措施应用

1. 绿色建筑雨水利用工程

绿色建筑雨水综合利用技术是近年来在绿色建筑领域发展起来的一种新技术，并实践于住宅小区中，效果很好。它利用了很多学科原理，是一种综合性的技术。净化过程分为两种形式：人工和自然。这一技术将雨水资源利用和建筑景观设计融合在一起，促进人与自然的和谐，在实际操作中需要因地制宜，考虑实际工程的地域以及自身特性来给出合适的绿色设计。科技日新月异，建筑形式在多样化的同时也越来越强调可持续发展，可以把雨水以水景的模式与自然能源相结合，利用花园式建筑来实现这一目标：这一技术在绿色建筑中，在使水资源重复利用的同时改善了自然环境，节约了经济成本，带来了巨大的社会效益，所以应该加大推广力度，特别是在条件适宜的地区。这种技术也有缺点：降水量不仅受区域影响还受季节影响，这就要求收集设施的面积要足够大，所以占地较多。

2. 节水规划

用水规划是绿色建筑节水系统规划、管理的基础。绿色建筑给水排水系统能否良性循环，关键在于如何规划该建筑水系统。在建筑小区和单体建筑中，建筑或者住户对水源的需求量不同，这主要与用户对水资源的使用性质有关。我国的《建筑给水排水设计规范》（GB 50015—2017）提供了不同用水类别的用水定额和用水时间。我国中水回收利用相关规范将水源使用情况分为五类：冲厕、厨房、沐浴、盥洗和洗衣。

3. 主要渗透技术

雨水利用技术在绿色建筑小区中通过保护本小区的自然系统，使其自身的雨水净化功能得以恢复，进而实现雨水利用。水分可以渗透到土壤和植被中，在渗透过程中得到净化，并最终存储下来。我们将通过这种天然净化处理的过剩的水分再利用，来达到节约用水、提高水的利用率等目的。绿色建筑雨水渗透技术充分利用了自然系统资自身的优势，但是在使用过程中要注意这项技术对周围人和环境以及建筑物自身安全的影响，以及在具体操作时资源配置的合理性。

绿色建筑应用到很多雨水渗透技术，按照不同的条件分类不同。按照渗透形式，绿色建筑分为分散渗透和集中渗透。这两种形式特点不同，各有优缺。分散渗透的缺点是：渗透的速度较慢，储水量小，适用范围较小。优点是：渗透充分，净化功能较强，规模随意，对设备要求简单，对输送系统的压力小。常见的分散渗透的应用形式有地面和管沟。集中渗透的缺点是：对雨水收集输送系统的压力较大，优点是规模大，净化能力强，特别适用于渗透面积大的建筑群或小区。常见的集中渗透的应用形式有池子和盆地形。

第四节 绿色建筑的节材设计规则

一、绿色建筑节材和材料利用

节材作为绿色建筑的一个主要控制指标，主要体现在建筑的设计和施工阶段。而到了运营阶段，由于建筑的整体结构已经定型，对建筑的节材贡献较小，因此绿色建筑在设计之初就需格外地重视建筑节材技术的应用，并遵循以下5个原则。

（一）尽可能减少建筑材料的使用量

绿色建筑中要做到建筑节能首先要减轻能源和资源消耗，最直接的手段就是减少建筑材料的使用量，特别是一些常用的材料。如钢筋、水泥、混凝土等，这些材料的生产过程会消耗很多自然资源和能源，还影响环境，如果这些材料不能合理利用就会成为建筑垃圾，污染环境。建筑材料的过度生产不利于工程经济和环境的发展，所以要合理设计与规划材料的使用量，避免施工过程中建筑材料的浪费。

（二）对已有结构和材料多次利用

我国的绿色建筑评价标准中有相关规定，对已有的结构和材料要尽可能利用，将土建施工与装修施工一起设计，在设计阶段就综合考虑以后要面临的各种问题，避免重复装修。设计可以做到统筹兼顾，将在之后的工程中遇到的问题提前给出合理的解决方案，要利用设计使各个构件充分发挥自身功能。这样，通过多次利用来避免资源浪费、减少能源消耗、减少工程量、减少建筑垃圾，在一定程度上改善了建筑环境。

（三）建筑材料尽可能与可再生相关

在我们的生活中可再生相关材料有很多，大体可以分为三类。第一种，本身可再生。第二种，使用的资源可再生。第三种，含有一部分可再生成分。我们自然界的资源分为两类：可再生资源和不可再生资源。可再生资源的形成速率大于人类的开发利用率，用完后可以在短时间内恢复，被人类反复使用。如太阳能、风能，太阳可提供的能源可达 100 多亿年，相对于人类的寿命来说是"取之不尽，用之不竭"。这种资源对环境没有危害，污染小，是在可持续发展中应该推广使用的绿色能源。不可再生资源在使用后，短时间内不能恢复。如煤、石油，它们的形成时间非常长，如果人类继续大量开采就会出现能源枯竭。此外这种资源的使用会对环境造成不良影响。

如果建筑材料大量使用可再生材料，减少对不可再生资源的使用，减少有害物质的产生，减少对生态环境的破坏，就能达到节能和环保的目的。

（四）建筑材料的使用遵循就近原则

国家标准规范中对建筑材料的生产地有相关要求，总使用量 70% 以上的建筑材料生产地距离施工现场不能超过 500km，即就近原则。这项标准缩短了运输距离，在经济上节约了施工成本。建筑材料的选择应该因地制宜，本地的材料既可以节约经济成本又可以保证安全质量，因此就近原则非常适用。

（五）废弃物再利用

这里对废弃物的定义比较广泛，包括生活中、建筑过程中，以及工业生产过程产生的废弃物。实现这些废弃物的循环回收利用，可以较大程度地改善城市环境，节约大量的建筑成本，实现工程经济的持续发展。我们要在确保建筑物的安全以及保护环境的前提下尽可能多地利用废弃物来生产建筑材料。国标中也有相关规定，工程建设应更多地利用废弃物生产的建筑材料，减少同类建筑材料的使用，二者的使用比例要不小于 50%。

二、节能材料在建筑设计中的应用

在城市发展进程中，建筑行业对国民经济的推动功不可没，特别是建筑材料的大量使用。要实现绿色建筑，实现建筑材料的节能是重要环节。对于一个建筑工程，我们要从建筑设计、建筑施工等各个方面来逐一实现材料的节能。在可持续发展中应该加强推广使用节能材料，这样在保证经济稳步增长的同时又能保护环境。现在国际上出现了越来越多的绿色建筑的评价标准，我们在设计和施工中要严格按照标准来选用合适的建筑材料，向节能环保的绿色建筑方向发展。

（一）节能门窗

绿色建筑不断发展，节能材料逐渐变得多样性，技能技术也快速发展，为实现我国建筑行业的可持续发展奠定了基础。节能材料不仅注重节能，还注意环保、防火、降噪，等等。这种节能材料将人文和环境更加紧密地融合在一起。

这些新节能材料的使用，提高了建筑物的性能如保温性、隔热性、隔声性等，同时也促进了相关传统产业的发展。建筑节能主要从各个构件入手，门窗是必不可少的节能构件。相关资料显示，建筑热能消耗的主要方式就是通过门窗的空气渗透以及门窗的自身散热功能，约有一半的热能以这种形式流失。门窗作为建筑物的基本构件，直接与外界环境接触，热能流失比较快，所以应从改变门窗材料来减少能耗，提高热能的使用率，进一步节约供热资源。

（二）节能墙体

节能墙体材料应该在建筑设计中被广泛利用，以达到国家的节能标准。在建筑设计中，采用新型优质墙体材料可以节约资源，将废弃物再利用，保护环境，此外优质的墙体材料带给人视觉和触觉上的享受，提高舒适度以及房屋的耐久性。在节能墙体中可以再次利用的废弃物种类有废料和废渣等建筑垃圾，把它们重新用于工程建设，在节约了经济成本的同时，又保护环境，实现可持续发展。随着城市的发展，绿色节能建筑也飞快发展，节能环保墙体材料的种类也越来越多，形式也逐渐多样化，由块、砖、板以及相关的复合材料组成。我国学者结合本国实际国情以及国外研究现状又逐渐发展出更多的新型墙体材料，经过多年的研究和发展，有一些主要的节能材料已经在实际工程中广泛应用，例如混凝土空心砌块，在保证自身强度的前提下尽可能减少自重。

（三）节能玻璃

玻璃作为门窗的基本材料，它的材质是门窗节能的主要体现，如采用一些特殊材质的玻璃来实现门窗的保温、隔热、低辐射功能。在整个建筑过程中，节能环保的思想要贯穿整个设计以及施工过程中，尽可能采用节能玻璃。随着绿色建筑的发展，节能材料种类的增多，节能玻璃也有很多种，最常见的是单银（双银）Low-E玻璃。

以上提到的这种节能玻璃广泛应用于绿色建筑。它具有优异的光学热工特性，这种性能加上玻璃的中空形式使节能效果特别显著。在建筑设计以及施工过程中将这种优良的节能材料充分地应用于建筑物中，会使整体的节能性能得到最大限度的发挥。

（四）节能外围

建筑物的外围和外界环境直接接触，在建筑节能中占有主要地位，所占比例约有 56%。墙和屋顶是建筑物外围的主要构件，在建筑物整体节能中占有主要地位。例如，水立方的建设就充分使用了节能外围材料，水立方的外墙透光性极强，使游泳中心内的自然光采光率非常高，不仅高度节约了电能，而且在白天走进体育馆内部也会有种梦境般的感觉，向世界展示了我国在节能材料领域的成就。气泡型的膜结构幕墙，给人以舒适感，展示了最先进的技术，代表着我国对节能外围材料的研究已经达到国际水平，并将之推广应用到实际工程。

此外，除了墙体材料的设计，屋顶再设计中也可以实现节能。我们可以在屋顶的设计中加入对太阳能的利用，将这种可再生能源更大限度地转化成其他形式的能源，来减少不可再生资源的消耗。这种设计绿色、经济、环保，在推动经济稳步发展的同时又符合我同可持续发展的总目标。

（五）节能功能材料

影响建筑节能的指标中还有一项是不可或缺的节能功能材料，它通常由保温材料、装饰材料、化学边材、建筑涂料等组成，不仅增强建筑物的保温、隔热、隔声等性能，还增加建筑物的外延和内涵，增强它的美观性能。这些节能功能材料既能满足建筑物的使用功能，又增加了它的美观性，是一种绿色、经济、适用、美观的材料。目前节能功能材料主要以各种复合形式或化学建材的形式存在，新型的化学建材逐渐在节能功能材料中占据主导地位。

三、建筑节材技术

建筑是关系到国计民生的一个重要领域。我国目前使用的建筑节材技术主要有以下七种。

（一）废弃物的循环再利用

1. 矿物掺合料的使用

矿物掺合料是指用在混凝土、砂浆中的可替代水泥使用的具有潜在水化活性的矿物粉料，目前主要有粉煤灰、矿渣、硅灰等。我们在设计混凝土配合比时，由于掺合料与水泥颗粒细度的不同，会具有一定的"超叠加效益"和"密实堆积效应"，使混凝土的孔隙率降低，密实度升高，可有效提升混凝土的抗渗性能和力学性能，从而配制出高性能的混凝土，满足不同工程的需求；且不同掺合料之间水化活性的不一致，还可形成"次第水化效应"，水化活性高的掺合料优先水化，产生的水化产物可填充到尚未水化的掺合料与砂、石之间的间隙中，进一步提高混凝土的整体密实程度，促使其力学性能、抗渗性能提高。

随着材料制备技术的提高，矿物掺合料取代水泥的比例可高达 70%，大量节约了建筑工程的水泥用量。掺合料的应用还会对混凝土的其他性能有一定的提升作用：如矿渣可提高混凝土的耐磨性能，可用于机场和停车场；粉煤灰可有效降低混凝土的水化热，减少其因温度应力而形成的开裂；硅灰可提高混凝土的早期强度，有利于缩短工期。

2. 造纸污泥制条复合塑料护栏的技术

造纸污泥主要有生物污泥、碱回收白泥和脱墨污泥三种。其中生物污泥是指造纸厂所排放的废水经处理后产生的纤维、木质素及其衍生物和一些有机物质等沉淀物；碱回收白泥是白泥回收工段苛化反应的产物，主要成分是碳酸钙；脱墨污泥则产生于废纸脱墨过程。可将这些污泥掺入聚丙烯树脂中，经熔融、混炼、挤塑、模压等工序加工成护栏，可应用于建筑、道路、公园等各种护栏，取代部分金属材料。

除了造纸污泥外，湖底和河底的污泥、工业生产排放的废水污泥、部分工业废渣等，因其都含有一定量的硅铝化合物，都可用于生产水泥、陶粒、空心砖等建筑材料。

3. 加固材料的应用

加固材料是指利用粉煤灰、钢渣和炉渣等具有潜在水化活性的工业废料与碱激发剂按一定比例混合成可固结土壤的材料。这种材料不仅具有高渗透性，材料的流动度、扩散度大，还具有优良的可灌性，早期强度高，后期强度仍可增长，可实现单液灌浆、定量校准，无噪声、工艺简单，可用于建筑地基土坡、隧道土壤的加固。

4. 磷石膏生产石膏砌块的技术

磷石膏是指在磷酸生产中用硫酸处理磷矿时产生的固体废渣。其主要成分为硫酸钙。经净化后，加入一定的砂、水泥，采用一定的压力压制成型，即可生产出高强度的石膏砌块。它具有质轻、体薄、平整度好，以及隔音、防火、保温和可调节室内温湿度的优点。砌块在安装中可锯、可刨和可钉，安装、装修方便，产生的建筑垃圾量少，用于住宅和公共建筑的内隔墙、填充墙吸音墙、保温墙和防火墙等部位，可大大节约砖材的使用。

（二）可再生材料的应用

1.植物纤维水泥复合墙板

如图 2-1 所示，植物纤维水泥复合板是一种新型的生态墙板。该墙板以可再生的木材或农作物秸秆（如棉秆、玉米秆、麦草、高粱秆、麻秆等）为增强材料，以水泥、粉煤灰、钢渣等胶凝材料为黏合剂，加上一定的特种添加剂，按比例注模成型，经冷压或热压或自然养护成板。它具有节能、环保、隔声和节水等特点，可加快施工进度，工业化生产程度高。它适用于住宅和公共建筑的非承重内外隔墙。

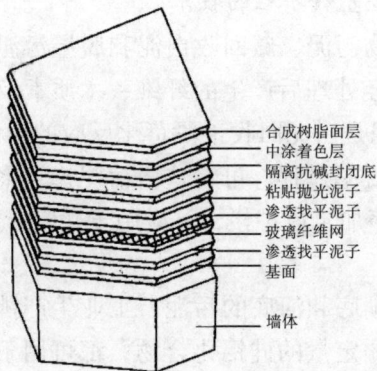

合成树脂面层
中涂着色层
隔离抗碱封闭底
粘贴抛光泥子
渗透找平泥子
玻璃纤维网
渗透找平泥子
基面
墙体

图 2-1　合成树脂幕墙装饰系统

2.纤维石膏板

它以建筑石膏和植物纤维为主要原料，具有轻质高强、防火、隔音、环保等特性，施工安装方便，表面可做不同装饰，适用于住宅和公共建筑的非承重内隔墙及吊顶。

（三）本地建筑材料的应用

1.本地固体废弃物的使用

大部分的固体废弃物都含有 Si、Al 组分，是制备砖材、轻集料、板材的物质基础。在城市规划过程中，我们应充分考虑本地固体废弃物的使用，建立专门的废弃物处理厂，将当地固体废弃物集中处理。这些废弃物主要以废弃混凝土、砖块、砂土为主，具有一定的强度，可用于建筑区间路基的铺设，有效降低建筑工程量和路基材料的使用量。

作为建筑工程能源和资源消耗大户的建筑材料，对整个建筑的节能环保具有重要的影响，因此建筑材料就显得格外重要。随着材料制备技术的发展，必然会有更多符合绿色建筑要求的建筑节材技术出现，图 2-2 为渗透型装饰防水系统。然而仅仅是新技术的突破尚远不能满足目前我国绿色建筑的发展要求，还应从源头出发，提高建筑施工人员和管理人员的素质，制订合理的节材方案，并在施工中落实各项节材措施，减少建筑材料的浪费，如此才能提高建筑的节材效率。

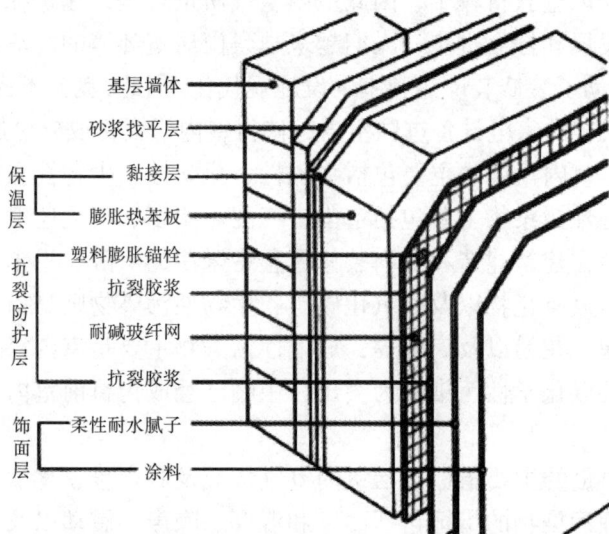

基层墙体
砂浆找平层
保温层 — 黏接层
膨胀热苯板
抗裂防护层 — 塑料膨胀锚栓
抗裂胶浆
耐碱玻纤网
抗裂胶浆
饰面层 — 柔性耐水腻子
涂料

图 2-2　渗透型装饰防水系统

2. 散装水泥的使用

在建筑施工时应大力提倡散装水泥的使用，既减少用于生产包装袋的木材资源消耗和浪费，又减少工程的水泥用量。

第五节　绿色设计中的环保设计

一、绿色建筑室内空气质量

室内环境一般泛指人们的活动居室、劳动与工作的场所以及其他活动的公共场所等。人的一生大约 80% ～ 90% 的时间在室内度过的，室内的很多污染物的含量比室外高。因此，从某种意义上讲，室内空气质量（IAQ）的好坏对人们的身体健康及生活的影响远远高于室外环境。

从 20 世纪 70 年代开始，人们开始意识到能源危机，因此人们开始研究在建筑中的能源使用率。在早期，人们对节能效率较为重视，而对室内空气质量的重视不够，造成很多建筑采用全封透气结构，或者室内空调系统的通风效率很低，室内的新风量获得较少，因此室内空气质量较差，建筑综合征频发。随着经济的飞速发展和社会进步，人们越来越崇尚居室环境的舒适化、高档化和智能化，由此带动了装修装饰热和室内设施现代化。因此，良莠不齐的建筑材料、装饰材料及现代化的家电设备进驻室内，使得室内污染物成分更加复杂多样。

研究表明，室内污染物主要包括物理性、化学性、生物性和放射性污染物四种，其中物理性污染物主要包括室内空气的温湿度、气流速度、新风量等；化学性污染物是在建筑建造和室内装修过程中采用的甲醛、甲苯、苯以及吸烟产生的硫化物、氮氧化物以及一氧化碳等；生物性污染物则是指微生物，主要包括细菌、真菌、花粉以及病毒等；放射性污染物主要是室内氡及其子体。室内空气污染主要以化学性污染最为突出，甲醛已经成为目前室内空气中首要的污染物。

室内空气质量的主要指标包括室内空气构成及其含量、化学与生物污染物浓度，室内物理污染物的指标包括温度和湿度、噪声、震动以及采光等。影响室内空气含量的因素主要是我们平时较为关心的室内空气构成及其含量。从这一方面分析，空气中的物理污染物会提高室内的污染物浓度，导致室内空气质量下降；同时室外环境质量、空气构成形式以及污染物的特点等也会影响室外空气质量。因此，在营造良好的室内空气质量环境时，需要分析和研究空气质量量的构成与作用方式，从而采用正确的措施加以改善。

（一）室内温湿度

室内温湿度，顾名思义，是指室内环境的温度和相对湿度，这两者不仅影响着室内的温湿度，而且影响着室内人体周围环境的热对流和热辐射。室内温度是影响人体热舒适的重要因素，有关调查表明：室内的空气温度为 25℃时，人们的脑力劳动的工作效率最高；当室内的温度低于 18℃或高于 28℃时，工作效率将会显著下降。如果将 25℃时对应的工作效率设定为 100%，那么当室内温度为 10℃时的工作效率仅为 30%，因此卫生组织将 12℃作为室内建筑热环境的限值。空气湿度对人体表面的水分蒸发和散热有直接影响，进而会影响人体的舒适度。但相对湿度太低时，会引起人们的皮肤干燥或开裂，也影响人体的呼吸系统，从而导致人体的免疫力下降。当室内的相对湿度较高时，容易造成室内的微生物以及霉菌的繁殖，造成室内空气污染，甚至这些微生物会引起呼吸道疾病。

（二）气流速度

与室外空气对环境质量的影响机理相同，室内气流速度也会对污染物起到稀释和扩散作用。如果室内空气长时间不流通，就可能使人窒息、疲劳、头晕，以及出现呼吸道和其他系统的疾病等。此外，室内气流速度也会影响到人体的热对流和交换，因此可以采用室内空气流通的方法清除微生物和其他污染物。

（三）空气污染物

按照室内污染物的存在状态，可以将污染物分为悬浮颗粒物和气体污染物两类。其中悬浮颗粒物中主要包括固体污染物和液体污染物，主要包括有机颗粒、无机颗粒、微生物以及胶体等；而气体污染物则是以分子状态存在的污染物，包括无机化合物、有机物和放射性污染物等。

二、改善室内空气质量的技术措施

据美国职业安全与卫生研究所（NIOSH）的研究显示，导致人员对室内空气质量不满意的主要因素见表 2-2 所列。

表 2-2 美国职业安全与卫生研究所调查结果

通风空调系统	48.3%	建筑材料	3.4%
室内污染物（吸烟产生的除外）	17.7%	过敏性（肺炎）	3.0%
室内污染物	10.3%	吸烟	2.0%
不良的温度控制	4.4%	不明原因	10.9%

因此可见，要想更好地改善室内空气质量，关键是完善通风空调系统和消除室内、室外空气污染物。从影响室内空气质量的主要因素及其相互间关系出发，下面提出了改善室内空气品质的具体措施。

（一）污染源控制

众所周知，消除或减少室内污染源是改善室内空气质量、提高舒适性的最经济最有效的途径。从理论上讲，用无污染或低污染的材料取代高污染材料，避免或减少室内空气污染物产生的设计和维护方案，是最理想的室内空气污染控制方法。对已经存在的室内空气污染源，应在摸清污染源特性及其对室内环境的影响方式的基础上，采用撤出室内、封闭或隔离等措施，防止散发的污染物进入室内环境。如现代化大楼最常见的是挥发性的有机物（VOC），以及复印机和激光打印机产生的臭氧和其他的刺激性气味的污染。我们应根据相关数据确定被检查材料、产品、家具是否可以采用，或仅在特定的场合下采用。有些材料也可以仅在施工过程中临时采用，对于不能使用的材料、产品可以采取"谨慎回避"的办法。因此要注重建筑材料的选用，使用环保型建筑材料，并使有害物充分挥发后再使用。

微生物滋长需要水分和营养源，降低微生物污染的最有效手段是控制尘埃和湿度。对于微生物可以通过下列技术设计进行控制：将有助于微生物生长的材料（如管道保温隔音材料）等进行密封；对施工中受潮的易滋生微生物的材料进行清除更换，减少空调系统的潮湿面积；建筑物使用前用空气真空除尘设备清除管道井和饰面材料的灰尘和垃圾，尽量减少尘埃污染和微生物污染。

室内空气异味是"可感受的室内空气质量"的主要因素。因此要控制异味的来源，需减少室内低浓度污染源，减少吸烟和室内燃烧过程，减少各种气雾剂、化妆品的使用等在污染源比较集中的地域或房间，采用局部排风或过滤吸附的方法，防止污染源的扩散。

（二）空调系统设计的改进措施

空调系统设计人员在设计一开始就应该认真考虑室内空气质量，为此还要考虑到系统今后如何运行管理和维护。要使设计人员认同这是他们的责任，许多运行管理和维护的症结问题往往出自原设计。

新风量与室内空气质量之间有密切联系，新风量是否充足对室内空气质量影响很大。提高入室新风量的目的是将室外新鲜空气送入室内稀释室内有劣物质，并将室内污染物排到室外。但需注意的是室外空气也可能是室内污染物的重要来源。由于大气污染趋于严重，室外大气的尘、菌、有害气体等污染物的浓度并不低于室内，盲目引入新风量，可能带来新的污染。采用新风的前提条件为室外空气质量好于室内空气质量。否则，增大新风量只会增大新风负荷，使运行费用急剧上升，对改善室内空气品质毫无意义。

通过通风系统，在室内引入新鲜空气，除了能够稀释室内的污染源以外，还能够将污染空气带出室外。为了保证新风系统能够消除新风在处理、传递和扩散污染，需要做到以下几点：①要选择合理的新风系统，对室内空气进行过滤处理，这就需要进行粗效过滤；②是要将新风直接引入室内，从而能够降低新风年龄，减少污染路径。住室内的新风年龄越小，其污染路径越短，室内的新风品质越来越好，从而对人体健康越有利。同样，空调技术也会对室内空气造成污染，采用新型空调技术，可以提高工作量的新风品质。同样，可以缩短空气路径，因此可以将整个室内的转变为室内局部通风，专门提高人工作区附近的空气质量，从而能够提高室内通风的有效性。此外，还可以采用空气监测系统，增加室内的新鲜空气量和循环气量，从而维持室内的空气品质。

（三）改进送风方式和气流组织

室内外的空气质量是相互影响的，置换通风送风方式在空调建筑中使用比较普遍。与传统的混合送风方式相比较，基于空气的推移排代原理，指从一端进入室内空气而又从另一端排出污浊空气的方式。这种方式，可以将空气从房间地板送入，依靠热空气较轻的原理，使得新鲜空气受到较小的扰动，经过工作区，带走室内比较污浊的空气和余热等。上升的空气从室内的上部通过回风口排出。

此时，室内空气温度呈分层分布，使得污染也是呈竖向梯度分布，能够保持工作区的洁净和热舒适性。但是目前置换通风也存在着一定的问题。人体周围温度较高，气流上升将下部的空气带入呼吸区，同时将污染导入工作层，降低了空气的清新度。采用地板送风的方式，当空气较低且风速较大时，容易引起人体的局部不适。通过 CFD 技术，建立合适的数学物理模型，研究通风口的设置与风速大小对人体舒适度的影响，能够有效地节约成本，因此目前已经研究置换通风的新方法。另外，可以通过计算流体力学的方法，模拟分析室内空调气流组织形式，只要通过选择合适的数学、物流模型，因此可以通过计算流体力学方法计算室内各点的温度、相对湿度、空气流动速度，进而可以提高室内换气速度和换气速率。同时，还可以通过数值模拟的方法，计算室内的空气龄，进而判断室内空气的新鲜程度，从而优化设计方案，合理营造室内气流组织。通过上述分析，改善与调节室内通风，提高室内的自然通风，是一项较为科学经济有效的方法。

第三章　绿色建筑设计要素

信息时代的到来，知识经济和循环经济的发展，人们对现代化的向往与追求，赋予绿色节能建筑无穷魅力，发掘绿色建筑设计的巨大潜力却又是时代对建筑师的要求。绿色建筑设计是生态建筑设计，它是绿色节能建筑的基础和关键。在可持续发展和开放建筑的原则下，绿色建筑设计指导思想应遵循现代开放、端庄朴实、简洁流畅、动态亲民的建筑形象，从选址到格局，从朝向到风向，从平面到竖向，从间距到界面，从单体到群体，都应当充分体现出绿色的理念。

国内工程实践证明，在倡导和谐社会的今天，怎样抓住绿色建筑设计要素，有效运用各种设计要素，使人类的居住环境体现出空间环境、生态环境、文化环境、景观环境、社交环境、健身环境等多重环境的整合效应，使人居环境品质更加舒适、优美、洁净，建造出更多节能并且能够改善人居环境的绿色建筑就显得尤为重要。

第一节　绿色建筑室内外环境设计

绿色建筑是日渐兴起的一种自然、和谐、健康的建筑理念。意在寻求自然、建筑和人三者之间的和谐统一，即在"以人为本"的基础上，利用自然条件和人工手段来创造一个有利于人们舒适、健康的生活环境，同时又要控制对于自然资源的使用，实现自然索取与回报之间的平衡。因此，现在所说的绿色建筑，不仅要能提供安全舒适的室内环境，同时应具有与自然环境相和谐的良好的建筑外部环境。

室内外环境设计是建筑设计的深化，是绿色建筑设计中的重要组成部分。随着社会进步和人民生活水平的提高，建筑室内外环境设计，在人们的生活中越来越重要，在人类文明发展至今天的现代社会中，人类已不再是只简单地满足于物质功能的需要，而是更多地需求是精神上的满足，所以在室内外环境设计中，我们应围绕着人们的更高需求来进行设计，这就包括物质需求和精神需求。具体的室内外环境设计要素主要包括：对建造所用材料的控制、对室内有害物质的控制、对室内热环境的控制、对建筑室内隔声的设计、对室内采光与照明设计、对室外绿地设计要求，等等。

一、对室内有害物质的控制

现代人平均有 60% ~ 80% 的时间生活和工作在室内。室内空气质量的好坏直接影响着人们的生活质量和身体健康。认识和分析常见的室内污染物，采取有效措施对有害物质进行控制，将其危害防患于未然，这对提高人类生活质量有着重要的意义。

室内环境质量受到多方面的影响和污染，其污染物质的种类很多，大致可以分为三大类：第一类为物理性污染，包括噪声、光辐射、电磁辐射、放射性污染等，主要来源于室外及室内的电器设备；第二类为化学性污染，包括建筑装饰装修材料及家具制品中释放的具有挥发性的化合物，数量多达几十种，其中以甲醛、苯、氡、氨等室内有害气体的危害尤为严重；第三类为生物性污染，主要有蛸虫、白蚁及其他细菌等，主要来自地毯、毛毯、木制品及结构主体等。其中甲醛、氨气、氡气、苯和放射性物质等，不仅是目前室内环境污染物的主要来源，而且也是对室内污染物的控制重点。

绿色建筑在设计中对污染源要进行控制，尽量使用国家认证的环保型材料，提倡合理使用自然通风，这样不仅可以节省更多的能源，更有利于室内空气品质的提高。要求在建筑物建成后通过环保验收，有条件的建筑可设置污染监控系统，确保建筑物内空气质量达到人体所需要的健康标准。

室内污染监控系统应能够将所采集到的有关信息传输至计算机或监控平台，实现对公共场所空气质量的采集、数据存储、实时报警、历史数据的分析、统计、处理和调节控制等功能，保障室内空气质量良好。对室内空气的控制，可采用室内空气检测仪。

二、对建筑室内隔声的设计

建筑室内隔声是指随着现代城市的发展，噪声源的增加，建筑物的密集，高强度轻质材料的使用，对建筑物进行有效的隔声防护措施。建筑隔声除了要考虑建筑物内人们活动所引起的声音干扰外，还要考虑建筑物外交通运输、工商业活动等噪声传入所造成的干扰。

建筑隔声包括空气声隔声和结构隔声两个方面。所谓空气声是指经空气传播或透过建筑构件传至室内的声音；如人们的谈笑声、收音机声、交通噪声等。所谓结构声是指机电设备、地面或地下车辆以及打桩、楼板上的走动等所造成的振动，经地面或建筑构件传至室内而辐射出的声音。在建筑物内，空气声和结构声是可以互相转化的。因为空气声的振动能够迫使构件产生振动成为结构声，而结构声辐射出声音时，也就成为空气声。

室内背景噪声水平是影响室内环境质量的重要因素之一。尽管室内噪声通常与室内空气质量和热舒适度相比，对人体的影响不是显得非常重要，但其危害也是多方面的，例如可引起耳部不适、降低工作效率、损害心血管、引起神经系统紊乱，严重的甚至影响听力和视力等，必须引起足够的重视。建筑隔声设计的内容主要包括选定合适隔声量、采取合理的布局、采用隔声结构和材料、采取有效的隔振措施。

（1）采取合理的布局，在进行隔声设计时，最好不用特殊的隔声构造，而是利用一般的构件和合理布局来满足隔声要求。如在设计住宅时，厨房、厕所的位置要远离邻户的卧室、起居室；剧院、音乐厅等则可用休息厅、门厅等形成声锁来满足隔声的要求。为了减少隔声设计的复杂性和投资额，在建筑物内应该尽可能将噪声源集中起来，使之远离需要安静的房间。

（2）选定合适的隔声量，对特殊的建筑物（如音乐厅、录音室、测听室）构件，可按其内部容许的噪声级和外部噪声级的大小来确定所需构件的隔声量。由于受材料、投资和使用条件等因素的限制，普通住宅、办公室、学校等建筑在选取围护结构隔声量时，就要综合各种因素，确定一个最佳数值，通常可用居住建筑隔声标准所规定的隔声量。

（3）采取有效的隔振措施，建筑物内如有电机等设备，除了利用周围墙板隔声外，还必须在其基础和管道与建筑物的联结处，安设隔振装置。如有通风管道，还要在管道的进风和出风段内加设消声装置。

（4）采用隔声结构和材料，某些需要特别安静的房间，如录音棚、广播室、声学实验室等，可采用双层围护结构或其他特殊构造，保证室内的安静。在普通建筑物内，若采用轻质构件，则常用双层构造，才能满足隔声要求。对于楼板撞击声，通常采用弹性或阻尼材料来做面层或垫层，或在楼板下增设分离式吊顶等，以减少干扰。

三、对室外绿地的设计要求

对于各类城市室外的绿地而言，如何合理、有效地促进城市室外绿地建设？如何改善城市环境的生态和景观？如何保证城市绿地符合适用、经济、安全、健康、环保、美观、防护等基本要求？如何确保绿色建筑室外绿地设计质量？这些问题的解决都需要贯彻人与自然和谐共存、可持续发展、经济合理等基本原则，创造良好生态和景观效果，协调并促进人的身心健康。

室外绿地设计的经验证明，将室外绿地空间进行室内生活化设计，在居住区空间环境设计中引入和借鉴室内生活化设计的方法，能够表现出对人的关怀，使绿地空间更具有亲切感和生活感，主要借鉴室内设计顶面、侧面、底面的手法，使人们在室外休闲环境中获得室内的感受，如立在室外环境中的一堵墙，可创造出两个微妙的空间——向阳空间和阴面空间。三个垂直方向的围合会有明显的向心感或居中感。在室外开放空间中，适当的围合使人具有室内体验的坐憩空间，是受人欢迎和适于停驻的环境，同时，还可以利用柱廊、花架、模结构的遮阳伞等，创造一系列具有人体尺度和领域感的虚拟空间，营造富有室内生活气息的室外休闲空间环境。

为加强对居住区绿地设计质量技术指导和监督，提高城市居住区绿化设计质量和水平，我国先后颁布了《城市居住区规划设计规范》（GB 50180—2018）、《公园设计规范》（CJJ 42—2016）、《城市道路绿化规划与设计规范》（CJJ 75—2017）、《城市绿地设计规范》（GB 50420—2016）等法规和标准，对室外绿地设计提出了具体标准和要求。

"人均公共绿地指标"是居住区内构建适应不同居住对象游憩活动空间的前提条件，也是适应居民日常不同层次的游憩活动需要、优化住区空间环境、提升环境质量的基本条件。为此，根据《城市居住区规划设计规范》（GB 50180–2018）中的相关规定及住区规模，一般以居住小区居多的情况下，应满足"人均公共绿地指标不低于 $1m^2$"的要求。

根据《城市居住区规划设计规范》（GB 50180—2018）中的规定，居住区的绿地设计应符合下列具体要求。

（1）居住区内绿地，应包括公共绿地、宅旁绿地、配套公建所属绿地和道路绿地等。

（2）居住区内的绿地规划，应根据居住区的规划组织结构类型、不同的布局方式、环境特点及用地的具体条件，采用集中与分散相结合，点、线、面相结合的绿地系统，并宜保留和利用规划或改造范围内的已有树木和绿地。

（3）住区内绿地应符合下列规定：①一切可绿化的用地均应绿化，并宜发展垂直绿化；②宅间绿地应精心规划与设计，宅间绿地面积的计算办法应符合《城市居住区规划设计规范》中有关规定；③绿地率：新区建设不应低于30%；旧区改造不宜低于25%。

（4）居住区内的公共绿地，应根据居住区不同的规划组织结构类型，设置相应的中心公共绿地。

第二节　绿色建筑健康舒适性设计

中国作为建筑业大国，被国际建筑界称之为"世界上最大的建筑工地"。我国现有建筑总面积 400 多亿 m^2，预计到 2020 年还将新增建筑面积约 $300 \times 10^8 m^2$，作为世界上耗能第一大户的建筑业，推进绿色建筑是近年来建筑发展的一个基本趋势，也是建设资源节约型、环境友好型社会的重要环节。

关于绿色建筑的提法众多，国际上尚无一致的意见，范围的界定也存在差异。我国《绿色建筑评价标准》将其定义为：在建筑的全寿命周期内，最大限度地节约资源（节能、节地、节水、节材）、保护环境和减少污染，为人类提供健康、适用和高效的适用空间，与自然和谐共生的建筑。由此可知，我国的绿色建筑主要包涵了以下 3 个方面的特征。

（1）绿色建筑是回归自然，亲近、爱与呵护人与建筑物所处的自然生态环境，追求自然、建筑和人三者之间和谐统一。

（2）绿色建筑是节约环保，最大限度地节约资源、保护环境、呵护生态和减少污染，将因人类对建筑物的构建和使用所造成的对地球资源与环境的负荷和影响降到最低。

（3）绿色建筑是健康舒适，使用的装修材料和建筑材料应为绿色天然无污染的无害产品，且可以保持室内温度、湿度适宜以及空气的清新，适合人类居住，利于人体健康，为人们营造了一个适于居住的生存空间。

发达国家的经验证明，真正的绿色建筑不仅要能提供舒适而有安全的室内环境，还应具有与自然环境相和谐的良好的建筑外部环境。在进行绿色建筑规划设计和施工时，我们不仅要考虑到当地气候、建筑形态、使用方工、设施状况、营建过程、建筑材料、使用管理对外部环境的影响，以及是否具有舒适、健康的内部环境，还要考虑投资人、用户、设计、安装、运行、维修人员的利害关系。

随着我国建设小康社会的全面展开，绿色住宅建设必将快速发展。随着居住品质的不断提高，人们更加注重住宅的舒适性和健康性。因此，如何从规划设计入手来提高住宅的居住品质，达到人们期望的舒适性和健康性要求，主要从以下几个方面着重设计。

一、建筑规划设计注重利用大环境资源

在绿色建筑的规划设计中，合理利用大环境资源和充分节约能源，是可持续发展战略的重要组成部分，是当代中国建筑和世界建筑的发展方向。真正的绿色建筑要实现资源的循环。要改变单向的灭失性的资源利用方式，尽量加以回收利用；要实现资源的优化合理配置，应该依靠梯度消费，减少空置资源，抑制过度消费，做到物显所值、物尽其用。

当今时代，绿色住宅建筑生态环境的问题已得到高度的重视，人们更加渴望回归自然，使人与自然能够和谐相处，生态文化型住宅正是在满足人们物质生活的基础上，更加关注人们的精神需要和生活方便，要求住宅具有完善的生活配套设施体系。

（一）绿色住宅建筑必备的要素

（1）总体规划注重利用自然、地理、文化、交通、社会等大环境资源，并使小区与城市空间、用地环境有良好的协调。

（2）科学、合理地设计和分配住宅户型，力求户户有良好的朝向、景观及通风的环境，降低楼电梯服务数，尽量减少户间干扰。

（3）小区整体布局注重阳光、空气、绿地等生态环境。有赏心悦目的楼房空间，每户都能享受的精致庭院，人车分流的安全通道，富有文化内涵的供人们交往、休闲、健身的活动场所。

（4）能合理安排户内的厨房、卫生间、洗衣间、储藏室、工人房、服务性阳台等功能性空间，并能妥善解决电气供应、油烟排放、空气调节、垃圾收集等问题。

（5）户型大小符合国家制定的居住标准要求，以多元化的户型适应消费者日益增长的个性化住房需求，并能以灵活的户型结构适应消费者家庭阶段性改变所导致的布局调整，使住房具有较长使用期。

（6）有分层次的绿化体系。结合自身及周边的自然环境，既有外围大区域的绿色景观，又有小区内的绿色庭院，以及户内的生态性阳台与庭院。

（7）有良好的智能化体系。可通过计算机系统与宽带网络对安全、通信、视听、资讯等方面进行全方位的物业管理，使住户的生活更加现代化。

（8）有节能环保的设施体系。尽可能安装环保、节能设备，减少噪声、污水等对环境的污染，净化居住环境。

（9）有与消费者消费观念相匹配的清新、明快，富有时代感的建筑外观及风貌。

（二）《城市居住区规划设计规范》要求

住宅区配套公共服务设施，是满足居民基本的物质和精神生活所需的设施，也是保证居民生活品质不可缺少的重要组成部分。根据现行国家标准《城市居住区规划设计规范》（GB 50180—2018）中规定，我们在进行绿色建筑规划设计时，对生活配套设施体系着重应考虑以下方面。

（1）居住区公共服务设施（也称配套公建），应包括教育、医疗卫生、文化、体育、商业服务、金融邮电、社区服务、市政公用和行政管理及其他九类设施。

（2）适应居民的活动规律，综合考虑日照、采光、通风、防灾、配建设施及管理要求，创造安全、卫生、方便、舒适和优美的居住生活环境。

（3）综合考虑所在城市的性质、社会经济、气候、民族、习俗和传统风貌等地方特点和规划用地周围的环境条件，充分利用规划用地内有保留价值的河湖水域、地形地物、植被、道路、建筑物与构筑物等，并将其纳入规划。

（4）为老年人、残疾人的生活和社会活动提供条件；为工业化生产、机械化施工和建筑群体、空间环境多样化创造条件；为商品化经营、社会化管理及分期实施创造条件。

二、绿色建筑应具有多样化住宅户型

随着国民经济的不断发展，住宅建设速度不断加快，人们的生活水平也在不断提高，不仅体现在住宅面积和数量的增长上，而且体现在住宅的性能和居住环境质量上，实现了从满足"住得下"的温饱阶段、"分得开"向"住得舒适"的小康阶段的飞跃，市场消费对住宅的品质甚至是细节提出了更高的要求。

住宅设计必须变革、创新，必须满足各种各样的消费人群，用最符合人性的空间来塑造住宅建筑，使人在居住过程中能得到良好的身心感受，真正做到"以人为本""以人为核心"，这就需要设计人员对住宅户型进行深入的调查和研究。家用电器的普遍化、智能化、大众化、家务社会化、人口老龄化以及"双休日"制度的实行等，使整个社会居民的闲暇时间显著增加。

工作制度的改变使居民有更多的时间待在家中，在家进行休闲娱乐活动的需求增多，因此对居住环境提出了更高的要求。如果提供的住宅户型能满足居民基本的生活需求的同时，就更能满足他们休闲娱乐活动的需求以及自我实现的需求，对居住在集合性住宅中的居民来说是非常重要的。特别是由于信息技术的飞速发展，网络的兴起，改变了人们的生活观念，人们的生活方式日趋多样化，对于户型的要求也变得越来越多样化，因而对于户型多样化设计的研究也就越发地显得急迫。

根据我国城乡居民的基本情况，住宅应针对不同经济收入、结构类型、生活模式、不同职业、文化层次、社会地位的家庭提供相应的住宅套型。同时，从尊重人性出发，对某些家庭（如老龄人和残疾人）还需提供特殊的套型，设计时应考虑无障碍设施等。当老龄人集居时，还应提供医务、文化活动、就餐以及急救等服务性设施。

三、建筑功能的多样化和适应性

所谓建筑功能是指建筑在物质方面和精神方面的具体使用要求，也是人们设计和建造建筑达到的目的。不同的功能要求产生了不同的建筑类型，如工厂为了生产，住宅为了居住、生活和休息，学校为了学习，影剧院为了文化娱乐，商店为了商品交易，等等。随着社会的不断发展和物质文化生活水平的提高，建筑功能将日益复杂化、多样化和适应性。

创建社会主义和谐社会，一个重要基础就是人民能够安居乐业。党和政府把住宅建设看成是社会主义制度优越性的具体体现，指出提高人民生活水平主要的将是居住水平上的提高。

（一）住宅的功能分区要合理

住宅的使用功能一般有如下几个分区：①公共活动区，如客厅、餐厅、门厅等。②私密休息区，如卧室、书室、保姆房等。③辅助区，如厨房、卫生间、储藏室、健身房、阳台等。这些分区，在平面设计上应正确处理这三个功能区的关系，使之使用合理而不相互干扰。

住宅的功能分区主要根据使用对象，使用性质及使用时间的不同而采取的住宅内部空间的组织形式，以减少相互的干扰和影响，家庭成员的户内活动可概括地划分为：公共性和私密性、洁净和污浊、动态和静态，这些不同内容、不同属性的活动，应在各自行为空间内进行，使之互不干扰，达到生活上的舒适性和健康性。

在一般情况下，公共活动区应靠近入口处，私密休息区应设在住宅内部，公私、动静分区应明确，使用应方便。总之，一个优秀的住宅设计，既要以人的居住、休息、娱乐等方面的需要为中心，也要注重温馨、舒适，符合健康居住的理念。

（二）住宅小区规划设计合理

随着社会主义市场经济的不断发展，住宅产业已成为我国经济发展的重要支柱型产业之一，城市住宅仍然是居民关注的重点话题，而住宅小区规划又是带动住宅产业发展的龙头，其水平如何直接反映着居民的住宅环境是否提高。因此，搞好住宅小区规划不但能为城市居民营造出高质量的住宅生活环境，而且能有效地满足广大居民的生活需求，同时房地产开发企业能获得良好的经济效益、社会效益和环境效益，并促进住宅产业进一步发展。

掌握好住宅小区规划设计中的关键要求，是搞好住宅小区规划的首要条件。对住宅小区环境规划设计的要求是，任何一个住宅小区建成投入使用后，便形成了一个"小社会"。它不仅仅是一个物质环境，同时还是一个社会环境。所以，在规划设计住宅小区时首先必须考虑住宅小区的环境规划，运用现代科学技术将环境美融合在一起考虑，为住宅小区的居民着想，并从使用、卫生、安全、经济、美观、适用几个方面满足要求。

住宅小区规划设计应适应不同地区，不同人口组成和不同收入居民家庭的要求，住宅小区内要选择适合当地特点、设计合理、造型多样、舒适美观的住宅类型；为方便小区居民生活，规划中要合理确定小区公共服务设施的项目、规模及其分布方式，做到公共服务设施项目齐全，设备先进，布点适当，与住宅联系方便；为适应经济的增长和人民群众物质生活水平的提高，规划中应合理确定小区道路走向及道路断面形式，步行与车行互不干扰，并且还应根据住宅小区居民的需求，合理确定停车场地的指标及布局；此外，规划还应合理组织小区居民室外休息活动场地和公共绿地，创造宜人的居住生活环境。

四、建筑室内空间的可改性

住宅方式、公共建筑规模、家庭人员和结构是不断变化的，生活水平和科学技术也在不断提高，因此，绿色住宅具有可改性是客观的需要，也是符合可持续发展的原则。可改性首先需要有人空间的结构体系来保证，例如大柱网的框架结构和板柱结构、大开间的剪力墙结构；其次应有可拆装的分隔体和可灵活布置的设备与管线。

结构体系常受施工技术与装备的制约，需因地制宜来选择，一般可选用结构不太复杂，而又可适当分隔的结构体系。轻质分隔墙虽已有较多产品，但要达到住户自己动手，既易拆卸又能安装还需进一步研究其组合的节点构造。住宅的可改性最难的是管线的再调整，采用架空地板或吊顶都需较大的经济投入。厨房卫生间是设备众多和管线集中的地方，可采用管井和设备管道墙等，使之能达到灵活性和可改性的需要。对于公共空间可以采取灵活的隔断，使大空间具有较大的可塑性。

第三节　绿色建筑的安全可靠性设计

绿色建筑工程作为一种特殊的产品，除了具有一般产品共有的质量特性，如性能、寿命、可靠性、安全性、经济性等满足社会需要的使用价值及其属性外，还具有特定的内涵，如与环境的协调性、节地、节水、节材等。概括来讲，绿色建筑工程质量的基本特性主要表现在以下 6 个方面。

（1）适用性即建筑工程具备的功能，是指建筑工程满足使用目的的各种性能，包括理化性能、结构性能、使用性能、外观性能，等等。

（2）耐久性即建筑工程的使用寿命，是指工程在规定的条件下，满足规定功能要求使用的年限，也就是工程竣工后的合理使用寿命周期。

（3）安全性是指建筑工程建成后在使用过程中保证结构安全、保证人身和环境免受危害的程度。

（4）可靠性是指建筑工程在规定的时间和规定的条件下完成规定功能的能力。

（5）经济性是指建筑工程从规划、勘察、设计、施工到整个产品使用寿命周期内的成本和消耗的费用。

（6）与环境的协调性与环境的协调性是指建筑工程与其周围生态环境协调，与所在地区经济环境协调以及与周围已建工程相协调，以适应可持续发展的要求。

上述 6 个方面的质量特性彼此之间是相互依存的。总体而言，适用、耐久、安全、可靠、经济、与环境适应性都是必须达到的基本要求，缺一不可。安全性和可靠性是绿色建筑工程最基本的特征，其实质是以人为本，对人的安全和健康负责。

一、确保选址安全的设计措施

在现行国家标准《绿色建筑评价标准》（GB/T 50378—2014）中规定，绿色建筑建设地点的确定，是决定绿色建筑外部大环境是否安全的重要前提。建筑工程设计的首要条件是对绿色建筑的选址和危险源的避让提出要求。

众所周知，洪灾、泥石流等自然灾害，对建筑场地会造成毁灭性破坏。据有关资料显示，主要存在于土壤和石材中的氡是无色无味的致癌物质，会对人体产生极大伤害。电磁辐射对人体有两种影响：一是电磁波的热效应，当人体吸收到一定量的时候就会出现高温生理反应，最后导致神经衰弱、白细胞减少等病变；二是电磁波的非热效应，当电磁波长时间作用于人体时，就会出现如心率、血压等生理改变和失眠、健忘等生理反应，对孕妇及胎儿的影响较大，后果严重者可以导致胎儿畸形或者流产。

电磁辐射无色无味无形，可以穿透包括人体在内的多种物质。人体如果长期暴露在超过安全的辐射剂量下，细胞就会被大面积杀伤或杀死，并产生多种疾病。能制造电磁辐射污染的污染源很多，如电视广播发射塔、雷达站、通信发射台、变电站，高压电线等。此外，如油库、煤气站、有毒物质车间等均有发生火灾、爆炸和毒气泄漏的可能。

为此，建筑在选址的过程中必须首先考虑到现状基地上的情况，最好仔细查看历史上相当长一段时间的情况，有无地质灾害的发生；其次，经过实勘测地质条件，准确评价能适合的建筑高度。总而言之，绿色建筑选址必须符合国家相关的安全规定。

二、确保建筑安全的设计措施

从事建筑结构设计的基本目的是在一定的经济条件下，赋予结构以适当的安全度，使结构在预定的使用期限内能满足所预期的各种功能要求。一般来说，建筑结构必须满足的功能要求是：能承受在正常施工和使用时可能出现的各种作用，且在偶发事件中，仍能保持必需的整体稳定性，即建筑结构需具有的安全性；在正常使用时具有良好的工作性能，即建筑结构需具有的适用性；在正常维护下具有足够的耐久性。因此，可知安全性、适用性和耐久性是评价一个建筑结构可靠（或安全）与否的标志，总称为结构的可靠性。

建筑结构安全直接影响建筑物的安全，结构不安全会导致墙体开裂、构件破坏、建筑物倾斜等，严重时甚至发生倒塌事故。因此，在进行建筑工程设计时，应注意采用以下确保建筑安全的设计措施。

（一）建筑设计必须与结构设计相结合

建筑设计与结构设计是整个建筑设计过程中的两个最重要的环节，对整个建筑物的外观效果、结构稳定方面起着至关重要的作用。但是，在实际设计中有一种不正确的倾向，少数建筑设计师把结构设计摆在从属地位，并要求结构必须服从建筑，应以建筑为主。许多建筑设计师强调创作的美观、新颖、标新立异，强调创作的最大自由度，然而有些创新的建筑方案在结构上很不合理，甚至根本无法实现，这无疑给建筑结构的安全带来隐患。

（二）合理确定建筑工程的设计安全度

结构设计安全度的高低，是国家经济和资源状况、社会财富积累程度以及设计施工技术水平与材料质量水准的综合反映。确定工程的安全度在一定程度上需以概率和统计为基础，但更多的须依靠经验、工程判断及综合考虑。

（三）对建筑工程要进行防火防爆设计

建筑消防设计是建筑设计中一个重要组成部分，关系到人民生命财产安全，应该引起建筑师和全社会的足够重视。下面主要从防火分区和安全疏散两方面来讨论。

1. 安全疏散设计问题

很多大型商业建筑在消防安全疏散设计中存在的问题，诸如首层中部疏散楼梯无法直通室外、中庭回廊容易滞留人员、首层疏散距离超过规范要求等。商业建筑卖场的疏散距离应执行《建筑设计防火规范》中（不论采用任何形式的楼梯间，房间内最远一点到房门的距离不应超过袋形走道两侧或尽端的房间从房门到外部出口或楼梯间的最大距离）的规定，即22m。如果设有自动喷水灭火系统，其疏散距离就再增加25%，为27.5m。在商业建筑的卖场，每家店铺均设有到顶的隔断墙，并设有安全疏散通道，则房间门通过安全疏散通道到疏散出口的距离适用40m和22m等规定。

2. 建筑的防火分区问题

《建筑设计防火规范》（GB 50016—2018）规定了厂房的防火分区，其中有一点需要注意，即厂房的防火分区是和该厂房的耐火等级、最多允许层数及占地面积有关。虽然《建筑设计防火规范》规定封闭楼梯间的门为双向弹簧门就可以了，但是作为划分防火分区用的封闭楼梯间门至少应设乙级防火门。因为开敞的楼梯间也是开口部位，是火灾纵向蔓延的途径之一，也应按上下连通层作为一个防火分区计算面积。

三、考虑建筑结构的耐久性

完善建筑结构的耐久性与安全性，是建筑结构工程设计顺利健康发展的基本要求，充分体现在建筑结构的使用寿命和使用安全及建筑的整体经济性等方面。在我国建筑结构设计中，结构耐久性不足已成为最现实的一个安全问题。现在主要存在这样的倾向：设计中考虑强度较多，而考虑耐久性较少；重视强度极限状态，而不重视使用极限状态；重视新建筑的建造，而不重视旧建筑的维护。所谓真正的建筑结构"安全"，应包括保证人员财产不受损失和保证结构功能的正常运行，以及保证结构有修复的可能，即所谓的"强度""功能"和"可修复"三原则。

我国建筑工程结构的设计与施工规范，重点放在各种荷载作用下的结构强度要求，而对环境因素作用（如气候、冻融等大气侵蚀以及工程周围水、土中有害化学介质侵蚀等）下的耐久性要求则相对考虑较少。混凝土结构因钢筋锈蚀或混凝土腐蚀导致的结构安全事故，其严重程度已远大于因结构构件承载力安全水准设置偏低所带来的危害。因此，建筑结构的耐久性问题必须引起足够的重视。

四、增加建筑施工安全生产执行力

《建设工程安全生产管理条例》第三条规定："建设工程安全生产管理，坚持安全第一、预防为主的方针。"第四条规定："建设单位、勘察单位、设计单位、施工单位、工程监理单位及其他与建设工程安全生产有关的单位，必须遵守安全生产法律、法规的规定，保证建设工程安全生产，依法承担建设工程安全生产责任。"这些规定要求建筑工程在整个建设过程中，所有单位和人员都必须增加建筑施工过程的安全生产执行力。

所谓安全生产执行力，指的是贯彻战略意图，完成预定安全目标的操作能力，这是把企业安全规划转化成为实践、成果的关键。安全生产执行力包含完成安全任务的意愿，完成安全任务的能力，完成安全任务的程度。强化安全生产执行力，主要应注意以下几个方面。

（一）加强建筑工程的安全生产沟通

在施工管理工作上，一定要把安全工作放在施工管理工作中的首位。加强对建设工程安全生产管理工作，加强建筑工程安全生产沟通都是非常必要的。工程实践充分证明，有效的建筑工程安全生产沟通，即将相关的安全生产知识有效地传达到每一个人，可以通过安全生产培训、安全宣传、安全会议等手段进行沟通。通过建筑工程安全生产沟通，群策群力、集思广益，可以在执行中分清战略的条条框框，适合的才是最好的。自上而下形成的合力，使建筑施工企业将安全生产的规定执行得更顺利。

（二）完善施工安全生产管理制度

制度是一个标准而不是一张网，仅凭制度创造不出效益，一个不能生发制度文化的制度，不可能衍生尽责意识。如何将强制性的制度升华到文化层面，使员工普遍认知、认可、接受，以达到自觉自发自动按照制度要求规范其行为，完成他律到自律的转化，是构建制度文化真正内涵。完善建筑施工企业安全生产管理制度，是提升安全生产执行力的基础。没有完善的安全生产管理制度，在施工中就会遇到这样或那样的问题，找不到相应的人员去落实，容易造成安全管理的缺位。因此，只有完善安全生产管理制度，将相应职责落实每一个人，让所有都知道自己的职责与义务，这样才能为下一步提高安全生产执行力提供依据。

（三）将建筑工程安全生产形成激励机制

所谓激励机制，就是组织通过设计适当的外部奖酬形式和工作环境，以一定的行为规范和惩罚性措施，借助信息沟通来激发、引导、保持和归化组织成员的行为，以有效地实现组织及其成员个人目标的系统活动。有效地激励机制有利促进其安全生产执行力的进行。同样对于建筑施工企业从业人员，激励对于他们来说是莫大的鼓舞。激励有助于安全生产工作的顺利进行，有助于提高安全生产执行力。

（四）反馈是建筑工程安全生产的保障

安全生产执行力的好坏，只有经过信息反馈才能对其进行评价，反馈是安全生产执行力的保障。通过反馈我们才能了解安全生产的执行情况，找出执行中出现的漏洞，及时加以纠正和弥补，保证安全生产执行力的有效进行。通过施工现场的检查，我们可以验证安全生产执行力的情况。建筑安全生产工作可以通过 PDCA 的管理模式来运行，通过计划—实施—检查（反馈）—纠正的过程，不断循环修正错漏环节，进一步完善安全生产执行力。

通过物质奖励与精神奖励的结合，我们对在安全生产工作中认真履行职责的人员，给予其一定的物质奖励，并在一定范围内给予通报表扬，鼓励其继续为安全生产工作而努力，同时，让其他人员看到积极参与安全管理工作、认真履行安全职责、坚决执行安全生产规章制度可以得到奖励，激励其他人员向优秀者学习。这样就形成了一个有效的激励机制，这种激励机制一定程度上促进了安全生产执行力的顺利进行。

第四节　绿色建筑的耐久适用性设计

在现行国家标准《建筑结构可靠度设计统一标准》（GB 50068-2001）中，结构可靠性被定义为：结构在规定的时间内，在规定的条件下，完成预定功能的能力。其中，规定的时间是指结构的设计使用年限，规定的条件是指正常设计、正常施工、正常使用和正常维护，而预定功能则指结构的安全性、适用性和耐久性。

耐久适用性是对绿色建筑工程最基本的要求之一。耐久性是材料抵抗自身和自然环境双重因素长期破坏作用的能力，绿色建筑工程的耐久性是指在正常运行维护和不需要进行大修的条件下，绿色建筑物的使用寿命满足一定的设计使用年限要求，并且不发生严重的风化、老化、衰减、失真、腐蚀和锈蚀，等等。适用性是指结构在正常使用条件下能满足预定使用功能要求的能力，绿色建筑工程的适用性是指在正常运行维护和不需要进行大修的条件下，绿色建筑物的功能和工作性能满足建造时的设计年限的使用要求等。

一、建筑材料的可循环使用设计

现代建筑是能源及材料消耗的重要组成部分，随着地球环境的日益恶化和资源的日益减少，保持建筑材料的可持续发展，提高建筑资源的综合利用率已成为社会普遍关注的课题。欧美等发达国家对建筑材料资源的保护与可循环利用问题意识较早，已开展大量的研究与广泛的实践，如传统建筑材料的可循环利用、一般废弃物在建筑中的可循环利用、新型可循环建筑材料的应用等，且大多数由政府主导，以"自上而下"的方式形成对建筑资源保护比较一致的社会认同。目前，我国对建筑材料资源可循环利用的研究已取得突破性成绩。

环境质量的急剧恶化和不可再生资源的迅速减少，对人类的生存与发展构成严重的威胁，可持续发展的思想和材料资源行循环利用在这样的大背景下应运而生。

"十四五"对建材规划提出要求：要依据中国经济走向世界舞台中央，中国建材工业超越引领世界建材工业的目标、规划，在全球方位中找到发展定位；中国建材工业"创新提升、超越引领"战略实施进程在"十四五"末到达的方位；技术、工艺、产品、标准、能耗、环保、信息智能化、产业数字化、新型的资源配置效率效益、主要产品结构调整与优化的产业升级方位；开发新需求、新领域，拓展新功能，延伸产业链，扩展服务业，推进加快新兴产业发展，推进新业态发展，形成国际国内双循环的发展新格局的方位。

根据我国的实际情况，未来建材工业总的发展原则应该具有健康、安全、环保的基本特征，具有轻质、高强、耐用、多功能的优良技术性能和美学功能，还必须符合节能、节地、利废三个条件。今后，我国的建材工业要坚持绿色发展的道路，加强节能减排和资源综合利用，大力发展循环经济，推进清洁生产，着力开发集安全、环保、节能于一体的绿色建筑材料，促进建材工业向绿色功能产业转变。

二、充分利用尚可使用的旧建筑

现行国家标准《绿色建筑评价标准》（GB/T 50378—2014）要求，"充分利用尚可使用的旧建筑，有利于物尽其用、节约资源"。"尚可使用的旧建筑"指建筑质量能保证使用安全的旧建筑，或通过少量改造加固后能保证使用安全的旧建筑。对旧建筑的利用，可根据规划要求保留或改变其原有使用性质，并纳入规划建设项目。工程实践证明，充分利用尚可使用的旧建筑，不仅是节约建筑用地的重要措施之一，而且也是防止大拆乱建的控制条件。

在充分利用尚可使用的旧建筑方面，北京798艺术区取得了显著的社会效益和经济效益。在对原有的历史文化遗产进行保护的前提下，原有的工业厂房被重新定义、设计和改造，带来了对建筑和生活方式的全新诠释。798艺术区的旧建筑利用的成功经验，给我们提出了一个全新的建筑观，即建筑不再被看作一个静止的、一成不变的非生命体，而是看作一个能够进行新陈代谢的生命体。它能够通过自我更新而完成自我调整、自我发展，由此而适应外界新的需求，解决使用过程中的新问题。这种充分利用尚可利用资源的发展方式是绿色建筑"四节"的最好体现。

我国现在正处于工业转型期，工业旧厂房的改造再利用显得越来越迫切，在绿色建筑的理念中重点突出了对产业类历史建筑保护和再利用进行系统而有明确针对性的研究总结。因此，在中国特定的城市化历史背景下，构筑产业类历史建筑及地段保护性改造再利用的理论架构，经由实践层面的物质性实证研究，提出具有技术针对性的改造设计方法，无疑具有重要的理论意义和极富现实价值的应用前景。

三、绿色建筑工程的适应性设计

我国的城市住宅正经历着从增加建造数量到提高居住质量的战略转移，提高住宅的设计水平和适应性是实现这个转变的关键。住宅适应性设计是指在保持住宅基本结构不变的前提下，通过提高住宅的功能适应能力，来满足居住者不同的和变化的居住需要。

对绿色建筑设计手法的确定，首先考虑的是绿色建筑的地域气候适应性。对绿色建筑而言，气候作为重要的环境因素，深深地影响着地域建筑文化的形成，因此，气候、阳光、温度等自然地理条件将无可置疑地成为建筑设计的一个基本出发点，通过建筑朝向、剖面形式、平面布局、体量造型、空间组织和细部设计的确定，表达出它对所处自然环境的一种被动的、低能耗的正确反应。

适应性运用于绿色建筑设计，是以一种顺应自然、与自然合作的友善态度和面向未来的超越精神，合理地协调建筑与人、建筑与社会、建筑与生物、建筑与自然环境的关系。在时代不停发展过程中，建筑要适应人们陆续提出的使用需求，这在设计之初、使用过程以及经营管理中是必须注意的。保证建筑的耐久性和适应性，要做到以下两个方面：一是保证建筑的使用功能并不与建筑形式挂死，不会因为丧失建筑原功能而使建筑被废弃；二是不断运用新技术、新能源改造建筑，使之能不断地满足人们生活的新需求。

第五节　绿色建筑的节约环保型设计

党的十八大提出，坚持节约资源和保护环境的基本国策，这充分体现了党和政府对节约资源和保护生态环境的认识已升华到新的高度，赋予了新的思想内涵。节约资源是保护生态环境的根本之策。要节约集约利用资源，推动资源利用方式根本转变，加强全过程节约管理，大幅降低能源、水、土地消耗强度，提高利用效率和效益。推动能源生产和消费革命，控制能源消费总量，加强节能降耗，支持节能低碳产业和新能源、可再生能源发展，确保国家能源安全。加强水源地保护和用水总量管理，推进水循环利用，建设节水型社会。严守耕地保护红线，严格土地用途管制。加强矿产资源勘查、保护、合理开发。发展循环经济，促进生产、流通、消费过程的减量化、再利用、资源化。

　　良好的生态环境是人和社会持续发展的根本基础。要实施重大生态修复工程，增强生态产品生产能力，推进荒漠化、石漠化、水土流失综合治理，扩大森林、湖泊、湿地面积，保护生物多样性。加快水利建设，增强城乡防洪抗旱排涝能力。加强防灾减灾体系建设，提高气象、地质、地震灾害防御能力。坚持预防为主、综合治理，以解决损害群众健康突出环境问题为重点，强化水、大气、土壤等污染防治。坚持共同但有区别的责任原则、公平原则、各自能力原则，同国际社会一道积极应对全球气候变化。

　　近年来的实践证明，节约环保是绿色建筑工程的基本特征之一。这是一个全方位、全过程的节约环保的概念，主要包括用地、用能、用水、用材等的节约与环境保护，这也是人、建筑与环境生态共存和节约环保型社会建设的基本要求。

一、建筑用地节约设计

　　土地是关系国计民生的重要战略资源，耕地是广大农民赖以生存的基础。我国土地资源总量丰富但人均缺少，随着经济的发展和人口的增加，土地资源的形势将越来越严峻。城市住宅建设不可避免地占用大量土地，而土地问题也往往成为城市发展的制约因素，如何在城市建设设计中贯彻节约用地理念，采取什么样的措施来实现节约用地，是摆在每个城市建设设计者面前的关键性问题，而这一问题在设计中经常被忽略或重视程度不够。

　　《绿色建筑评价技术细则》明确指出：在建设过程中应尽可能维持原有场地的地形地貌，减少用于场地平整所带来的建设投资，减少施工工程量。避免因场地建设对原有生态环境与景观的破坏。场地内有价值的树木、水塘、水系不但具有较高的生态价值，而且是传承场地所在区域历史文脉的重要载体，也是该区域重要的景观标志。因此，应根据《城市绿化条例》等国家相关规定予以保护。当建设开发确需改造场地内的地形、地貌、水系、植被等环境状况时，在工程结束后，建设方应采取相应的场地环境恢复措施，减少对原有场地环境的改变，避免因土地过度开发而造成对城市整体环境的破坏。

　　要坚持城市建设的可持续发展，就必须加强对城市建设项目用地的科学管理，在项目的前期工作中采取各种有效措施对城市建设用地进行合理控制，不但有利于城市建设的全面发展，加快城市化建设步伐，更具有实现全社会全面、协调、可持续发展的深远意义。

二、建筑节能方面设计

建筑节能是指在建筑材料生产、房屋建筑和构筑物施工及使用过程中，满足同等需要或达到相同目的的条件下，尽可能降低能耗。发展节能建筑是近些年来关注的方向和重点。建筑节能实质上是利用自然规律和周围自然环境条件，改善区域环境微气候，从而实现节约建筑能耗。建筑节能设计主要包括两个方面内容：一是节约，即提高供暖（空调）系统的效率和减少建筑本身所散失的能源；二是开发，即开发利用新的能源。

建筑节能具体指在建筑物的规划、设计、新建（改建、扩建）、改造和使用过程中，执行节能标准，采用节能型的技术、工艺、设备、材料和产品，提高保温隔热性能和采暖供热、空调制冷制热系统效率，加强建筑物用能系统的运行管理，利用可再生能源，在保证室内热环境质量的前提下，增大室内外能量交换热阻，以减少供热系统、空调制冷制热、照明、热水供应因大量热消耗而产生的能耗。

建筑节能是关系到我国建设低碳经济、完成节能减排目标、保持经济可持续发展的重要环节之一。要想做好建筑节能工作、完成各项指标，我们需要认真规划、强力推进，踏踏实实地从细节抓起。全面的建筑节能是一项系统工程，必须由国家立法、政府主导，对建筑节能做出全面的、明确的政策规定，并由政府相关部门按照国家的节能政策，制定全面的建筑节能标准；要真正做到全面的建筑节能，还须由设计、施工、各级监督管理部门、开发商、运行管理部门、用户等各个环节，严格按照国家节能政策和节能标准的规定，全面贯彻执行各项节能措施，从而使每一位公民真正树立起全面的建筑节能观，将建筑节能真正落到实处。

（一）减少能源的散发

就减少建筑本身能量的散失而言，首先要采用高效、经济的保温材料和先进的构造技术，来有效地提高建筑围护结构的整体保温、密闭性能；其次，为了保证良好的室内卫生条件，既要有较好的通风，又要设计配备能量回收系统。主要包括从外窗、遮阳系统、外围护墙及节能新风系统四个方面进行设计。

1. 外窗节能设计

一方面，外窗是建筑外围护结构中的开口部位，它具有采光、通风、日照、视野等功能。在冬季，窗户通过采光将太阳发出的大量光能引入室内，提高室内的温度。不仅使室内具有充足的光线，还为用户提供舒适、健康的室内环境，提高生活质量。在这种情况下，窗户作为一种得热构件，是窗户利用太阳能改善室内热舒适的一种方式，是建筑节能的体现。

另一方面，建筑外窗是能耗大的构件。窗户是轻质薄壁结构，是建筑保温、隔热的薄弱环节。通常情况下，窗户的能耗主要存在于通过空气渗透、温差传热和辐射热三种途径实现热量交换的过程中。空气渗透是通过外窗开启部分的密封缝隙处渗透入室内的空气通过对流交换所带来的能量损失；温差传热是由于室内外的温差作用，通过窗框和窗玻璃的热传导所带来的能量损失；辐射热是通过采光玻璃的辐射所带来的能量损失。在外窗节能设计中，必须认真对待以上三种热量损失。

2. 遮阳系统设计

遮阳从古到今一直是建筑物的重要组成部分，特别是 21 世纪的今天，玻璃幕墙成了主流建筑的亮丽外衣。玻璃表面换热性强、热透射率高，对室内热条件有极大的影响，所以遮阳特别是外遮阳所起到的节能作用，显得越来越突出。建筑遮阳与建筑所在的地理位置的气候和日照状况密不可分，日照变化和日温差变化的存在，使建筑室内在午间需要遮阳，而早晚需要接受阳光照射。

在所有的被动式节能措施中，建筑遮阳也许是最为立竿见影的有效方法。传统的建筑遮阳构造，一般都安装在侧窗、屋顶天窗、中庭玻璃顶，类型有平板式遮阳板、布幔、格栅、绿化植被等。随着建筑的发展，幕墙产品的更新换代，外遮阳系统也在功能上和外观上不断地创新，从形式上划分为水平式遮阳、垂直式遮阳、综合式遮阳和挡板式遮阳四类。

来自太阳的热辐射作用主要从两个途径进入室内影响我们的热舒适：一是透过窗户进入室内并被室内表面所吸收，产生了加热的效果；二是被建筑的外围护结构表面吸收，其中又有一部分热量通过建筑围护结构的热传导逐渐进入室内。即使建筑外墙、屋顶和门窗的隔热和蓄热作用在一定程度上稳定了室内的温度变化，但透过窗户进入室内的日照还是对室温有直接而重要的影响。所以，建筑遮阳的目的在于阻断直射阳光透过玻璃进入室内，防止阳光过分照射和加热建筑围护结构，防止直射阳光造成的强烈眩光。

3. 外围护墙设计

建筑外围护墙是绿色建筑重要的一个部分，它不仅仅对建筑有支撑和围护的作用，而且还发挥着隔绝外界冷热空气，保证室内气温稳定的作用。因此，建筑外围护墙体对于建筑的节能发挥着重要的作用。绿色建筑越来越多地深入社会生活的各个方面，从建筑设计本身考虑，建筑的形态、建筑方位、空间的设计、建筑外表面的材料种类、材料构造、材料色彩等，是目前绿色建筑设计研究的主要内容，而其中建筑外围护结构保温和隔热设计是节能设计的重点，也是节能设计中最有效的、最适合我国普遍采用的方法。

节能住宅分为外保温墙体和内保温墙体两种。目前，在实际工程采用较多的是外保温墙体。工程实践证明，外保温墙体不仅具有施工方便、保护主体结构、保温层不受室外气候侵蚀等优点，同时具有避免产生热桥、保温效率高等优越性。另外，外保温墙体还有减少保温材料内部结露的可能性、增加室内的使用面积、房间的热惰性比较好、室内墙面二次装修和设备安装不受限制、墙体结构温度应力较小等特点。

4. 节能新风系统

在节能建筑中，由于外窗具有良好的呼吸与隔热的作用，外围护结构具有良好的密封性和保温性，使得人为设计室内新风和污浊空气的走向成为舒适性中必须重点考虑的一个问题。目前比较流行的下送上排式的节能新风系统，就能较好地解决这个问题。新风系统是根据在密闭的室内一侧用专用设备向室内送新风，再从另一侧由专用设备向室外排出，在室内会形成"新风流动场"的原理，从而满足室内新风换气的需要。

新风系统是由风机、进风口、排风口及各种管道和接头组成。安装在吊顶内的风机通过管道与一系列的排风口相连，风机启动后，使室内形成负压，室内受污染的空气经排风口及风机排往室外，室外新鲜空气便经安装在窗框上方（窗框与墙体之间）的进风口进入室内，从而使室内人员可呼吸到高品质的新鲜空气。

（二）绿色建筑新能源的使用

当今随着社会经济的大跨度发展，人类社会的不断进步。能源的消耗、浪费越来越严重。新能源的开发利用就成为国际社会发展的迫切要求。对于人类所必不可少的居住建筑，新能源更是追之若鹜。新能源建筑不仅能节省资源、降低造价，更是能降低环境的污染，保持人类社会的生态平衡，这是绿色建筑发展的新方向。

能源是人类生存与发展的重要基础，经济的发展依赖于能源的发展。当今能源问题已经成为全世界共同关注的问题，能源短缺成为制约经济发展的重要因素。建筑从建材生产，建筑施工直到建筑物的使用无时不在消耗着能源，资料统计表明欧美等发达国家的建筑能耗占到全国总能耗的 1/3 左右，我国也占到 25% 以上。因此在建筑中推广节能技术势在必行。面对资源环境制约的严峻挑战，建筑节能减排将是一项长期而艰巨的任务，也是一项重要而紧迫的现实工作，这同时也为新能源建筑应用提供了广阔的发展空间，丰富的资源优势和先进的产业优势将为新能源建筑应用带来得天独厚的优势。

推进新能源建筑应用是顺应低碳经济发展趋势的必然选择。为应对日趋严峻的环境污染和能源危机，世界各国纷纷加快调整产业结构，寻求节能、高效、低污染、可持续发展的方式。以提高能源利用效率和转变能源结构为核心的低碳经济，逐步替代传统的高能耗发展模式，以"低排放、高能效、高效率"为特征的低碳城市建设，已引起高度关注。推进建筑节能、发展绿色建筑、促进建筑向高效绿色型转变，发展新能源建筑应用是必然选择。

在节约不可再生能源的同时，人类还在寻求开发利用新能源以适应人口增加和能源枯竭的现实，这是历史赋予现代人的使命，而新能源有效地开发利用必定要以高科技为依托。如开发利用太阳能、风能、潮汐能、水力、地热及其他可再生的自然界能源，必须借助于先进的技术手段，并且要不断地完善和提高，以达到更有效地利用这些能源。如人们在建筑上不仅能利用太阳能采暖，太阳能热水器还能将太阳能转化为电能，并且将光电产品与建筑构件合为一体，如光电屋面板、光电外墙板、光电遮阳板、光电窗间墙、光电天窗以及光电玻璃幕墙等，使耗能变成产能。

三、建筑用水节约设计

建筑给排水设计对保障我国居民用水，提高水资源的利用率具有一定的现实意义。但是，目前社会对建筑给排水设计的节能、节水问题，重视度仍然不够。在实际设计中经常会出现一些不合理的设计，造成了能源浪费和经济浪费。因此，建筑给排水设计人员只有不断增强节能意识，将节水任务放在设计工作的重要位置上，才能保证高效的能源应用，实现可持续发展。

冷却水宜循环利用，提高水的重复利用率。在水源条件许可的情况下，可采用江水、河水、湖泊水、海水、地下水等作为循环冷却水。在绿化、道路浇洒、汽车冲洗、地面冲洗用水中，尽量采用非生活饮用水，可采用雨水、中水等杂排水，并对冲洗用水回收利用。消防水池尽可能与游泳池、水景合用，做到一水多用、重复利用、循环使用，并设置水处理装置。在条件许可情况下设置合用消防水箱，以减少消防水箱的清洗用水。

解决水资源短缺的主要办法有节水、蓄水和调水三种，而节水是三者中最可行和最经济的。节水主要有总量控制和再生利用两种手段。中水利用则是再生利用的主要形式，是缓解城市水资源紧缺的有效途径，是开源节流的重要措施，是解决水资源短缺的最有效途径，是缺水城市势在必行的重大决策。中水也称为再生水，是指污水经适当处理后，达到一定的水质指标，满足某种使用要求，可以进行有益使用的水。和海水淡化、跨流域调水相比，中水具有明显的优势。从经济的角度看，中水的成本最低；从环保的角度看，污水再生利用有助于改善生态环境，实现水生态的良性循环。

现代城市雨水资源化是一种新型的多目标综合性技术，是在城市排水规划过程中通过规划和设计，采取相应的工程措施，将汛期雨水蓄积起来并作为一种可用资源的过程。它不仅可以增加城市水源，在一定程度上缓解水资源的供需矛盾，还有助于实现节水、水资源涵养与保护、控制城市水土流失。雨水利用是城市水资源利用中重要的节水措施，具有保护城市生态环境和增进社会经济效益等多方面的意义。

第六节　绿色建筑的低耗高效性设计

人们在享受现代建筑文明和城市文明带来的快乐和满足的同时，也逐步意识到建筑给人类与自然所造成破坏的严重性，因此，建设资源节约型、环境友好型社会的要求，对于我国来讲就变得尤为重要。

为了实现现代建筑能重新回归自然、亲和自然，实现人与自然和谐共生的意愿，专家和学者们提出了"绿色建筑"的概念，并且以低耗高效为主导的绿色建筑在实现上述目标的过程中，受到越来越多人的关注，随着低耗高效建筑节能技术的完善以及绿色建筑评价体系的推广，低耗高效的绿色建筑时代已经悄然来临。

有关专家也认为："绿色建筑"是为人类提供健康、舒适的工作、居住、活动空间，同时最高效率地利用能源、最低限度地影响环境的建筑物。其中建筑节能是绿色建筑的核心内容，建筑节能的主要内容是尽量减少能源、资源消耗，减少对环境的破坏，并尽可能采用有利于提高居住品质的新技术、新材料。

所谓建筑能耗，国内外习惯上理解为使用能耗，即建筑物使用过程中用于供暖、通风、空调、照明、家用电器、输送、动力、烹饪、给排水和热水供应等的能耗。在经济发达国家，建筑能耗约占总能耗的 30% ~ 40%。这一比例的高低反映了一个国家的经济发展和人民生活水平。我国是最大的发展中国家，建筑能耗约占全国总能耗的 11.7%，而北方工区供暖就占了其中 80%。上海是我国经济最发达的地区之一，虽然该地区没有大面积的集中供暖，但根据有关专家的估算，上海的建筑能耗约占总能耗的 13.2%。随着我国的经济腾飞和气候变化，这一比例正不断攀升。

合理地利用能源、提高能源利用率、节约建筑能源是我国的基本国策，绿色建筑节能是指提高建筑使用过程中的能源效率。

很明显，需求越大，提供的服务越多能耗量也就越大。而斜线的斜率的倒数，就是能量转换效率。如果人们试图保持原来的能耗量来满足更大的需求，唯一的办法是减少使服务曲线的斜率，即提高能源利用率。因此，设计人员和物业管理人员的责任就是提高能量效率，尽量使服务曲线平坦一些，而不是去抑制需求，降低服务质量。在绿色建筑低耗高效性设计方面，可以采取如下技术措施。

一、确定绿色建筑工程的合理建筑朝向

建筑朝向的选择涉及当地气候条件、地理环境、建筑用地情况等必须全面考虑。选择建筑朝向的总原则是：在节约用地的前提下，要满足冬季能争取较多的日照，夏季避免过多的日照，并有利于自然通风的要求。从长期实践经验来看，南向是全国各地区都较为适宜的建筑朝向。但在建筑设计时，建筑朝向受各方面条件的制约不可能都采用南向。这就应结合各种设计条件，因地制宜地确定合理建筑朝向的范围，以满足生产和生活的要求。

工程实践证明，住宅建筑的体形、朝向、楼距、窗墙面积比、窗户的遮阳措施等，不仅影响住宅的外在质量，同时也影响住宅的通风、采光和节能等方面的内在质量。作为绿色建筑应该提倡建筑师充分利用场地的有利条件，尽量避免不利因素，在确定合理建筑朝向方面进行精心设计。

在确定建筑朝向时，应当考虑以下几个因素：要有利于日照、天然采光、自然通风；要结合场地实际条件；要符合城市规划设计的要求；要有利于建筑节能；要避免环境噪音、视线干扰；要与周围环境相协调，有利于取得较好的景观朝向。

二、采用资源消耗和环境影响小的结构

人和自然和谐相处，是构建和谐社会的一个重要和基础性的组成部分，也是贯彻落实科学发展观的一个组成部分。要解决好经济发展和保护环境之间的

矛盾，最主要的关键是要全面贯彻落实科学发展观。实现人与自然的和谐发展，首先要科学认识自然，尊重自然规律，恩格斯早就警告过我们，不要再做那些可能引起大自然惩罚的蠢事。以牺牲生态和环境，过度消耗资源为代价来发展，这是一种粗放型经济的发展模式的主要表现。绿色建筑追求的是资源消耗少、环境影响最小的情况下求发展。

目前，我国住宅建筑结构体系主要有砖混凝土预制板混合结构、现浇混凝土框架剪力墙结构和混凝土框架结构，轻钢结构近年来也有一定发展。就全国范围而言，砖混凝土预制板混合结构仍占主要地位，约占整个建筑结构体系的70%，钢结构建筑所占的比重还不到5%。绿色建筑应从节约资源和环境保护的要求出发，在保证安全、耐久的前提下，尽量选用资源消耗和环境影响小的建筑结构体系，主要包括钢结构体系、砌体结构体系及木结构、预制混凝土结构体系。

砖混结构、钢筋混凝土结构体系所用材料在生产过程中大量使用黏土、石灰石等不可再生资源，对资源的消耗很大，同时会排放大量 CO_2 等污染物。钢铁、铝材的循环利用性好，而且回收处理后仍可再利用。含工业废弃物制作的建筑砌块自重轻，不可再生资源消耗小，同时可形成工业废弃物的资源化循环利用体系。

三、按照国家规定充分利用可再生资源

人口、资源、环境已成为 21 世纪世界各国经济和社会发展难以解决的三大突出问题，而核心是资源问题，特别是不可再生资源的可持续利用问题。目前，我国经济发展进入非常关键的调整时期，能源资源尤其是不可再生资源是中国完成全面建设小康社会和社会经济可持续发展的重要物质基础。近些年来，中国经济经历快速强劲发展，对不可再生资源的需求也越发急切，伴随着经济快速发展不断暴露出对不可再生资源需求的压力。实现不可再生资源的可持续利用是我国经济持续快速发展的战略课题。

随着可再生能源装机的快速增长，"十四五"时期，调峰需求进一步增大，可再生能源将作为常规电源予以考核和约束，配置一定比例的储能成为主要的调节手段。目前，西藏、新疆、青海、内蒙古、江苏、安徽、浙江、湖南、山东等省和自治区陆续出台政策，对按比例配置储能的可再生能源场站给与优先并网、增加发电小时数等激励政策。宁德时代更是瞄准这一市场，与国网综合能源服务集团合资成立新疆国网时代储能发展有限公司，共同推动可再生能源领域储能项目的投资、建设和运营。

　　《中华人民共和国可再生能源法》的第二条指出："本法所称可再生能源，是指风能、太阳能、水能、生物质能、地热能、海洋能等非化石能源。"第十二条指出："国家将可再生能源开发利用的科学技术研究和产业化发展列为科技发展与高技术产业发展的优先领域，纳入国家科技发展规划和高技术产业发展规划，并安排资金支持可再生能源开发利用的科学技术研究、应用示范和产业化发展，促进可再生能源开发利用的技术进步，降低可再生能源产品的生产成本，提高产品质量。"第十七条指出："国家鼓励单位和个人安装和使用太阳能热水系统、太阳能供热采暖和制冷系统、太阳能光伏发电系统等太阳能利用系统。"

　　根据目前我国再生能源在建筑中的实际应用情况，比较成熟的是太阳能热利用。太阳能热利用就是用太阳能集热器将太阳辐射能收集起来，通过与物质的相互作用转换成热能加以利用。目前，太阳能热利用主要分为两个层次：一是太阳能的中低温应用，包括太阳能热水器、太阳能采暖、太阳能干燥、太阳能工业余热等低于100℃的尤阳能热利用领域；二是太阳能中高温应用，包括太阳能工业加热、太阳能空调制冷、太阳能光热发电等高于100℃以上的太阳能热利用领域。太阳能热水器与人民的日常生活密切相关，其产品具有环保、节能、安全、经济等特点，太阳能热水器的迅速发展将成为我国太阳能热利用的"主力军"。

第四章 中国建筑节能特点分析

第一节　中国传统建筑生态观与节能特点

1869 年，德国人海格尔（Heigl）提出了生态（Ecology）的概念，这一概念描述了有机体与环境之间的相互关系，人类生态学则将狭义的生态学（即简单的动植物与环境的关系）衍生到了人与自然环境的相互关系的领域内。自 20 世纪 60 年代，随着人们对自然、人与社会的认识不断加深，也态学这一概念已经渗透到了其他学科内，并形成了一门综合性的科学。在城市规划和建筑设计领域内，生态建筑便是生态学的具体体现。对于人们的居住、活动与工作环境而言，和谐共生与和谐再生的原则强调了人与自然环境的协作与结合；因地制宜、因势利导则是采用一切可以利用的原则，实现自然资源的高效利用；减少能源的消耗创造出舒适健康的生活环境成为现代建筑设计的目的与核心。

中国传统建筑便采用了上述原则：尊重自然法则，结合自然环境、基于气候地形，因地制宜、因势利导，使用当地自然材料，合理分布室内外环境，增加建筑环境、提高审美意境，创造适宜的人居环境。虽然从一定程度上来说，中国传统民居采用的生态用水只是低技术水平，但是也反映了人们顺应自然、改造自然的生态观。

"天人合一"是中国传统建筑生态观的体现，包括了崇尚天地、中府和经验的生态思想。中同古代社会得益于农耕文化，因此对天地具有浓厚的情结。因此中国古代建筑在竖直方向上，建设高台祈求与天相接，但是与水平方向的扩张相比，竖向建筑并没有为主流，人们更愿意与地相接，向四周延伸，也体现了普通百姓以地为母的情致。普通的古代人民以土地为根本，以与土相接为生，更接近与地气。同样古代器宇轩昂的亭台楼阁只作为登高望远、观景之用，在建筑四周则辅助于水平檐和高台基，以展示人们亲近土地的情结。

中国的地域与气候差异造就了丰富多彩的中国传统建筑形式。为了适应这些气候特征，中国古代人民因地制宜地发明了多种生态处理手段与方法。因此，从传统民居中探索和发掘生态因子，对现在的建筑节能设计具有实际意义。中国传统建筑的生态因子和技术表现主要体现在以下几个方面。

（一）传统建筑的建造依据

无论是中国传统建筑还是西方现代建筑技术，都十分重视建筑的保温隔热、采暖防寒、通风遮阳。

在中国的北方地区以及西部地区，冬季持续时间较长，因此比较注重建筑防寒、保温与采暖，这些也是人们居住的基本功能要求。为了充分利用太阳光，吸收太阳能，建筑多采用坐北朝南的方式。同样在三合院或者四合院中，大都扩大庭院的横向间距，避免主要建筑受到周边建筑的遮挡。为了使整个建筑能够获得自然光，人们尽量地扩大了南墙上的门窗面积，缩小建筑的进深。同样，在靠近山地的建筑，大多选择定居于南山坡，这样便能够抵御冬季的寒风，也能够尽可能多地接受光照。在北墙和西墙上，人们选择少开窗或者不开窗的方式来减少能量散失和增加建筑的密闭性。在围护结构方面，墙体一般比较厚实，减少热量散失。在我国南方地区，比较注重建筑遮阳、隔热和通风，这也是保证人们居住的最基本的要求。一般来说，南方地区居室的进深较大，而室内又分为多间，同时采用大出檐看来保证前廊较为宽阔，而在建筑房屋之间保留较小的露天空间形成天井。与北方宽阔的庭院建筑空间相比，南方则注重相互连接的室内空间环境。通过天井力图营造出宽敞、高大、明亮的环境，而在前后留有可开合的门联，连接天井，形成穿堂风。南方的屋面多采用薄瓦，并且不像北方建筑一样设置保温层，此外，还要采用双层薄瓦来实现建筑的透风隔热，还可以通过屋面开窗，屋檐下设置通风口、屋檐上设置通风屋脊的方式，实现自然通风。在天井内也可以设置天井盖，室内设置楼井，达到通风顺畅的目的。

在城市或者城镇规划中，特别要注意季风风向，留出通风巷道，从而保证各民居之间，庭院之内能够形成自然风流动。此外，在具有高大院墙阴影下，也可以形成凉风道，从而改善周围的气候。在较为湿热的地区，一般采用干栏式建筑，基本做法是将建筑底部架空。在坡地民居上采用出挑、吊脚形式，基于建筑或者地势将建筑分层。新疆维吾尔自治区为了防止热空气进入室内，便采用人行道架和骑楼，增加居室和绿化的面积，有利于建筑通风和降温。

依山傍水，充分利用地形优势。借助于复杂的地形地貌，营造出在平原地区不具有的建筑气势，是我国优秀的居民建筑传统。能够形成这种气势在于能否利用不同的地势打造这种氛围，例如山涧、溪水、山坡以及丘陵，等等。四川地区多为盆地或者丘陵，人们将造就宏伟气势的方法归纳为：台、挑、吊、拖、坡、梭。台指的是利用坡高，分层筑坡，建造建造建筑的基础。挑指的是出挑的楼层或者檐廊，通常是悬挑式结构，能够向外延伸，达到别致的观景平台。吊则是通过添加支撑柱来做吊脚楼，充分利用建筑平面面积。拖指的是房屋垂直于等高线，屋顶自上而下不断降低，建筑室内也存在着不同的地坪。与拖相反，如果建筑屋顶顺坡下降而不分层，则称为坡，在室内设置踏步来克服不同的地坪。

总而言之，中国传统建筑能够巧妙地借助地形，实现复杂多样的建筑体型，而又不失生态建筑理念，这些理念需要我们在以后的研究过程中加以探索。

中国传统建筑在注重保温隔热、采暖防寒、通风遮阳的前提下，适应地域与气候差异，形成丰富多彩的建筑形式，实现了与自然环境相融相生的目的。中国传统建筑在设计建造过程中采用的建筑生态因子与技术手段，与现代建筑的生态设计原则相吻合，值得我们进行学习和研究。

（二）适合气候的多样形式

中国幅员辽阔，南北与东西方向的跨度较大，因此自然条件与气候特征也大不相同。在气候方面，中国跨越三个气候带，即亚热带、温带和亚寒带。同时，自西向东各地区的气候特征也截然不同，因此人们为了适应各地的气候环境，人们创造多种不同形式、形态迥异的民居。下面将主要分析两广地区的行人廊、北京的四合院、江南水乡住宅以及草原上的毛毡房。

两广地区的行人廊。该地区的建筑相聚较近，形成了行人廊的特色。两广地区的春季多雨，因此人们为了适应这种气候特征，匠心独运地设计了这种建筑形式。在这种建筑形式之中，人们在平时出行，便不用发愁没心带雨具或者遮阳伞，便可以自行地躲避大雨和阳光暴晒。

北京的四合院。四合院是中国传统建筑中较为著名的一种。冬季的北京，气候寒冷，最低气候能够达到零下几十度。同时在春季，因春风导致的风沙较为严重。为了适应上述气候特点，人们便设计了四合院这种较为特别的形式。通常情况下，四合院在南北方向上较长，左右对称，主要建筑位居正北面，其他三面由建筑环绕，从而形成了庭院开阔的封闭院落。中央的庭园主要用于采光和通风，同样为人们提供了一个健康舒适的活动空间，四周墙体起到了挡风的作用。

江南渔乡住宅。在江南地区，河网密布，住宅一般依山傍水，别具风格，这主要的目的还是充分适应当地的气候与地形特点。与北方地区不同，江南地区多为河流，空气湿度大；四季气温较高，一般高于 38℃，这也形成了闷热的气候特点。虽然春秋季节的温度适宜，但是春雨、梅雨以及秋雨天气较多。江南地区传统住宅不仅要考虑通风隔热，还需要防潮避雨。一般而言，建筑朝向以东南为宜，在北面开窗，加强通风；而在南面上，则采用落地窗，增大通风面积，同时采用较深檐口，来遮蔽太阳光，从总体上实现遮阳、避雨、隔热的目的。在居住的房间中设置较高的防潮层，屋面上设置斜坡瓦顶，都可以用来适应多雨的江南气候。

在我国的西北地区，气候冬冷夏凉，建筑师便采用圆形或者圆锥形的蒙古包或者毛毡房来适应这种气候特点。在毛毡房的顶部以及四周的墙体采用了厚厚的羊毛毡，这样便可以抵御风寒。在冬季阳光较好的天气状态下，可以将蒙古包打开，让阳光进入室内，提高室内温度，通风排出室内污浊空气，营造健康舒适节能的内部空间环境。

（三）传统民居的能量消耗

中国传统建筑具有耗能低的特点，因此在现代建筑中借鉴传统建筑的节能经验，需要清除传统建筑耗能方式及其特点。下面将从以下三个方面分析。

1. 低水平的要求

在建筑的运行过程中，室内舒适度是建筑空间环境的前提条件之一。为了满足人们对各种舒适度的要求，建筑师和设计师往往在建筑中按照多种机械装置。这些装置的运转会相应地增加建筑能耗。在传统建筑中，很少采用这些设备，而是采用被动式或自然的方法提高室内舒适度。

2. 能耗方式

传统建筑主要采用被动式节能方式，主要依赖于自然能源，而不需要机械设备的运行。

传统建筑的主要采暖方式，除了人们普遍采用的太阳能辐射热之外，还有火炕采暖。在中国寒冷地区，火炕采暖较为常见。火炕采暖是以柴草为燃料，具有构造简单、经济适用的特点，目前这也是我国北方农村地区的主要采暖方式。如果将火炕的面积扩大，那么整个室内面积均可供热，即是人们所说的火地，这在中国朝鲜族中使用得较为广泛。此外还有火墙采暖方式，这种采暖方式是通过墙体向外散热的，具有热最大、辐射热均匀的特点。如果将火炕与灶台相连接，那么可以利用余热，提高燃料使用效率。

同样，传统建筑也采用了自然通风降温的方法。风压通风与热压通风是自然通风的两种基本方式。烟囱效应是中较为常见的通风降温方式，而且样式设计得较为精巧。在风压通风中，人们通常利用门、窗的开合，引导风流进入室内，形成穿堂风。

此外，基于季风、主导风和地形风，我们进行合理地构造设计，实现建筑通风降温。与北方地区不同，南方地区较为湿热，因此需要考虑隔热迎风，形成了房屋高敞、墙身薄、出檐深的建筑特点，还可以通过配置天井、乔木来减少日照，形成阴凉环境。

3. 围护结构

在维护结构方面，传统建筑具有很强的灵活性，特别的，中国的木质结构建筑尤为明显。

自中国南方的干栏式建筑到江南民居，华北民居到东北民居，刚护结构也实现了从竹编式建筑到落地窗、木板墙，厚砖墙到很厚的土墙或砖墙的转变。中国传统民居维护结构从南向北、由东向西的改变，体现了我国气候的变化情况。在过去几千年的建筑史中，中华民族的生态型建筑特点根据环境、气候和地域产生了适应的变化。

中国传统民居一般采用坐北朝南的布局，这样能够保证建筑尽可能地接受光照。典型的建筑包括北京四合院与三合院。在我国华北地区，居民立面上除了一米高的窗台以及必要的窗间墙之外，其他的部分便是隔扇门以及窗户，这就能更大限度地获得阳光。在冬季，太阳的入射角较低，窗户面积较大，阳光能够大面积地照进室内，从而提高室内温度与亮度。

其他重要的采光方式便是天井和庭园。在天井中，自然光经过反复地反射与扩散，形成了一个较为明亮的院内环境。在实际中，人们可以通过改变建筑立面材料，调整吸光系数，获得一个较为合适的采光环境。对比一字形平面、点式平面以及井字形平面的建筑，可以发现：在井字形平面的建筑结构中，光线可以从多而进入室内，自然采光效果最佳。

中国传统民居一直采用传统的"庭院"模式，即带有庭院的多个单体建筑围合而成的院落。这种模式反映了中国传统上的群体性生活方式，也展现了一种和谐舒展的空间形式。庭园可以根据不同的地域、地形以及气候特点，做出调整。在北方，庭院较为紧密，可以抵御地域寒风；庭园也较大，能够避免建筑相互遮挡，接受更多的阳光。在南方，庭园较窄，能够相互遮蔽，从而带来更多的阴凉。西北地区常见的窑洞，也通过围合形成庭园，即为特色鲜明的地坑院。

第二节　中国特色的绿色建筑发展

影响我国建筑节能与绿色建筑发展的因素有以下几点：①国家政策不完善。

②民用建筑监管力度不够。③各项管理制度和管理能力有待提高。④新建建筑对节能标准执行的力度不够。⑤相对南方地区而言，北方地区已有建筑节能改造情况有待加强。⑥农村建筑节能还未得到高度重视。

针对建筑节能发展滞后的问题，住房和城乡建设部副部长仇保兴结合我国绿色建筑与建筑节能的实际情况，提出以下建议①以绿色建筑节能专项检查为媒介，深度强化各级政府对绿色建筑的监管职能。②通过出台相关标识，使建筑节能和绿色建筑供求关系更合理。③通过建立 China CBC（绿色建筑与建筑节能专业委员会），从而完善各级服务组织，走出一条符合我国国情的中国特色绿色建筑之路。这条路的特点是特色性、低能耗和精细化，并且以创新和平衡为主要策略。创新主要体现在绿色建筑设计的观点、方法，同时通过平衡资源环境、供求关系和经济因素之间的关系实现建筑节能。

通过对我国住宅的调研，我们总结出针对绿色建筑的四大误区。

（1）绿色建筑设计过度依赖评价标准，导致技术冷拼现象。例如，太阳能设施与建筑物一体化效果不明显；人工湿地未进行水量平衡。

（2）违背了绿色建筑设计初衷的戴"绿帽子"建筑。例如，在绿荫下安装太阳能路灯。

（3）技术与管理在设计和施工过程中的关注度分配不合理，重技术，轻管理。例如，照明管理不当，出现光污染；空调室外机摆放位置不当，出现热岛效应。

（4）应用的绿色技术"张冠李戴"，利用率较低。例如，不考虑地区差异，为应用技术而应用技术；为达到要求的技术效果，不计成本。根据我国的基本国情，绿色建筑是实现可持续发展战略的必经之路。中国特色的绿色发展道路就是在发展绿色技术的同时，必须结合我国各地区的生态特征，通过合理的规划和科学的管理制度，使绿色技术成为利用率高适应性强的高新技术，继而完善绿色建筑体系，促进绿色建筑高速发展。

第三节　中国不同地域建筑能耗与节能特点

一、建筑气候分区与热工设计要求

我国国土面积广阔，地形地势差异较大；受到纬度、地势以及地理因素的影响，全国的气候差异较大。但从陆地面积上说，从我国最北部的漠河地区到最南端的三亚地区，一月份的气温差异就可高达50℃。根据气候资料，全国各地区的相对温度的差异性也较大，沿海东南到西北一线，相对湿度依次降低，例如1月份的海南地区为87%，而拉萨地区为29%；7月份的上海地区为83%，新疆地区为31%。

不同地区的气候特征对建筑采暖制冷有不同的要求。为了从技术上满足建筑的通风采光、保温隔热、采暖制冷要求，我国《民用建筑热工设计规范》（GB 50176—2016）从建筑热工设计角度出发，明确提出了建筑与气候的关系，将我国民用建筑设计划分为五个分区，即严寒、寒冷、夏热冬冷、夏热冬暖和温和地区。

二、夏热冬冷地区建筑耗能水平分析

（一）城市建筑能耗水平统计

本小节统计分析了夏热冬冷地区个一线城市的建筑面积和用电量，从而得到了不同城市的平均用电量和能耗水平。这五个一线城市为武汉、南京、上海、长沙和杭州。这五个城市的居住建筑能耗水平相当，基本在30~32kWh/（$m^2 \cdot a$）的范围内，并没有较大差异。

上海市（310°2′N）与日本大阪市（34°38′N）和美国小石城市（34°44′N）的纬度相近，并均属于夏热冬冷地区。大阪市为主要城市之一，人口数量与人口密度处于日本第二位，空调度日数为128℃·d，采暖度日数为1773℃·d；小石城为美国阿肯色州首府和最大城市，空调度日数为采暖度日数为154℃·d，采暖度日数为1683℃·d；而上海市的空调度日数为135℃·d，采暖度日数为1585℃·d。从上述可以看出，这三个城市的气候特征较为类似。因此本文将日本大阪市和美国小石城市的户均年用电量与上述五大一线城市进行了对比分析。

美国的能源价格较低、室内舒适度高，使得空调设备基本时刻处于运行状态。日本的资源匮乏，因此国家较为重视传统建筑的自然通风和采光策略，并在卧室里安装间歇式空调系统。对比这两个国家，可以发现，日本的间歇式用能模式和经验适应我国国情，在以后的生活中，要加以学习和采用。

从20世纪90年代开始，中国已经陆续展开建筑节能工作，并进行了一系列的建筑能耗调研，统计分析了上海地区居住节能的能耗情况。选取了上海市 44981 户，分析了 2010 年逐月能耗用电量，结果显示，8 月和 12 月的居住建筑用电量达到高峰，这与上海市夏季 8 月湿热高温、冬季 12 月湿冷的特点相对应。分析其能耗水平可知，这两个月份比其他月份的平均值高出 160% 和 100%，可以推测，能耗需求波动会对电力系统造成很大压力。

上海市 5 月和 11 月的气候较好，居住建筑的能耗基本不受季节影响。从图上可以看出这两个月的用电量较小，因此选取这两个月的耗电量为基准值。推算其他月份的空调耗电量，可以看出空调耗电量在家庭中占有很大的比例。此外，按照能耗的主要用途比例统计，居住建筑的用能模式为：照明用能 66%，采暖 14%，制冷 20%，这说明家用电器的使用比例较大。

此外，本小节选取上海市七栋政府办公建筑，进行了建筑能耗统计分析。表 4-1 从分项用能方面统计了各建筑的用能比例，其中用能分项包括空调、插座、照明、电梯、给排水以及其他部分。由表 4-1 可以看出，这些建筑的空调系统的耗能量最大，基本占到 30% 以上；插座和照明系统次之，能耗比例在 10% ～ 30% 之间；而电梯和给排水能耗的比例较小，基本在 5% 和 2% 以下；其他部分的能耗来源于计算机房和厨房灯区域，部分建筑的计算机系统陈旧，耗能量较大。

表 4-1 上海市政府办公建筑耗能统计

建筑编号	建筑用能类别					
	空调	插座	照明	电梯	给排水	其他
1	51.7%	15.3%	12.7%	4.7%	1.8%	13.8%
2	29.5%	29.0%	34.0%	2.8%	2.8%	1.9%
3	36.3%	21.1%	17.1%	2.0%	1.2%	22.3%
4	29.7%	31.0%	30.7%	1.6%	2.1%	4.9%
5	42.1%	102.%	14.1%	2.1%	0.6%	30.9%
6	31.3%	34.0%	33.6%	—	—	1.1%
7	40.5%	23.5%	17.9%	1.9%	1.5%	14.7%

本次调研中，部分建筑的建造时间较早。这些建筑中有 3 栋建筑建于 20 世纪 80 年代以前，部分建筑区域被列为优秀历史保护建筑；有 3 栋建造于 20 世纪八九十年代之间；有 1 栋建于 21 世纪，但是也有 10 多年的历史。这些建筑的围护结构均没有采用节能措施，外墙普遍采用黏土砖和混凝土多孔砖材料，而且厚度较薄；屋面则普遍采用了钢筋混凝土材料；外窗普遍采用单层玻璃。这些建筑全部建于 2005 年之前，当时并没有公共建筑节能设计标准的指导，成为这些未能采取保温隔热措施的原因之一。

（二）机械设备陈旧，运行效率低

自建筑建造之时，建筑就配备与之并行的机械设备，如给排水系统、空调设备等。这些设备不能符合 2005 年颁布的《公共建筑节能设计标准》的要求，设备效率低下，造成大量的能耗损失。

（三）计算机房能耗量较大

计算机房是政府办公部门不可缺少的部分，但是这些设备的能耗量巨大。计算机系统需要时刻维持在运行状态，而这些设备的单位面积散热量基本在 200~1500W 之间，造成室内温度升高。为了维持正常的设备运行状态，我们安装了空调系统，将热量排出室外。在机械设备运行散热、空调设备制冷的过程中，计算机房的能耗量远远高于其他建筑区域。

三、南京市办公建筑能耗分析

本小节调查分析了南京市的既有办公建筑能耗，并从建筑围护结构、暖通空调和照明系统三个方面进行了分析。

（1）建筑围护结构。围护结构的性能受到建筑年代的影响，按照《公共建筑节能设计标准》的实施为界限，可以将围护结构性能分为两个阶段。在 2005 年以前，围护结构的热工性能较差，传热系数一般在 $2.0W/（m^2 \cdot K）$，建筑材料基本为黏土砖、加气混凝土砌块等。在 2005 年之后，建筑围护结构的热工性能得到很大程度上的提升，传热系数降低到 $1.0W/（m^2 \cdot K）$。建筑遮阳是夏热冬冷地区的又一节能策略，如果在建筑中合理地采用外遮阳技术，能够减少室内 70%～85% 的太阳辐射，即可降低空调设备的使用。但是目前南京普遍采用的遮阳形式为内遮阳，很少采用外遮阳技术。总的来说，建筑围护结构对建筑能耗油很大的影响，如果围护结构具有较好的热工性能，那么建筑能耗将能够得到降低。在以后的建筑节能设计中，要着重考虑这一策略。

（2）暖通空调系统。办公建筑暖通空调设备的运行时间比较固定，一般为8：00~18：00；同时建筑的使用功能比较单一，采用的空调系统的工作区域也比较固定，如办公室、会议室以及计算机房等。办公建筑的空调系统多为独立运行，不需要其他形式的功能。本小节对暖通空调系统冷热源进行了整理，如表4-2所示。由表可以看出，冷热源形式的能耗水平差距较大，在建筑节能设计中应该加以考虑。

表4-2 冷热源特点

冷热源形式	建筑特点	空调特点	能耗水平
分体式空调	建筑面积小、公共区域少且功能较单一	分散安装、灵活性强	$50\sim80kWh/m^2$
风冷热泵机组（水）	能耗需求大，功能复杂	采暖制冷采用同一冷热泵	$80\sim100kWh/m^2$
风冷热泵机组（VRV）	消耗需求大，功能复杂	集成度高，便于控制管理；采暖制冷采用同一冷热源	$80\sim100kWh/m^2$
水冷冷水机组加锅炉	热水需求量大	制冷采用水冷机组，供热设置锅炉	——
冷水机组加集中供热	热水需求量大	制冷采用水冷机组，供热设置锅炉	$70kWh/m^2$
溴化锂吸收式	——	低位热能空调和供热	$50kWh/m^2$

（3）照明系统。在2005年之前的建筑，一般采用普通荧光灯，很少采用节能灯具。2005年之后，随着对公共建筑节能意识的提高，人们严格按照《公共建筑节能设计标准》进行照明系统节能设计和改造，使得照明效率得到提高。

四、寒冷地区建筑耗能与节能措施

（一）寒冷地区气候特征

寒冷地区，冬夏两季较为漫长。其中，冬季的持续时间会在150天左右，平均气温在-10℃～0℃，最低气温为-20℃。与夏热冬暖地区相比，寒冷地区的气温普遍低，一般在15℃以上。夏季的持续时间会在110天左右，平均气温会在 24℃ ～ 28℃之间，这与夏热冬暖地区的气温相差不大，甚至月最高气温要比夏热冬暖地区的气温高出 5℃左右。例如，济南、天津、西安、石家庄等地的夏季气温都曾超过热各暖地区的 40%。寒冷地区春秋两季持续时间较短，一般在 60 天左右。从全年来看，寒冷地区一年中大部分时间的舒适性较差，因此对采暖制冷的要求较高。

寒冷地区的年降水量介于 300 ～ 1000mm，单日最大降水量为 300mm。降雪日数一般在 15 天以下，年积雪日数在 10 ～ 40d 之间，最大积雪深度为 30mm。寒冷地区较为干旱，湿度较低。寒冷地区受到季风影响较大，冬季受到西伯利亚寒流带来的西北季风的影响，夏季受到东南沿海地区和低纬度气流造成的东南季风的影响。寒冷地区的全年光照时长在 2000 ～ 2800 小时，太阳能资源较为丰富，年太阳辐射总量在 3340 ～ 8400MJ/m² 之间。总的来说，寒冷地区日照资源丰富，如果能够加以利用，可以有效地降低建筑能耗。

（二）建筑能耗特点

寒冷地区的冬季持续时间较长，一般在 4 个月以上，该地区的冬季供暖期一般在当年 11 月份到次年 3 月份。在冬季，建筑的热量基本上是通过建筑围护结构和门窗上的狭缝散失的。其中，围护结构热量散失量在 70% ～ 80% 之间，门窗狭缝热量散失量在 20% ～ 30% 之间，具体的热量散失形式如表 4-3 所示。

由表 4-3 可以看出，外墙上的热量损耗最为严重，因此在建筑节能重要加以重视；而门窗部位通过门窗散热和门窗缝散失的热量和可以达到 50%，因此这成为建筑保温体系最为薄弱的区域，同样需要加以重视。但是目前已经生产出质量合格的门窗材料，而且门窗的密闭性有了很大程度的提高。但是门窗结构的价格较高，因此人们需要在经济性和适用性取得平衡。另外，其他区域也需要进行改进，从而提高整个建筑的热工性能。

表 4-3　建筑结构热量散失比例

	维护结构						门窗狭缝
形式	外墙	外窗	楼梯间隔墙	屋面	阳台、户门	地面	20% ～ 30%
比例	25% ～ 30%	23% ～ 25%	8% ～ 11%	8% ～ 9%	3% ～ 5%	3%	

寒冷地区的夏季同样较为漫长，主要在 6 ～ 8 月，而且气候较为炎热，太阳辐射较强，人们通常通过风扇和空调设备制冷。这需要通过合理的建筑遮阳

技术，减少太阳辐射，降低室内温度：还需要合理的室内设计，保障空气的流通，提高空调设备的能效，提高建筑能源效率。

（三）建筑节能规划设计

1. 选址

基地选址是一切建筑活动的基础，同样基地选址又会制约着随后进行的场地规划、设计施工以及建筑运行等一系列的活动。相应的，在这些过程中的节能设计和节能行为也会受到影响。在基地选址时，引入建筑节能理念，便能够利用自然地形地貌，合理构造建筑区、交通区以及功能区，减少对原有环境系统的破坏和干扰。在基地选址时，需要注重尊重周围环境与气候条件，分配规划环境资源。

寒冷地区的基地选址需要注重两个因素：日照和风。对于前者，会影响一个地区的光照时长和光照强度，进而会影响该地区的室内热工环境质量。在寒冷地区，建筑室内应该在冬季尽可能多地获取太阳辐射，而夏季应该尽可能地减少辐射。因此，应该将基地选在平地上；如果受到环境限制，那么可以将建筑选在南山坡上，这样在冬季可以接受阳光照射，并阻挡北方寒风；在夏季受到高度角的影响，太阳辐射很难进入室内。在寒冷地区，冬季下午的光照较弱且较短，因此应该避免建筑西向采光。风环境是建筑运行中较为重要的因素。在建筑的使用过程中，如果风速过大且较为寒冷，会加剧室内外的热量交换，造成热量损失。而在夏季，风速过小，又不利于建筑自然通风，难以利用。因此，在建筑选址时，应该尽量适应冬夏两季的季风条件。

2. 场地设计

一旦建筑选址完成，就要进行建筑场地设计。建筑场地设计会对周围环境造成一定的影响，进而会影响建筑能耗。在进行建筑场地设计时，需要基于以下几个原则进行：首先，需要尊重当地的地形地貌，进行综合分析研究，考虑如何基于现有环境条件，创造出美观的立体景观。这样便可以保留当地植被与土地资源，减少土地改造，降低工程量。其次，应该尽可能地保护现有的植被，以及当地的植被特征，进行绿化设计。合理的绿化设计会营造出良好的小气候，降低夏季气温，又能够组织、引导和阻挡建筑周围的冬季寒风。因此，这可以起到保护原有植被、美观环境与节约资源的作用。

（四）可再生能源利用技术

1. 太阳能技术

我国北方地区一年内的光照时间较长且辐射强度较高。从总体上说。寒冷地区有丰富太阳能资源，可以在建筑中加以开发利用。在太阳能利用过程中，按照能源利用形式，其可分为太阳能光热技术和太阳能光电技术；按照是否需要辅助能源，其又可分为主动式太阳能利用和被动式太阳能利用。具体的分类形式见表4-4所列。

表4-4 太阳能利用技术

太阳能能源利用形式	辅助能源	具体形式
太阳能光热系统	被动式太阳能系统	直接加热式
		蓄热墙式
		太阳房
	主动式太阳能系统	太阳能热水系统
		太阳能空调系统
太阳能光电系统	太阳能独立发电	
	太阳能光伏并网发电	

被动式太阳能技术是指通过建筑自身构造来收集，储存并利用太阳能的技术形式。这种方法比较利用简单方便，没有复杂的太阳能转化设备，使用成本较低。被动式太阳能技术可以分为直接加热式、蓄热墙式和太阳房等三种利用形式。

直接加热式的一般做法是在建筑南立面上设置玻璃窗，室内墙面、地面等均为良好的储热蓄热材料。在天气晴朗的条件下，太阳辐射就可以进入室内，墙面和地面等就可以储存热量，这就构成了一个简单的太阳能利用系统。由于太阳能辐射波长的不同，一天中白天该系统吸收的热量高于晚上散失的热量。此外由于冬夏两季太阳高度角的不同，会使冬季室内吸收的热量高于夏季，图中高低窗对太阳能吸收状况，因此直接加热式太阳能利用系统比较适用于北方寒冷地区。

蓄热墙式太阳能系统是指在距离南向窗一定距离处设置墙体，并在墙体上涂刷黑色或者黑色面层，以期提高墙体吸收红外辐射的能力，进而墙体起到储存热量的作用。在夜里墙体的温度较高，而是相对较低，此时墙体向室内空间辐射热量，提高室内温度。在实际的工程应用中，采用蓄热墙体与直接加热相结合的方法，在白天收集太阳辐射和热量，在夜间就可以利用蓄热墙体进行取暖。

只有在需要太阳热量而不需要太阳光照的情况下，才采用蓄热墙式太阳能利用方式。在直接受热式和蓄热墙式结合使用时，介于玻璃窗和蓄热墙之间的部分可以直接获取热量，在建筑设计中这一部分可以用作采光与观景平台之用，此时蓄热强可以作为夜间的辐射源。采用这种方式可以防止过强的光线引起室内的眩光，因此合理地选用蓄热墙式太阳能技术能够经济有效、美观地实现建筑节能。

目前，被动式太阳能利用技术中应用最为普遍的是太阳房，从原理上说，这是一个半户外的透明房间。在冬季，太阳房能吸收太阳热量，并为室内的空间加热，形成一个舒适的温室。根据统计，对于效果较好的温室，在清凉的冬日里，一天中吸收的热量比温室本身采暖所需的热量多，一般是采暖用能的 $1 \sim 2$ 倍。太阳房的概念起源于 $18 \sim 19$ 世纪的"暖房"设计，因此太阳房设计方法被称为"迷人的温室"。但是，这种说法是不全面的，太阳房的作用不仅仅局限于种植绿色植被，而且适合人们居住。生活在太阳房内的人们，发现冬日的温度与阳光特别舒适。由于在房间中存在热舒适范围，因此在房间内必须设置独立的保温区，是保温与人们休息分开。

在现代建筑中，由于人们对居住办公环境的要求提升，以及对环境控制的要求越来越精确，单纯地采用被动式太阳能技术已经不能完全满足节能需求。因此，太阳能利用技术与太阳能利用系统的应用越来越多，因此主动式太阳能利用技术逐渐兴起。主动式太阳能技术是指通过外部的技术手段对太阳能能源进行收集、存储、利用的过程。目前可以利用的主动式太阳能技术包括太阳能热水系统、太阳能空调技术、太阳能通风技术。此外随着对建筑美学的要求不断提高，人们也提出了太阳能建筑一体化的概念，此时太阳能构件与集热器一并成为建筑的一部分，起到装饰作用。

在建筑上普遍采用的主动式太阳能利用系统主要包括太阳能热水系统和太阳能空调技术。按照热水的主要利用形式，又可以将太阳能热水技术分为太阳能热水技术、太阳能热水系统保温技术和太阳能热水系统防冻技术，下面将进行简要分析。

太阳能热水技术是通过太阳能集热器直接聚集太阳辐射对冷水进行加热的技术，也是太阳能利用的最基本形式，目前在全国范围内得到了普遍使用。太阳能热水技术能够为家庭采暖、提供生活热水等。太阳能热水系统保温技术需要在寒冷地区加以重视。由于寒冷地区温度冬季温度较低，因此需要在水箱表面覆盖较厚的保温层，从而降低热传导系数，减少热量的散失。此外，还需要提高保温系统的气密性，以及水箱表面金属构件应该避免直接与空气接触，防止出现热桥。

由于寒冷地区冬季室外温度较低，太阳能集热器会向外部散热。如果集热器的温度达到冰点。就会造成内部结冰。造成系统冻胀或者堵塞，因此需要进行防冻措施。按照其工作原理，太阳能热水防冻技术可分为回排式系统和不冻液式系统，其主要介质、原理与特点如表 4-5 所示。

表 4-5　太阳能热水系统防冻技术对比

类型	介质	原理	特点
回排式热水系统	水	通过温差控制系统控制循环泵运行	当温差低于预定数值时，系统有冰冻爆裂的危险，控制器会自动停止
间接式不冻液系统	乙二醇、丙二醇等	利用防冻液的回路将热量传递到储热罐	可利用温度差加热水箱中的水

太阳能光电系统可分为太阳能独立发电技术和太阳能光伏并网发电。前者是通过光伏电池将太阳能转化为直流电，然后通过转变为交流电，然后供用户使用，多余电力用于蓄电池组储存。而太阳能光伏并网发电技术，将直流电力转化为交流电之后，不经过蓄电池组直接上网，效率更高、稳定性更好，便于城市进行推广使用。

2.地热能技术

地热能是从地壳中抽取出来的天然热能，虽然在古代人们就开始利用地热能，但是直到 20 世纪中叶，人类才真正认识到地热能的本质并开始较大规模的开发利用，因此可以认为地热能是一种新兴的可再生能源。经过几十年的发展，在地址环境允许的条件下，人们已经拥有技术经济条件，进行科学合理的地热能开发。在建筑中，覆土建筑就是直接利用了地热资源，例如传统的澳大利亚岩居、中国陕北窑洞等。由于覆土建筑常位于地下，因此又可以节约土地资源。

地热能的现代应用方式为热泵以及建筑冷热源，其中，热泵技术已经成为当前新能源技术的热点，受到广泛关注。热泵可以借助机械能将低温物体的能量传递到高温物体中，因此就可以将自然界的低位能作为热源，用于实际的生产生活中。从原理上讲，热泵与制冷机相当，是一种能量传递介质，即吸收周围环境的热量，并传递给需要加热的物体。在工作过程中，其自身会消耗一部分能量，即前面提到的机械能，这部分能量的比例较小，然后将环境能量储存起来，并释放出来用以提高物体温度。从整个循环系统来说，热泵技术可以提高能源品位。

地源热泵技术是热泵技术的一种，能够利用地表浅层的热能对空间进行空调制冷或者建筑采暖。一般而言，地源热泵技术能够基于季节做出适应性调整：在冬季，地源热泵可以将热量从地下提取出来用于建筑物加热升温，而在夏季，就可以将地下的冷量转移到建筑物中，进行建筑制冷降温。地源热泵每年的供冷加热循环是基于土壤蓄热蓄冷能力实现的。

地源热泵技术可以对建筑空间进行采暖制冷。在制冷模式下，热泵系统对冷源做功，提取土壤中的冷源，使其完成由气态到液态的转变。然后通过系统的冷媒蒸发吸收热量，通过水路循环将冷量传至地表，再按照室内需求进行不同制冷形式，加以利用。供暖模式则相反，系统压缩机对冷媒做功，使其吸收地表水或者土壤中的热量，并通过循环系统传递到地表，进行建筑室内供暖加热。

3. 风能技术

风能指的是地球表面气体流动产生的动能，具有清洁无污染、储量大的特点。风能适用于较为偏远，技术设施或者电力并网不便的地域，例如我国沿海岛屿、边远山区、草原牧场以及农村或者边疆地区。我国具有丰富的风力资源，其中可以开发利用的达到 10 亿千瓦，因此开发和应用风能技术，对满足我国偏远地区居民正常生活用能，具有重要的实践意义。在建筑的实际应用中，风能技术主要包括两个方面，即自然通风和风电技术。

自然通风也是一种节能策略。在夏季，可以通过自然通风对室内空气进行被动式降温，可以减少空调设备的使用；同时，能够提高室内的新风量，改善室内环境，防止建筑综合征的产生。而在冬季，又可以采用自然通风策略，排出室内湿气，改善室内环境，减少建筑能耗。从作用机理上分析，自然通风有两种途径实现室内环境降温，首先是提高人体舒适度，主要是外部空气进入室内，略过人体表面，加速水分蒸发，产生凉爽感觉，其次是蓄热材料能在一定程度上储存室内的热量或者冷量，从而达到保持室内温度相对稳定的效果。

风力发电起源于丹麦，并得到了欧洲多个国家的普遍使用。一般而言，大型风力发电厂处于偏远的山区、草原和农地中，具有很高的发电量。如果在城市中要进行使用风电技术，可以安装小型风力发电机。此外，现在人们为了建

筑与风力发电装置的美观与协调，因此开始关注于风电建筑一体化的问题。我国的小型发电机发电技术已经较为成熟，主要满足远离电网的农村和边疆地区人们的用电需求。而在城市中，由于小区容积率较大，建筑较为密集，加上技术水平和人们观念的不同，目前很少能在城市中见到风力发电机。

第五章 不同种类绿色建筑设计

绿色建筑是指为人类提供一个健康、舒适的工作、居住、活动的空间，同时实现最高效率地利用能源、最低限度地影响环境的建筑物。其内涵既通过高新技术的研发和先进适用技术的综合集成，极大地减少建筑对不可再生资源的消耗和对生态环境的污染，并为使用者提供健康、舒适、与自然和谐的工作及生活环境。

绿色建筑是综合运用当代建筑学、生态学及其他技术科学的成果，把各类建筑建造成一个小的生态系统，为居住者提供生机盎然、自然气息深厚、方便舒适并节省能源、没有污染的居住环境。绿色建筑是指能充分利用环境自然资源，并以不破坏环境基本生态为目的而建造的一种建筑，所以，生态专家们一般又称其为环境共生建筑。绿色建筑不仅有利于小环境及大环境的保护，而且十分有益于人类的健康。

第一节　绿色居住建筑设计

近几年，我国住宅市场发展迅速，住宅设计从生存型逐步向功能型、舒适型转变，开始出现体现人文关怀、节能环保、科技创新理念的住宅。绿色生态住宅充分利用环境自然资源，以有益于生态、健康、节能为宗旨，确保生态系统的良性循环，确保居住者在身体上、精神上、社会上完全处于良好的状态。因此，绿色生态住宅设计和施工既是当今建筑业极为关注的热点问题，又是建筑业实施可持续发展的一个关键环节。

一、绿色居住建筑的节地与空间利用

（一）居住建筑用地的规划设计

1.居住建筑的用地控制

居住建筑的选址首先考虑没有地质灾害和洪水淹没危险的安全地方，尽可能地选在废地上（荒地、坡地、不适宜耕种土地等），减少耕地占用。周边的空气、土壤、水体等不应对人体造成危害，确保卫生安全。居住区在设计过程中，要综合考虑套型、朝向、布置方式、间距、用地条件、层数与密度、绿地和空间环境等因素，来集约化使用土地，实现突出均好性、多样性和协调性。

2. 群体组合和空间环境控制

在对居住区进行规划与设计时，要全面考虑公建与住宅布局、路网结构、绿地系统、群体组合及空间环境等的内在关系，设计成一个相对独立和完善的整体。

合理组织人流、车流，小区内的供电、给排水、燃气、供热、电信、路灯等管线宜结合小区道路构架进行地下埋设，配建公共服务内设施及与居住人口规模相对应的公共服务活动中心，方便经营、使用和社会化服务。绿化景观设计注重景观和空间的完整性，应做到集中与分散结合、观赏与实用结合，环境设计应为邻里交往提供不同层次的交往空间。

3. 居住建筑的密度控制

居住建筑用地对人口毛密度、建筑面积毛密度（容积率）、绿地率进行合理的控制，达到合理的标准。

4. 居住建筑朝向与日照控制

居住建筑间距，以满足日照要求为基础，综合考虑地形、采光、通风、消防、防震、管线埋设、避免视线干扰等因素。建筑的日照要求一般情况下通过与前面建筑的合理间距进行调节，如果不能通过正面的日照满足建筑物的日照标准，在对居住建筑的日照间距进行设计时不能影响周边相邻的其他建筑的合法权益（主要包括建筑建筑物退让、容积率、高度等）。各地的居住建筑日照标准应按国家及当地的有关规范、标准等要求执行。一般应满足以下条件。

（1）当居住建筑为非正南北朝向时，住宅正面间距应按地方城市规划行政主管部门确定的日照标准不同方位的间距折减系数换算。

（2）应充分利用地形地貌的变化所产生的场地高差、条式与点式住宅建筑的形体组合以及住宅建筑高度的高低搭配等，合理进行住宅布置，有效控制居住建筑间距，提高土地使用效率。

5. 地下与半地下空间控制

地下或半地下空间的利用与地面建筑、人防工程、地下交通、管网及其他地下构筑物统筹规划、合理安排。同一街区内公共建筑的地下或半地下空间应按规划进行互通设计。充分利用地下或半地下空间做地下或半地下机动车停车库（或用作设备用房等），地下或半地下机动停车位达到整个小区停车位的80%以上。

配建的自行车库，采用地下或半地下形式，部分公建（服务、健身娱乐、环卫等）宜利用地下或半地下空间，地下空间结合具体的停车数量要求、设备用房特点、机械式停车库、工程地质条件以及成本控制等因素，考虑设置单层或多层地下室。

（二）居住建筑设计的节地

住宅设计要选择合理的单元面宽和进深。户均面宽值不宜大于户均面积值的 1/10。住宅套型平面应根据建筑的使用性质、功能、工艺要求合理布局。套内功能分区要符合公私分离、动静分离、洁污分离的要求。功能空间关系紧凑，便能得到充分利用。住宅单体的平面设计力求规整。电梯井道、设备管井、楼梯间等尺寸选择要合理，布置紧凑，最好不要凸出住宅主体外墙过多。套型功能的增量，除了面积适宜外，还要包括房间功能的细化以及相关配置设备的质量，满足现代生活方式和生活质量的提高。

居住建筑的体形设计应适应本地区的气候条件，住宅建筑应具有地方特色和个性、识别性，造型简洁、尺度适宜、色彩明快。住宅建筑配置太阳能热水器设施时，宜采用集中式热水器配置，系统太阳能集热板与屋面坡度应在建筑设计中一体化考虑，以有效降低占地面积。

二、绿色居住建筑的节能与能源利用

建筑本身就是能源消耗大户，同时对环境也有重大影响。据统计，全球有50% 的能源用于建筑，同时人类从自然界所获得的 50% 以上的物质原料，也是用来建造各类建筑及其附属设施。尽管诸如道路，桥梁，隧道等不能以绿色建筑去衡量，但是居住区等对资源的利用时周而复始的。对于发展中国家而言，由于大量人口涌入城市，对住宅、道路、地下工程、公共设施的需求越来越高，所耗费的能源也越来越多，这与日益匮乏的石油资源，煤资源产生了不可调和的矛盾。

当前，我国正处在经济快速发展时期，人们对高水平的生活的追求越来越强烈，这种消费升级使人们对建筑的要求越来越高，人均耗能也越来越高，产生的二氧化碳废弃物越来越多，这与全球倡导的保护环境理念相违背。在我国的能耗结构中，建筑占据了大约 1/4；用电结构中，建筑用电也占据了约 1/4。

随着我国城镇化的高速发展，建筑能耗占社会能耗的比重快速增长。据估算，至 2020 年我国建筑能耗将达到 10.89×10^8t 标准煤，也意味着产生

$20 \times 108t$ 二氧化碳。在我国能源消耗的构成中，住宅建筑的能耗是最主要的消耗形式，其占有的比率是最高的。在当今房地产行业步入成熟期的中国，环保节能型的住宅也越来越受到市场的青睐。因此，要如何做好住宅节能，降低其能耗比例，已经成为建筑行业的头等大事。如何在住宅建筑设计中，更好地利用自然能源，提高住宅建筑中能源利用效率，则是建筑设计师需要探讨的课题。

（一）建筑构造节能系统的设计

1. 规划设计中的节能设计

住宅小区规划应与建筑单体相协调，充分考虑各种宏观因素（如地区、朝向、方位、建筑布局、地形地势等）对单体布局的影响，同时利用所在地区的天然热源、风源等来实现每一栋住宅单体夏季都有充足的迎风面，冬季都有充足的日照，以满足通风、采光与采暖的要求。单体之间的组合对气流的形成具有直接的影响，特别是高层建筑群内部易受到回旋涡流的作用，容易出现死角，不利于室内的自然通风，从而形成不利的小区微气候。

为了营造绿色舒适的小区微环境，应调整好单体之间的组合，使每栋建筑物处于周围建筑物的气流旋涡区之外，避免出现滞流区。另外，绿化和水体可以改善小区的微气候。设计时，应结合住宅小区规划布置绿化和水体，以此进一步改善室内外的物理环境（声、光、热），减少热岛效应，改善局部气候，保证小区内的空气温度、湿度、气流速度和热岛强度等各项指标符合健康舒适和节能要求。

2. 住宅建筑墙体节能设计

墙体是住宅外围护结构的主体，是建筑室内外热交换的主要介质。建筑节能中有约25%是通过外墙的保温隔热性能来实现的。因此，墙体的设计是不容忽略的一个方面。外墙除了应具有基本的承重、安全围护等功能外，还应考虑选用保温隔热性能好的墙体材料，对传热性好的墙体或墙体中传热性好的部位应加设保温隔热层。

目前，国内对外墙保温材料的选用进行了严格的控制。常用的几种外墙材料中，保温隔热性能较好的是烧结多孔砖和加气混凝土砌块以及复合墙体，复合墙体保温隔热宜选用外墙外保温。外保温的绝热材料是连续外包的，能有效隔断具有热桥作用的混凝土梁、柱等，而产生"断桥"作用，达到预期的节能降耗效果。另外，也可以利用植物来调节气温。在日照强烈的墙面，种植植物来吸收太阳热量，减少传入室内的热源。据报道，在建筑物的西面墙上种植爬

墙虎，若植被遮蔽为 90% 的状况下，外墙表面温度可降低 8.2℃，并有利于吸尘和消声，减少温室效应。

3. 住宅建筑屋面的节能设计

在建筑物受太阳辐射的各个外表面中，屋面是接受太阳辐射时间最长的部位，因此受辐射的热也是最多的，相当于东西向墙体的 2～3 倍，所以它的保温隔热也显得尤为重要。保温隔热的材料宜选用密度大、热导率小、憎水或吸水率较小的材料。采用倒置式屋面将憎水性保温材料设于防水层上，可有效防止传统屋面构造中因防水层老化而影响建筑保温隔热及防水效果的问题。此种方法施工简易，可广泛采用。

另外，利用屋顶种植花齐、灌木等植物形成生态型屋面，既可阻挡热源，减少温室气体的排放，达到保温隔热的效果；又可美化环境，改善城市气候，做到一举两得。土壤热导率小，有很好的热惰性，不随大气气温骤然升高或下降而大幅波动，有利于屋面的保温隔热。同时，在屋面蓄水，形成蓄水型屋面，也是屋面节能的有效措施。利用水蒸发可带走大量的热，从而有效减弱屋面的传热量和降低屋面温度。此外，采用平、坡屋顶结合的构造形式，在屋面保温隔热层上做架空层，通过空气流通来散热也是个不错的办法。

（二）电气与设备节能系统的设计

电气与设备节能设计的目的是为了降低建筑电能消耗，以达到节能环保的目的，但并不是以牺牲建筑物功能作为代价，也不是盲目地增加能设计，必须要建立在满足必要能源供给的基础上，通过优化配电设计提高电能的合理利用。可行性是考虑项目实行的实际经济效益，充分比较节能所增加的投资与节能所获得的回报之间的关系，合理应用节能设备、节能材料和节能技术。节能性是电气与设备节能设计的根本目的，电气节能设计必须要能够减少或消除无关的电能消耗，如输送线路电能消耗、电气设备不必要电能消耗等。

建筑电气系统主要包括供配电系统、照明系统、建筑智能控制技术三个方面，电气节能设计可以将这三个方面作为切入点进行。

1. 供配电系统节能技术

居民住宅区供配电系统的节能，主要通过降低供电线路和供电设备的损耗来实现。在设计和建设供配电系统时，通过合理选择变电所的位置、正确地确定线缆的路径、截面和敷设方法，采用集中或就地补偿的方式，提高系统的功率等，降低供电线路的电能损耗；采用低能耗材料或工艺制成的节能环保的电气设备，降低供电设备的电能损耗；对冰蓄冷等季节性负荷，采用专用变压器供电方式，以达到经济适用、高效节能的目的。在供配电系统节能方面，一般可采用紧凑型箱式变电站供电技术、节能环保型配电变压器技术、变电型计算机监技术等。

（1）紧凑型箱式变电站供电技术。紧凑型箱式变电站是一种高压开关设备、配电变压器和低压配电装置，按一定接线方案排成一体的工厂预制户内、户外紧凑式配电设备，即将高压受电、变压器降压、低压配电等功能有机地组合在一起，安装在一个防潮、防锈、防尘、防鼠、防火、防盗、隔热、全封闭、可移动的钢结构箱体内，机电一体化，全封闭运行，特别适用于城网建设与改造，主要适用于住宅小区、城市公用变、繁华闹市、施工电源，等等。用户可根据不同的使用条件、负荷等级选择箱式变电站。

（2）节能环保型配电变压器技术。2011 年，《国家电网公司第一批重点推广新技术目录》中指出，新增配电变压器应采用节能型变压器，推广应用 S13 以上型号节能型变压器不低于 25%，农村和纯居民供电配电变压器优先采用调容变压器不低于 10% 和非晶合金变压器不低于 15%。2011 年后，新型节能变压器的使用比例以每年 5% 的速度逐年递增。2012 年起，新增配电变压器全部使用节能型配电变压器，推动节能型环保型配电变压器的广泛应用。

配电变压器的损耗可分为空载损耗和负载损耗。城市居民住宅区一年四季、每日早中晚的负载率各不相同，所以在住宅小区选用低空载损耗的配电变压器，具有比较现实的建筑节能意义。

（3）变电所计算机监控技术。变电所计算机监控技术是利用现代自动化技术、电子技术、通信技术、计算机及网络技术与电力设备相结合，将配电网在正常及事故情况下的监测、控制、计量和供电部门的工作管理有机地融合在一起，完成调度端遥测、遥信、遥控、遥调四遥功能。改进供电质量，力求供电最为安全、可靠、方便、灵活、经济，变配电管理更为有效，从而改善供电质量，提高服务水平，减少运行费用。

近年来，变电所计算机监控技术得到了迅速的发展，但为更好地保证计算机监控系统性能的安全可靠、运行稳定，还应提高变电所的抗电磁干扰能力。另外，要根据运行数据分析、研究不同类型的变电所、变压器的运行状况和节能成效，对今后居民住宅区的供配电系建设提供实践经验。

2. 照明系统节能技术

照明系统是建筑重要电能消耗之一，其节能设计应当在保证视觉要求和照明质量的前提下进行，可采用减少照明光能损失提高光能利用的方法。如选择高光效光源、选用高性能电气附件、选用合理照明方式、优化照明控制方式等。

不同的场所对照明度、视觉性、功率、密度都有不同的要求，在电气节能设计时需要满足照明质量要求，如一般场所采用高效发光荧光灯大型车间、体育场等采用高压钠灯。应当选用性能优异能耗较低的用电附件，如电子镇流器、电子触发器、电子变压器、节能电感镇流器等，应当根据实际需要选用。

（1）照明器具节能技术。在选择照明方式时，应当充分利用自然光与电气照明的优化组合，少用一般照明，多采用灵活照明系统。在满足照明质量的前提下，宜选择高效电光源，对居民住宅、配套车库等公共建筑推广使用紧凑型荧光灯、T8 荧光灯和金属卤化物灯，有条件时，应采用更节能的 T5 荧光灯。延时开关通常分为触摸式、声控式和红外感应式等类型，在居住区内常用于走廊、楼道、地下室、洗手间等场所的自动照明，这是简单、安全、有效的节能电器。在照明控制方面，也应当采用节能型开关，如分区控制灯光、增加开关点、采用可调光开关、采用节电开关、光控开关、声控开关等。

（2）居住区景观照明节能技术。居住区景观照明节能与选用的光源，灯具和控制系统，照明标准、照明方式以及后期照明设施维护与管理等多个因素密切相关。应大力推广高光效节电新技术、新产品，特别是优先选择通过认证的高效节能产品，鼓励使用太阳能照明、风能照明等绿色源照明，努力降低城市照明电耗，综合考虑影响照明节能的各个因素，从而达到最大限度地节能照明用电之目的。

①智能控制技术。采用光控、时控、程控等智能控制方式，对居住区景观照明设施进行分区或分组集中控制，设置平日、假日、重大节日，以及夜间不同时段的开、关灯控制模式，在满足夜景效果设计要求的同时，达到节能的效果。②高效节能照明光源和灯具的应用，应优先选择通过认证的高效节能产品，鼓励使用太阳能照明、风能照明等绿色能源；积极推广金属卤化物灯、半导体发光二极管（LED）、T8/T56《光灯、紧凑型荧光灯等高效照明光源产品，配合使用光效和利用系数高的灯具，从而达到节能的效果。

（3）绿色节能照明技术。绿色照明是指通过科学的照明设计，采用效率高、寿命长、安全和性能稳定的照明电器产品，从而改善人们工作、学习、生活、商业的条件和质量，创造一个高效、舒适、经济、有益的环境并充分体现现代照明文化的照明。

① LED 照明技术，也称为发光二极管照明技术，它是利用固体半导体芯片作为发光材料的技术。LED 光源具有全固体、冷光源、体积小、高光效、无频闪、耗电小、响应小等特点，是新一代节能环保光源；但 LED 灯具存在光通量较小、与自然光的色温有差距、价格比较高等缺点。另外，由大功率颗粒

组成的 LED 灯具指向性很强，PN 结（P 型半导体和 N 型半导体的交界面附近的过渡区称为 PN 结）温升比较高，对灯具散热的要求高，由于在技术上的限制，大功率 LED 灯具的光衰很严重，有的产品半年的光衰可达 50% 左右。②电磁感应灯照明技术。电磁感应灯又称为无极放电灯，这类灯没有电极，依据电磁感应和气体放电的基本原理发光；也没有电丝，具有 10 万小时的高使用寿命，并且不必进行维护；显色性指数大于 80，宽色温为 2700 ～ 6500K，具有 801m/W 的高光效，也具有可靠的瞬间启动性能，同时低热量输出，适用于道路、车库等场所的照明。

3. 照明的智能控制技术

随着社会的快速进步，人们希望生活得更加舒适，充分地享受生活。在传统的理念中，越舒适的生活意味着能源的消耗越大。智能化照明是随计算机、传感器、通信、网络与自动控制技术而发展起来的综合技术，正以惊人的速度向各个专业领域渗透。智能化是任何电子产品必然的发展方向之一。智能照明控制技术的发展可以使照明更加省电、节能、使用更便捷，在需要的时间给需要的地方以最舒适和高效的照明，提升照明环境质量。智能化照明更是使照明进一步走向绿色和可持续发展的重要方向。

（1）智能化的能源管理技术。能源智能化管理技术就是运用地理信息系统、遥感、遥测、网络、通信、数据存储、微电子、多媒体等高新技术，对照明进行能源管理所需的各种信息，以数字化形式自动采集、整合、储存、管理、交流和再现，对能源管理功能机制进行动态监测，通过网络化、电子化、数字化手段实现能源信息的合理利用。

智能化能源管理系统是通过居住区智能控制系统与家庭智能交互式控制系统的有机组合，以可再生能源为主、传统能源为辅，将产能负荷与耗能负荷合理调配，减少投入方面的浪费，降低运行的消耗，合理利用自然资源，保护生态环境，以实现智能化控制、网络化管理、高效节能、公平结算的目标。

（2）建筑设备智能监控技术。我国的现行国家标准《智能建筑设计标准》（GB/T 50314—2000）把"智能建筑"定义为："它是以建筑为平台，兼备建筑设备、办公自动化及通信网络系统，集结构、系统、服务、管理及它们之间的最优化组合，向人们提供一个安全、高效、舒适、便利的建筑环境。"由此可见，建筑设备智能监控技术是智能建筑中不可缺少的重要组成部分。

建筑设备智能监控技术是采用计算机技术、网络通信技术对居住区内的电力、照明、空调通风、给排水、电梯等机电设备或系统进行集中监视、控制及管理，以保证这些设备安全可靠地运行。按照建筑设备类别和使用功能的不同，可将其划分为供配电监控子系统、照明设备监控子系统，以及电梯、暖通空调、给排水设备和公共交通管理监控子系统等。

（3）变频控制技术。变频调速控制技术在20世纪80年代刚刚引进我国时，被称为"3V"技术，即变频、调压、调速。变频调速控制技术是运用技术手段，来改变电力设备的供电频率，进而达到控制设备输出功率的目的。我国能源利用效率低下，主要原因是粗放型经济增长方式，结构不合理、技术装备落后、管理水平低。采用变频器对机械设备进行转速控制，对节约能源、提高经济效益具有重要意义。

变频传动调速的特点是：在不改变原有设备的情况下，实现无级调速，以满足传动机械的要求；变频器具有软启和软停的功能，可以避免启动电流冲击对电网的不良影响，在减少电源容量的同时，还可以减少机械惯动量，减少机械的损耗；不受电源频率的影响，可以环闭环手动/自动控制；在机械低速运转时，定转矩输出、低速过载能力较好；电机的功率因数随着转速增高、功率增大而提高，使用效果比较好。

（三）建筑给排水节能系统的设计

建筑给排水节能系统的设计，关键是如何做到节省热能和动力能。热能节省的主要控制因素有：减少热水损耗量，提高加热设备的加热效率，减少热水管道长度并压缩管径，增加管道保温效率，避免管道敷设在低温环境区，太阳能利用和冷却水废热回收利用等。动力能节省的主要控制因素有：高效或节约用水，叠压供水和合理竖向分区供水，减少管网的局部阻力损失，提高水泵的日常运行效率，抑制最不利点的自由水头等。

1. 给排水系统的概念与特点

能源和水资源的节省，是给排水系统的设计和运行管理中必须考虑的两大课题。在给排水系统中，能源节省和水资源的节省有时相伴出现，有时又相互冲突。如节水冲洗水箱大便器。在节水的同时，还减少了水泵的耗能，具有节能效果；器具延时自闭式冲洗阀，在节水的同时，却增加了所需的最低工作压力，使水泵的扬程增加，综合耗能是节省还是增加，需要分析比较。再比如设置中水系统，必然要增加能耗，但有节水功效。

节能和节水不是同一个概念，各自有独立的含义，二者不能相互取代。即使供水系统中的节能和节水效果同时相伴出现时，节能也是具有独立而确切含义的。比如有的热水系统的节水器具又同时具有节能效果，节能效果主要是通过用水量的减少，而给水排水节省耗热量和提升水的动力能耗体现出来的。

给排水系统的能耗，主要是指维持给排水系统日常运行的能源消耗，包括①水加热需要的热能，如生活热水和开水的加热。②水提升需要的动力能，如加压供水、排水和维持水循环。在住宅建筑中的给排水系统节能，即是指热能耗和动力能耗的节省。

2. 住宅小区生活给水加压技术

根据城市住宅小区供水的经验，对于市政自来水无法直接供给的用户，可以采用集中变频加压、分户计量的方式供水。小区生活给水加压系统可采用水池＋水泵变频加压、管网叠压＋水泵变频加压、变频射流辅助加压三种供水技术。为避免用户直接从管网抽水造成管网压力过大波动，多数城市供水管理部门采用水池＋水泵变频加压、变频射流辅助加压供水技术。在通常情况下，可采用变频射流辅助加压供水技术。

（1）水池＋水泵变频加压供水技术。当城市管网的水压不能满足用户的供水压力时，就必须采用水泵进行加压。通常，通过市政给水管经浮球阀向贮水池注水，用水泵从贮水池抽水经变频加压后，再向各用户供水。在此供水系统中虽然水泵变频可节约部分电能，但是不论城市管网水压有多大，在城市给水管网向储水池补水的过程中，都会白白浪费城市给水管网的压能。

（2）变频射流辅助加压供水技术。目前，高层建筑生活用水的二次加压供水方式以水泵加高位水箱联合供水以及变频调速供水方式较多，水泵与高位水箱的联合供水方式操作简单，一次性投资小，但水泵处于工频工作状态，高峰用水贮水池补水时对城市管网的水压水量具有一定的影响，而且还容易在储水池及高位水箱中造成二次污染。

变频调速供水技术是近年来在二次加压供水中采用较多的一种，这种方式解决了水泵的软启动，自动化程度高，二次污染的机会相对较小，从理论上讲具有一定的节能效果。其工作原理是：当小区用水处于低谷时，市政给水通过射流装置既向水泵供水又向水箱供水，水箱注满时进水浮球阀自动关闭，此时市政给水压力得到充分利用，且市政给水管网压力也不会产生变化；当小区用水处于高峰时，水箱中的水通过射流装置与市政给水共同向水系供水，此时市政给水压力仅利用50%左右，且市政给水管网的压力变化很小。

3. 高层建筑给水系统分区技术

在城市化进程步伐不断加快的过程中，新建高层住宅小区不断增加，人们对供水质量的要求也越来越高。城市市政供水管网压力已不能满足所有用户的要求，调高市政供水管网压力会大大增加运行成本，同时高压区市政供水管网事故率及漏失率也会相应增高，所以应在每个不能满足水压要求的居住小区采取给水系统分区技术。

高层建筑给水系统分区是给排水设计人员必须面对的技术问题之一。《建筑给水排水设计规范》（GB 50015—2017）中要求："各分区最低卫生器具配水点处静水压力不宜大于45MPa，住宅入户管供水压力不应大于0.35MPa"；《住宅设计规范》（GB 50096—2016）要求："入户管的供水压力不应大于0.35MPa"；《民用建筑节水设计标准》（GB 50555—2010）中要求："各分区最低卫生器具配水点处的静水压不宜大于0.45MPa，且分区内低层部分应设减压设施保证各用水点处供水压力不大0.20MPa"。

在进行给水系统分区设计中，应严格按上述要求控制各用水点处的水压，在满足卫生器具给水配件额定流量要求的条件下，尽量选用较低值，以达到节水节能的目的。住宅入户管水表前的供水静压力不宜大于0.20MPa，对于水压大于0.30MPa的入户管，应设置可调试的减压阀。

三、绿色居住建筑的节水与水资源利用

节水与水资源是实现绿色建筑的关键指标之一。建筑节水和水资源利用，需要统筹考虑各种用水用途的具体情况，合理科学地使用水资源．减少水的浪费，将使用过的废水经过再生净化得以回用，通过减少用量、梯级用水、循环用水、雨水利用等措施提高水资源的综合利用效率。绿色居住建筑的节水与水资源主要包括分质供水系统、节水设备系统、中水回用系统、雨水利用系统等。

（一）分质供水系统

根据当地水资源的状况，因地制宜地制订节水规划方案。分质供水是指以自来水为原水，把自来水中生活用水和直接饮用水分开，另设管网，实现饮用水和生活用水分质、分流，满足优质优用、低质低用的要求。

按照优质优用、低质低用的原则。居住小区一般设置两套供水系统，即生活给水和消防给水系统，水源采用市政自来水。有条件的小区也可设置景观和绿化及道路冲洗给水系统，水源采用中水及收集、处理后的雨水。

（二）节水设备系统

节水设备为符合质量、安全和环保要求，提高用水效率，减少水使用量的机械设备和储存设备的统称。节水设备系统包括：变频调速技术及减压阀降压技术、建筑用节水卫生器具。

1. 变频调速技术及减压阀降压技术

居民小区加压供水系统，采用变频调速技术及在 6 层及 6 层以上建筑物需要调压的进户管上加装可调试减压阀，以控制卫生器具因超压出流而造成的水量浪费。根据研究结果表明，当配水点处静水压力大于 0.15MPa 时，水龙头流出的水量明显上升。高层分区给水系统最低卫生器具配水点处静水压力大于 0.15MPa 时，宜采取减压措施。

2. 建筑用节水卫生器具

实测结果表明，一套好设备能够对水资源节约产生非常大作用，选用的卫生器具节水性能直接影响着整个建筑节水效果。在选择节水型卫生器具时，要考虑价格因素和使用对象外，还要考察其节水性能优劣。大力推广使用节水型卫生器具是建筑节水一个重要方面。在选择节水卫生器具时，主要应注意以下几个方面。

（1）住宅建筑采用瓷芯节水龙头和充气水龙头代替普通水龙头。在水压相同的条件下，节水龙头比普通水龙头有更好的节水效果，节水量一般在 20% ~ 30% 之间。

（2）配套公共建筑采用延时自闭式水龙头和光电控制式水龙头。延时自闭式水龙头在出水一定时间后自动关闭，这样可避免长流水现象，出水时间也可在一定范围内进行调节。

（3）采用节水型淋浴喷头。通常用的淋浴喷头每分钟喷水 20L，而节水型喷头则每分钟只需要 9L 水左右，节约了一半水量。

（4）住宅建筑中宜采用容量为 6L 的水箱或两档冲洗水箱节水型坐便器。

（三）雨水利用系统

城市雨水利用是一种新型的多目标综合性技术，可以实现节水、水资源涵养与保护、控制城市水土流失和水涝、减少水污染和改善城市生态环境等目标。小区雨水利用主要有两种形式：屋面雨水利用系统、小区雨水综合利用系统。收集处理后的雨水水质，应符合国家现行标准《城市杂用水水质标准》（GB/T 18920—2016）的要求。

城市雨水利用系统的规划设计应注意以下要点。

1. 低成本增加雨水供给

合理规划地表与屋面雨水径流途径，最大限度降低地表的径流，采用多种渗透措施增加雨水的渗透量。合理设计小区的雨水排放设施，将原有的单纯排放改为排放与收集相结合的新型体系。

2. 选择简单实用自动化程度高的低成本雨水处理工艺

在一般情况下，雨水利用系统可采用如下工艺：小区雨水—初期径流弃流—储水池沉淀—粗过滤膜过滤—紫外线消毒—雨水清水池。

3. 提高雨水使用效率

采用循序的给水方式，即设有景观水池的小区其绿化及道路冲洗给水由景观水提供，消耗的景观水再由处理后的雨水供给。小区的绿化浇灌宜采用微灌、喷灌和滴灌等节水措施。

（四）中水回用系统

中水回用系统是指在建筑面积大于 $20000m^2$ 的居住小区设置中水回用站，对收集的生活污水进行深度处理，处理后的水质达到国家现行标准《城市杂用水水质标准》（GB/T 18920—2002）的要求。中水可作为小区绿化浇灌、道路冲洗、景观水体补水的备用水源。中水回用处理常用的方法有：生物处理法、物理化学处理法、膜分离技术、膜生物反应器技术等。

1. 中水处理工艺流程选择

对于中水处理流程选择的一般原则是：当以洗漱、沐浴或地面冲洗等优质杂排水为中水水源时，一般采用物理化学法为主的处理工艺即可满足回用的要求。当主要以厨房厕所冲洗水等生活污水为中水水源时，一般采用生化法为主或生化、物化相结合的处理工艺。

2. 中水处理规划设计要点

（1）中水处理工程设计，应根据可用原水的水质、水量和中水用途，进行水量平衡和技术经济分析，合理确定中水水源、系统形式、处理工艺和工程规模。

（2）建筑中水工程的设计，必须确保使用、维修安全，中水处理必须设置消毒设施，严禁中水进入生活饮用水系统。

（3）小区中水水源的选择要依据水量平衡和经济技术比较确定，并应优先选择水量充裕稳定、污染物浓度低、水质处理难度小、安全性好且居民易接受的中水水源。当采用雨水作为中水水源补充时，应有可靠的调贮量和超量溢流排放设施。

（4）在条件允许的情况下，小区中水处理站一般应按规划要求独立设置，处理构筑物宜为地下式或封闭式。

四、绿色居住建筑的节材与材料资源利用

为了贯彻执行节约资源和保护环境的国家技术经济政策，推进资源可

持续利用.规范绿色建筑的评价,我国颁布了《绿色建筑评价标准》(GB/T 50378—2014),该评价体系共有六类指标,其中节材与材料资源利用是绿色建筑设计中的一项重要指标。工程实践证明,建筑节材与材料资源利用可通过建筑结构、建筑材料、建筑技术、建筑施工、废弃材料再生循环利用、住宅产业化六个方面来实现。

(一)建筑结构系统

建筑结构是指在建筑物或构筑物中,由建筑材料做成用来承受各种荷载或者作用,以起骨架作用的空间受力体系。建筑结构因所用的建筑材料不同,可分为混凝土结构、砌体结构、钢结构、轻型钢结构、木结构和组合结构等。

住宅结构体系的选择必须符合地方经济发展水平和材料供应状况,选用的结构形式应有利于减轻建筑物或构筑物的自重,尽量构成较大的空间,便于进行灵活分隔布置。

(二)建筑材料系统

建筑材料是各类建筑装饰工程的物质基础,在一般情况下,材料费用占工程总投资的 60% 左右。建筑材料发展史证明,建筑材料的发展赋予建筑物以时代的特性和风格;建筑设计理论不断进步和施工技术革新,不但受到建筑材料发展的制约,同时也受到其发展的推动。工程实践充分证明,建筑材料的性能、规格、品种、质量等,不仅直接影响工程的质量、装饰效果、使用功能和使用寿命,而且直接关系到工程造价、人身健康、经济效益和社会效益。

(三)建筑技术系统

绿色住宅建筑的建筑技术系统,主要包括土建和装修设计一体化技术、工业化集成式装修技术。

1.土建和装修设计一体化技术

土建和装修设计一体化技术是指从规划设计、建筑设计、施工图设计等环节统筹考虑土建与装修的施工步骤和程序,坚持专业化设计和施工,可以避免"二次装修"不适用、不经济、不安全、不节材、不环保等弊端。

土建和装修设计一体化设计施工的前提,是要求建筑师进行土建和装修的一体化设计。土建设计方案确定后,装修设计单位就应提前介入,针对住宅套内的平面布置、设备及管线的位置,提出相应的装修设计方案,两个设计方案相互补充完善并进行调整。设计方案中重点解决土建、设备与装修的衔接问题,解决界面的联系,真正达到装修的标准化、模数化、通用化,为装修的工业化生产打下基础，改变土建、装修相互脱节的局面．使室内空间更加趋于合理。

土建和装修设计一体化设计与施工，可以事先统一进行建筑构件上的孔洞预留和装修面层固定件的预埋，这样可避免在装修施工阶段对已有建筑构件的打凿、穿孔，既保证了结构的安全性，又减少施工噪声和建筑垃圾；可以保证建筑师在建筑设计阶段，尽可能依据最终装修面层材料的尺寸调整建筑物的尺度，最大限度地保证装修面层材料使用整料，减少边角部分的材料浪费，实现节约材料、节省施工时间和减少能量消耗，并降低装修施工劳动强度。

2. 工业化集成式装修技术

工业化集成式装修技术是指装修部品工厂批量生产，成套供应，现场组装。减少现场手工作业，达到省时、省工、省材，保证质量的目的。

工业化集成式装修技术使居住建筑工程建设向工业化生产、装配化施工转变。在土建工程施工时，门窗、窗套、窗台板、壁橱门、窗柜，甚至整个厨房、卫生间部件均从工厂流水线上完成。每套卫浴产品中，除了坐便器、浴缸等设备外，底盘、墙板、天花板、灯具等一应俱全，在一般情况下，一天就可以完成一个 $5m^2$ 左右的卫生间装修工作。

采用工业化集成式装修，要做到材料（地面、墙面、顶棚、管线等）的集成和部品（厨房、卫生间、隔断隔墙、木制品等）的集成。

第二节　绿色办公建筑设计

绿色办公建筑是指在办公建筑的全寿命周期内，最大限度地节约资源（节能、节地、节水、节材）、保护环境和减少污染，为办公人员提供健康、适用和高效的使用空间，与自然和谐共生的办公建筑。随着我国绿色建筑评价标识制度的实施，行业内外基本达成共识，需对建筑进行分门别类的评价，首当其冲的建筑类型就是办公类建筑。其主要原因有以下几种。一是办公建筑作为公共建筑的重要组成部分，普遍属于高能耗建筑，且能耗水平差别大。调研数据显示，商业办公楼能耗强度差异非常大，每年能耗平均值为 $90.52kW \cdot h/（m^2 \cdot a）$，最高能耗约为最低能耗的 32 倍；大型政府办公建筑能耗平均值为 $79.61kW \cdot h/（m^2 \cdot a）$，最高能耗约为最低能耗的 10 倍。建立绿色办公建筑设计标准来规范我国办公建筑可以产生很好的节能减排效果。二是办公类建筑，尤其是大型政府办公建筑社会影响大，如政府办公楼追求大面积、高造价的前广场，豪华的玻璃幕墙，夸张的廊柱，对材料和土地资源浪费严重，对社会产生了较为严重的负面影响，这说明通过绿色办公建筑设计在规范办公类建筑，可到良好的示范带头作用。

一、绿色生态办公建筑的使用特点

研究推广办公建筑的绿色生态技术，应首先需要明确办公建筑的自身特点，在使用功能上具有什么具体要求，以便针对其特点做出相应的设计策略。办公建筑是除住宅建筑之外的另一大类建筑。人们要居住和满足生活的基本要求；要通过工作来谋生并实现自己的社会价值，要参与文化娱乐活动满足精神需求。生活和工作是人生两大重要内容，由此可见办公建筑是非常重要的。

在繁若星辰的民用建筑群体中，办公建筑以其端庄新颖的立面形象、自然朴实的建筑风格、实用经济的平面布局、素雅严谨的室内空间而耸立于建筑之林。虽然办公建筑有着共同的空间和平面特征，但根据使用性质、功能要求、投资渠道、建设规模和建筑高度的不同大致分为政府办公建筑、科研办公建筑、教育办公建筑、企业办公建筑、金融办公建筑、租赁办公建筑、公寓办公建筑和多功能办公建筑等几种类型。归纳起来，办公建筑有以下特点。

（一）空间的规律性

不管是小空间的办公模式，还是大空间的办公模式，其空间模式基本上都是由基本单元组成，基本单元重复排列，相互渗透相互交融，有机联系使工作交流通畅，总的来说，其空间要适于个人操作与团队协作。

（二）立面的统一性

空间的重复排列自然导致办公建筑立面造型上的单元重复及韵律感。办公空间对于自然光线和通风的高质量需求，使建筑立面必然会有大量有规律的外窗，其围护结构必然暴露于自然之中和自然亲密接触，而不是与自然隔绝。

（三）耗能大且集中

现代办公建筑的使用特征是使用人员相对比较密集、使用人群相对比较稳定、使用时间相对比较规律。这三种特征必然导致在"工作时间"中能耗较大。其内部能耗均发生在这个时间段，对周边环境的影响也集中体现在这一时间段。有关统计资料表明，办公建筑全年使用时间约为 200 ~ 250 天，每天工作时间为 8h，设备全年运行时间为 1600 ~ 2000h。

绿色生态办公建筑设计目前还没有现成的公式可以套用，更不能把生态当作插件插入建筑设计，亦不应把绿色当作一种标签。好的绿色生态办公建筑设计，需要设计师以现代绿色生态的理念，利用办公建筑的使用特点，有效地将生态环保融入设计之中。

二、绿色生态办公建筑的设计

（一）绿色生态办公建筑的设计理念

传统的办公高层建筑由于设计时缺乏较先进的绿色生态可持续发展的设计理念，导致建筑物大多呈现高能耗，高污染的公共办公环境，因此，现代大型办公高层建筑设计应具备以下设计理念。

1. 合理使用自然资源

办公建筑设计中运用自然资源体系的目的是为了最大限度地获取和利用自然采光和通风，创造一个健康、舒适的人工环境。阳光和空气始终是人类赖以生存的物质条件。但照明和空调人工技术的普及和发展，使得自然体系的运用受到忽视，同时也对建筑环境产生了负面的影响。人们如果长期处于人工环境中易出现"病态建筑综合征"及"建筑关联症"，如疲劳、头痛、全身不适、皮肤及黏膜干燥等。因此，在现代办公建筑中应注重自然采光和自然通风与高新技术手段的结合。自然通风可利用现代空气动力学原理，采用风压与热压及二者结合等多种途径实现；在自然采光方面，保证良好的光环境同时，为避免直射眩光和过量的辐射热，可采取多种创新方式。

2. 环境健康舒适

随着时代的发展和技术的进步，人们对生活和工作环境的品质要求也逐步提高，关注建筑功能的健康舒适性，以改善人们的生活工作环境，提高人们的生命质量成为建筑智能化的主要发展方向。高质量和高效率建筑环境的创造，始终应当是建筑创作的目标。当代建筑学、生态学及其他科学技术成果的综合，为建筑创作提供了新的设计思维。

健康舒适的环境概念是指：优良的空气质量，优良的温湿度环境，优良的光、视线环境，优良的声环境；应对的建筑设计方法：使用对人体健康无害的材料，减少 VOCs（挥发性有机化合物）的使用，对危害人体健康的有害辐射、电波、气体的有效抑制，充足的空调换气，对环境温湿度的自动控制，充足合理的桌面照度，防止建筑间的对视以及室内尴尬通视，建筑防噪声干扰，吸声材料的应用等。

3. 建筑自我调节设计理念

从建筑的"生命周期"来看，从决策过程→设计过程→建造过程→使用过程→拆除过程，表现出类似生命体那样的产生、生长、成熟和衰亡的过程。同所有生命体一样，建筑应当具备自我调节和组织能力以利于自身整体功能的完善。这种自调节一方面是指建筑具有调节自身采光、通风、温度和湿度等的能力，另一方面建筑又应具有自我净化能力尽量减少自身污染物的排放，包括污水、废气、噪声等。

（二）绿色生态办公建筑的设计要点

绿色生态办公建筑的设计要点可概括为：①减少能源、资源、材料的需求，将被动式设计融入建筑设计之中，尽可能利用可再生能源（如太阳能、风能、地热能），以减少对于传统能源的消耗，减少碳排放。②改善围护结构的热工性能，以创造相对可控的舒适室内环境，减少能量的损失。③合理巧妙地利用自然因素（如场地、朝向、风及雨水等），营造健康生态适宜的室内外环境。④采取各种有效技术措施，提高办公建筑的能源利用效率。⑤减少不可再生或不可循环资源和材料的消耗。

以上是绿色生态办公建筑的 5 个突出设计要点，设计要点往往能够成为激发设计的因素，而一些不利条件也能成为有利条件。根据绿色生态办公建筑的设计实践，在具体设计中应考虑以下方面。

1. 采光与遮阳塑造光环境

"朝八晚五"是典型的办公建筑上班族的习惯，这就说明办公建筑通常是在白天使用的，它是最应当充分利用自然光线采光的场所。自然采光设计是绿色办公建筑设计中非常重要的组成部分，因为自然采光不仅可以提高视觉舒适度，有益于人们的身心健康和办公效率，而且还能够节约照明能耗。采光过多，特别是我国南方炎热地区的夏季，容易造成室内过热，对人们的工作都有不利的影响，同时还会增加能耗；采光过少，虽然节省能耗，但不容易达到室内照度值。因此如何控制与防止采光不利的影响是建筑采光与遮挡设计应考虑的问题。

人工照明的减少显然意味着能耗的减少，设计时应充分采用自然光线，并利用智能化的手段实现人工照明和自然采光的互动。在必须采用人工照明时，不仅应避免照度不足，也要避免过度照明带来能源浪费。为满足不同工作对于照度的要求，办公空间比较有效且节能的人工照明方式是一般照明与局部照明相结合。另外，使用高效能的灯具和节能灯，也可以大大降低办公建筑中电费的开支。

为了降低空调能耗和办公室眩光，往往需要在建筑物的南向和东西向设置遮阳装置。但是，不恰当的遮阳设计反而会造成冬季采暖能耗和照明能耗的上升。因此，外窗遮阳方案的确定，应通过动态调整的方法，综合考虑照明能耗和空调能耗，最终得到最佳外遮阳方案。此外，在尽可能利用自然光的同时，办公空间的采光设计还需要注意防止眩光的产生。

2. 再生建筑材料利用

建筑材料是建筑业的物质基础，在国民经济中占有重要地位。建筑材料量大面广，在其生产与应用过程中都与人类的生活和工作息息相关，在它的寿命周期的各个环节中，从原料的开采、选择，到产品的制备、使用、废弃以及回收利用，无不显示出它们与资源、能源和环境有着密切而广泛的关系。因此，建筑材料很容易对人类的生存环境、健康安全造成损害和威胁。如果我们在发展建筑材料同时能坚持走可持续发展的道路，坚持再生材料的充足利用，建筑材料必将阔步迈向新时代，为人类创造健康、舒适、美观的生存与工作空间，为社会节约更多的资源和能源。

现行国家标准《绿色建筑评价标准》中明确要求，在保证性能的前提下，使用以废弃物为原料生产的建筑材料，其用量占同类建筑材料的比例不低于30%。对于公共建筑所用的建筑材料，可考虑采用的废弃物建筑材料，包括利用建筑废弃物再生骨料制作的混凝土砌块、水泥制品和配制再生混凝土；利用工业废弃物等原料制作的水泥、混凝土、墙体材料、保温材料等建筑材料。

办公建筑以简洁为宜，尽可能使用再生建筑材料，使用的材料应经久耐用、维护成本低、减少装修，甚至管道系统、管件和电缆等均可外露，便于检修。减少装修的另一个优点是可以减少空气的污染。为了营造一个良好环境的室内空间，同时还要较好的保护室外环境，在建筑内部不要使用任何施工用溶剂型化学品及含有其他有害物质的材料或产品。为了保证室内空气环境，应对现场达标性进行监测。现场监理人员应定期对材料进行检查，收集标签和产品数据表，并安排有关人员对其进行检查。

3. 绿色办公建筑的整体设计

实现绿色办公建筑要分三个层面：第一层面，在建筑的场址选择与规划阶段考虑节能，包括场地设计和建筑群总体布局，这　层面对于建筑节能的影响最大，它的方案决策会影响以后各个层面；第二层面，在建筑设计阶段考虑节能，包括通过单体建筑的朝向和体型选择、被动式自然资源利用等手段，减少建筑采暖、降温和采光等方面的能耗需求。这一阶段的决策失当最终会使建筑机械设备耗能成倍增加；第三层面，建筑外围护结构节能和机械设备本身节能。

　　值得注意的是公共建筑的生态设计不是建筑设计的附加物，不应将其割裂看待。目前普遍的一个误区是建筑设计完成后，再把生态设计作为一个组件安装上去。按照绿色建筑的设计要求，从建筑设计之初就应当考虑生态的因素，并以此作为出发点，衍生出一套适合当地气候特点的建筑设计方案。

　　4. 绿色办公建筑低碳三要素

　　绿色建筑的三要素，即保护环境减少污染，节约资源和能源，创造一个健康安全、适用和经济的活动空间，从产业链到生态链创造一个"天人合一"的环境，已渐渐得到人们的共识。绿色办公建筑低碳三要素，即减少建筑能源的需求、利用替代和可再生能源、降低灰色能源的消耗。

　　（1）减少建筑能源的需求。公共建筑的整个寿命周期，即建造、使用、拆除各个阶段都要消耗能源。建筑的经济效益主要通过建筑的建设成本、建筑整个寿命周期内的运用与维护成本、建筑寿命周期结束时拆除和材料处理成本，以及建筑设计功能增加的相对值进行评价。从设计初期就应将能源的概念引入，这样可以降低整个建筑寿命周期内的各项成本。

　　总的来讲，降低建筑能源需求最有效的方法是进行"被动式设计"。例如，根据太阳、风向和基地环境来调整建筑的朝向；最大限度地利用自然采光，以减少人工照明电能消耗；提高建筑的保温隔热性能，以减少冬季热损失和夏季多余的热；利用蓄热性能好的墙体或楼板，以获得建筑内部空间的热稳定性；夏季利用遮阳设施来控制太阳辐射，降低室内的温度；合理利用自然通风，来净化室内空气并降低建筑温度；利用具有热回收性能的机械通风装置。

　　（2）利用替代和可再生能源。太阳能可以用来产生热能和电能。太阳能光电板技术发展非常迅速，如今其成本已经大大降低，对于大力推广应用提供了良好条件。太阳能集热器是一种有效利用太阳能的途径，目前主要用来为用户提供热水。地热能也是一种不容忽视的能源，由于地表在一定深度后其温度相对恒定，且土壤的蓄热性能比较好，所以利用水或空气与土壤的热交换，既能够在冬季供热也可在夏季制冷，同时冬季供热时能够为夏季蓄冷，夏季制冷时又为冬季蓄热。此外，生物质燃料的利用能够替代传统的矿物燃料，可以降低二氧化碳的排放量。

　　（3）降低灰色能源的消耗。在制造和运输建筑材料的过程中会消耗大量能源，在建筑物建造的过程中也同样消耗大量能源，将以上所消耗的能源称之为"灰色能源"，这类能源比起建筑中使用的供热制冷能源来讲是隐性的消耗。当显性能源消耗降低时，隐性能源的消耗比例自然升高。

　　灰色能源消耗占有相当的比重，所以要想真正地实现可持续发展，就不能

忽视灰色能源的消耗。在一些生态建筑的整个寿命周期，它的灰色能源消耗近乎占总能耗的 50%。所以，尽量使用当地建筑材料，减少运输过程中的能源消耗，施工中减少对建筑材料的浪费，从而可减少灰色能源的消耗以及温室气体的排放。

第三节 绿色体育建筑设计

建筑本身就是对文化的一种阐释，而绿色文化教育建筑最能反映一个城市的文化素养、风貌和品位，也与城市文化发展的历程休戚相关。

一、文化教育建筑概述

文化是指生物在其发展过程中逐步积累起来的跟自身生活相关的知识或经验，是其适应自然或周围环境的体现，是其认识自身与其他生物的体现。不同的人对"文化"有不同的定义，广义上的文化包括文字、语言、建筑、饮食、工具、技能、知识、习俗、艺术等。

（一）文化教育建筑的发展

文化在汉语中实际是"人文教化"的简称。前提是有"人"才有文化，意即文化是讨论人类社会的专属语；"文"是基础和工具，包括语言和 / 或文字；"教化"是这个词的真正重心所在：作为名词的"教化"是人群精神活动和物质活动的共同规范，作为动词的"教化"是共同规范产生、传承、传播及得到认同的过程和手段。

文化教育类建筑的历史几乎和人类文明史一样悠久，在古埃及人和苏东美人的神庙和宫殿中，就存放了各种文字记录的泥板或莎草纸，这就是图书馆的前身。在古希腊各种类型的文化教育建筑几乎全部出现，如剧场、博物馆、图书馆、讲堂，等等。

文化教育建筑是大型公共建筑中的一种，在古代科学技术水平比较落后的情况下，很少有主动式设备调节室内的气候，要解决结构、采光、保温、通风等诸多问题难度很大，只有财力人力雄厚的达官贵族才有实力建造这样的建筑。今天，文化教育建筑的发展水平已经成为衡量个城市或地区发达程度的重要因素，如澳大利亚悉尼歌剧院、法国罗浮宫博物馆、北京国家大剧院等，这些文化建筑都已成为所在城市的标志性建筑。

从总量上来说，文化教育建筑相对居住、办公和商业建筑要少得多，相应的占地、耗能、污染排放也小得多，但是不能忽视文化教育建筑的社会意义。居住建筑的使用者是特定的目标人群，而文化教育建筑的使用者十分广泛，有时很可能牵涉各类人员，因此具有极强的示范效应。这些建筑不仅满足各自的功能，还扮演着教育民众的角色。这些建筑可以对民众接受绿色低碳理念起到潜移默化的效果，这是普通的大量民用建筑所不能代替的。

（二）文化教育建筑的特点

文化教育建筑又可分为文化类建筑和教育类建筑。文化类建筑是供人欣赏各种艺术作品或表演的建筑，主要包括博览建筑和观演建筑。博览建筑包括美术馆、博物馆、各类主题的展馆，观演建筑包括歌剧院、舞剧院、戏院、电影院等。教育类建筑则是进行教育活动的建筑，如图书馆、教学楼、讲堂等。

普通民用建筑的绿色设计手法，如减小建筑体形系数、利用建筑朝向加强自然采光和通风、设置建筑外遮阳、采用新型保温墙体门窗和空调设备等，对于文化教育建筑同样适用。文化教育机构中非教学功能的建筑，可以划归各自对应的建筑类型，如学校的宿舍属于居住类建筑，行政楼则属于办公类建筑，其绿色设计参见相应章节的内容。

特定的文化教育建筑又具有诸多的自身特点，并对建筑的空间、功能都有相应的特殊要求，因此在设计中需要针对这些特点采用相应的绿色设计对策。首先大多数文化教育建筑都具有空间大、人流量多的特点，尤其是在某些高峰时段，例如教学楼课间休息、影剧院散场、的主题展览等，瞬时的人流量极大。较高的人流量疏散要求使得这类建筑不宜向高空发展，只能通过增大占地面积实现疏散的要求。同时大量的人流量也需要较大的交通面积，从而会造成较高的能耗。应在充分利用有限土地资源的同时，尽量通过自然手段，节约人工照明和空调的使用。

文化教育建筑的另一个特点是建筑功能往往会对光照有较特殊的要求。博物馆和美术馆的展厅需要避免直射光，以避免眩光影响观看的效果；教室需要充足的照度，同时又要避免黑板的眩光；剧场由于剧情的变化，需要迅速改变不同效果的光环境；图书馆的阅览区需要充足的照明，而储藏书籍的区域又要避免直射光线损害图书。如果较多依赖人工照明解决光线问题，必然造成能耗的增加。文化教育建筑除了上述共同特点外，不同类型的文化教育建筑又有各自独特的设计要求。

1. 博览建筑的特点

博览建筑主要包括博物馆、美术馆等，除了有较高的光环境要求外，对室内温度、湿度也有较高的要求，以便较好的保护展品。根据展览对象的不同，还会对展品的储运有特殊的空间要求，如古生物博物馆需要高空间，航空博物馆需要大跨度空间，遗址博物馆需要满足本体保护环境的空间等。同时，博览建筑通常需要一定的室外展览区域，这对于场地设计提出了较高的要求。

2. 观演建筑的特点

观演建筑主要包括歌剧院、舞剧院、戏剧院、影剧院、音乐厅和会堂，等等。这类建筑厅堂空间大，人员比较集中，由于特殊的功能要求，室内环境更多依靠人工照明和机械通风，大量人员集中在一个大空间内，再加上演出项目的要求，对室内热环境和声环境都提出了较高的要求。

3. 图书馆建筑的特点

在图书馆建筑中，书籍的阅读和存放对光线的要求有很大不同。图书的阅览需要充足的光照，同时书籍的保护又要求尽量避免阳光照射，不同的要求使得图书馆的采光和遮阳设计相对复杂。书库的温湿度调节是另一个需要重点考虑的问题，和美术藏品类似，书库需要有良好的防潮、防火、防虫、防霉条件，以满足长期保存大量纸质书籍的要求。

4. 教育建筑的特点

教育建筑是服务于教学功能的建筑，主要包括大、中、小学校的教学楼和实验楼、托儿所、幼儿园，等等。由于学生观看黑板和屏幕的需要，教室甚至比图书馆的采光要求更高。此外，学生课间活动和疏散需要占据较多的交通空间，这些空间总的使用时间较短，但使用次数频繁，采用人工方式调节物理环境的效率会很低，该空间的设计将直接影响到建筑的舒适度和能耗。

二、绿色建筑设计的四个层次

任何建筑形式的产生和发展都是社会经济发展过程的物化表现，无不存在时代的烙印并反映时代特征，而一定时期社会经济、政治、思想等的综合作用又影响着建筑设计思想。通常建筑工程设计从规划到施工图设计，一般可分为四个层次：建筑总体布局、建筑空间组织、建筑具体设计和具体材料设备，而绿色建筑则需要考虑节能、节地、节水、节材和环保等几方面的内容。综合来说，在设计的不同层次要重点考虑的问题也有所不同。表 5-1 中显示了各个层次建筑设计面临的主要生态性要求。

表 5-1　各个层次建筑设计面临的主要生态性要求

项目	节能	节地	节水	节材	环保	项目	节能	节地	节水	节材	环保
总体布局	√	√			√	具体设计	√		√	√	
空间组织	√	√				材料设备	√		√	√	√

（一）空间组织

文化教育建筑的功能相对于居住建筑和办公建筑复杂得多，复杂的功能需要多样化的空间形态，按照绿色建筑设计的要求，组织这些空间的重要性不言而喻。建筑空间组织主要包括功能配置和交通流线组织。功能配置主要是解决功能在空间中的分布问题，从节能与生态的角度来看，不同的空间分布会产生不同的后果。功能—空间—人流量—能耗这四者之间具有正相关性，从结构的合理性角度，小空间设置在建筑的下部，大空间设置在建筑上层比较好，但从节能的角度来看，大空间设置在靠近地面人口区域更合理，解决好这一矛盾是功能配置的一个重要问题。

建筑内的不同功能需要通过交通流线串联成一个完整系统，合理的交通流线可以提高建筑的使用效率，进而也可以减少建筑的能耗。在满足功能要求的基础上，原则上应尽量减少纯粹交通功能的面积，例如将主要房间的人口尽量设在短边、适当增加建筑进深减少面宽、结合公共空间设置交通空间等。现代文化教育建筑又往往处于城市基础设施系统之中，因此不仅需要建筑自身形成比较完整的交通流线，而且还考虑建筑与外部环境交通系统的整合，如直接将地铁人流引入建筑地下空间，将人行天桥人流引入建筑二层空间，将建筑屋顶平台与城市广场整合，等等。

（二）总体布局

文化教育建筑不同于居住建筑，对建筑的朝向和日照的要求、体形系数控制等方面可以相对自由。在通常情况下，文化教育建筑的总体布局需要重点关注两个问题：一是建筑对于土地的利用效率；二是建筑形体的设计。建筑占地面积越小，绿地面积则越大，对环境的损害越小。由于文化教育建筑很难向高空发展，因此要提高土地利用率，可充分利用地下空间，这样不仅可以减少用地，而且还可以降低能耗。但是，这种布局也会带来一些问题，如地下室通常采光通风条件不佳，容易造成阴暗潮湿的室内环境，而解决这些技术问题往往需要增加投资，加大建筑的运行费用，这是制约文化教育建筑向地下发展的主要因素。

文化教育建筑体形设计的方式，关系到建筑的能耗和通风。集中式的布置方式通过减少散热面积，可降低冬季采暖的能耗，适用北方寒冷气候区域，而南方湿热气候下的建筑，则以分散式布局为宜，通过加强自然通风散热。位于夏热冬冷地区的建筑，既不宜过分分散造成冬季能耗过大，又要考虑建筑外墙有足够的可开启面积夏季通风散热，尤其是对夏季盛行风的利用，对于低层和多层建筑而言，风压通风的效果远好于热压通风的效果，因此采用面向夏季盛行风向的板式形体的建筑自然通风效果优于采用内中庭的集中式形体。

（三）具体建筑设计

绿色建筑是可持续发展理论具体化的新思潮的新方法。所谓"绿色建筑"是指规划、设计时充分考虑并利用了环境因素，施工过程中对环境的影响最低，运行阶段能为人们提供健康、舒适、低耗、无公害空间，拆除后能回收并重复使用资源，并对环境危害降到最低的建筑。建筑空间布局确定后，还要通过建筑设计加以具体化，建筑设计几乎对绿色建筑的各个方面都有直接影响，其中以节能、节水和节材的关系最为密切。

文化教育建筑作为大型的公共建筑，建筑设计不同于住宅和办公楼，往往倾向于个性化的形式设计，这些个性化的设计需要遵循特定的策略，以实现生态环保的要求。表 5-2 中列举列了常用绿色文化教育建筑设计策略的生态功效。

表 5-2　常用绿色文化教育建筑设计策略的生态功效

项目	节能	节地	节水	节材	环保
减少建筑外表皮不必要的凹凸	√			√	
可按具体功能灵活划分的通用空间		√		√	
充分利用浅层地热资源的设计	√				√
有利于雨水回用的设计			√	√	√
有利于可再生能源利用的设计	√				√

（四）具体材料设备

建筑材料是构成建筑工程结构物的各种材料之总称。建筑材料是建筑事业不可缺少的物质基础。建筑工程关系到非常广泛的人类活动的领域，涉及生活、生产、医疗、宗教等诸多方面。而所有建筑物或构筑物都是由建筑材料构成，建筑材料的数量、质量、品种、规格、性能、经济性以及纹理、色彩等，都在很大程度上直接影响甚至决定着建筑物的结构形式、功能、适用性、坚固性、耐久性、经济性和艺术性，并在一定程度上影响着建筑材料的运输、存放及使用方式和施工方法。

建筑设计的实现需要具体的物质载体，而材料设备就是这一载体。随着现代科学技术的发展，涌现出大量的新型建筑材料和设备。文化教育建筑在选择材料和设备过程中，需要遵循以下原则。

（1）尽量选择当地的建筑材料和产品。在建筑工程造价中，材料费所占比例很大，约占总造价的 50% ～ 60%。建筑材料的经济性直接影响着建筑物的造价，正确选用建筑材料，对于降低工程造价具有重要的实际意义。因此，在条件允许的情况下，尽量选择当地的建筑材料和产品，这类材料可以节省运费和减少运输造成的浪费，能更好地适应本地的气候条件，用低廉的成本实现较好的性能，同时还可以减少浪费和污染。

（2）尽量选择可回收再利用的材料和设备。可回收再利用属于回收利用概念，包括将使用过的材料转变成新的产品，以防止浪费潜在的可用的材料，降低全新原材料的消耗，降低能源的使用，通过降低传统的垃圾堆来降低空气污染和水质污染，以及比传统生产更低的温室气体排放量。

规模越大的建筑对材料和设备的需求量越大，而且由于这些建筑所具有的独特性，经常大量采用定制的材料和专用设备，如果这些非标准的材料设备难以在建筑拆除后重复利用将会造成巨大的浪费，并对环境造成严重的威胁。从绿色建筑设计的角度出发，应尽量选择可重复利用的材料和设备。例如混凝土结构虽然成本低廉，但无法重复利用，而钢结构构件虽然造价比较高，但在建筑拆除后可重新作为炼钢原料，更适合于绿色建筑。

（3）尽量选择建筑全寿命运行成本较低的材料和设备。作为一种现代工业产品，建筑的寿命相对比较长，一般在 50 ～ 100 年，除非由于人为的原因需要提前拆除。测试结果表明，建筑在运行过程中的能耗远大于材料和设备生产的能耗，因此应尽量选择性能优良、质量可靠、运行成本较低的材料和设备。优质材料虽然生产的成本和损耗高于廉价材料，但运行比较稳定，能量损耗更低，总体来说更利于节能环保。例如采用断热处理的铝合金型材，比普通铝合金型材加工复杂许多，但其节能效果明显，绿色文化教育建筑更应优先考虑采用。

（4）尽量选择经过实践检验可靠的材料和设备。随着科学技术的快速发展，各种新型的材料和设备层出不穷。这些材料和设备未经过工程实践检验，所以并不是所有的最新就等于最好，很多新技术、新材料、新设备出现时间较短，尚未经过较长时间的实际考验。而建筑寿命又远长于普通工业产品，如果不加选择地采用所谓的新科技，很可能在较短时间内就暴露出质量问题，这时再维修或更新的难度和代价都很大。

三、文化教育建筑的总体布局策略

建筑总体布局策略是指从更加全面的角度，对功能、使用、适用、美观等进行通盘考虑建筑的整体效果。文化教育建筑的总体布局是根据设计任务书和城市规划的要求，对建筑布局、竖向、道路、绿化、管线和环境保护等进行综合考虑。文化教育建筑的总体布局策略，主要包括建筑场地分析和建筑具体布局。

（一）建筑场地分析

建筑场地对于拟建建筑物的影响，一方面表现为空间界面的限定，另一方面也表现为物理环境的限定。这些物理环境主要包括地形、地貌、地质、气候、水文、植被；还有声环境、空气、电磁等环境要素。在进行文化教育建筑设计之初，需要对场地进行实地勘察和分析，以便初步确定适合建设拟建建筑的区域及容量分布。

在建筑物设计过程的早期阶段，建筑物建造场地的地形、地貌、植被、气候、植被等条件都是影响设计决策的重要因素。从提高人的舒适程度和保护能源和资源的角度出发，拟建建筑物应该保持所在地域的本土特征，使房屋建筑的形式及布置与周围的地形相匹配，并同时考虑当地日照、风向和水流流向等因素的影响。场地分析是指研究影响建筑物定位的主要因素确定建筑物的空间方位，确定建筑物的外观，建立建筑物与周围景观的联系的过程。

建筑场地分析的程序包括：①确定场地的合法用地范围；②确认建筑物的缩进距离和已有的土地使用权；③分析地形和地质条件，确定适于施工和户外活动区域的位置；④标出可能不适于建设房屋的陡坡和缓坡；⑤定出可作为排水区域的土地范围；⑥绘制现有排水结构示意图；⑦确定应予以保留的现存树木和自然植物的位置；⑧绘制现有水文图；⑨绘制气象图；⑩确定通往公共道路和公共交通停车站的可能的路。

（二）建筑具体布局

在初步确定适宜建设场地及容量后，就可进行进一步的建筑布局。文化教育建筑的平面布置有两种基本形状，一种是进深长度受采光因素限制的长条形另一种是进深长度不受采光因素限制的团块形。

长条形平面布局适应于单位面积要求不大而数量相当较多的功能组合，如教室、阅览室、展廊等，进深方向一般保持在 10～20m 的范围，面宽方向可自由延长，通常在长度达到一定程度后进行弯折，形成 L 形、口字形、工字形等平面形式，以便提高交通效率。团块形平面布局适应于空间要求较大的功能，如会堂、展厅等。由于这类建筑的进深较大，所以其自然采光和通风能力都较差，需要人工照明和机械设备实现通风换气。

采用长条形平面布局模式，可以更充分的利用自然采光和通风，对于建筑面积在 $500m^2$ 以下的建筑，应尽量选用这种平面布局模式。但这种布局模式需要有充足的场地支持，在现实中城市用地往往没有这么充裕的场地，而且建筑面积超过 $500m^2$ 的单个空间也时常出现，因此团块状平面布局模式反而更为常见。当采取团块形平面布局模式时，为了加强自然采光和通风，可以在剖面上利用不同空间高度的差异形成的高差设置外窗。

四、文化教育建筑常用设计手法

建筑设计的手法涵盖着多方面的内容，它与文学、绘画及雕塑方面艺术有着截然不同的艺术内涵，如建筑形象所具有的气质，建筑形象的构图方法与视觉效果，以及通过一定的设计手法达到建筑形态的和谐与稳定性等多方面的内涵。建筑一种文化的象征来讲，建筑设计也就等同于建筑的创造性思维，而对于建筑的创作而言，手法具有重要的作用与内涵，手法能够贯穿建筑设计的构思首到细部处理，这整个的过程都有手法参与其中。

（一）文化教育建筑覆土

面对当今正在迅速恶化和衰减的生态环境，人类社会的飞速发展对生态环境的影响之下，人们对于这种已经不是全新概念的覆土建筑进行了重新认识。认为大力发展和利用地下空间是解决城市问题的最有效途径；并在实践的基础上提出地下空间规划的思路和原则。

覆土建筑的存在由来已久，但多是特定气候、特定地理条件的产物，如我国西北地区大量存在的窑洞。覆土建筑由于埋藏于地下，冬暖夏凉，热舒适性好，同时地表面仍然有绿色植被覆盖，可以将建筑对环境的负面影响降到最小，同时提供大面积的室外活场所。近年来，随着环境的不断恶化，绿色建筑开始引起重视，覆土建筑在历史上就是作为一种有效的抵御恶劣气候的建筑形式，引起了建筑师的关注。覆土建筑在文化教育建筑中得到了发展，覆土建筑以低能耗、节约地面空间、良好的室内气候稳定性等优势，已逐渐得到人们的认可。

古纳尔·比克兹设计的美国密歇根大学法学院图书馆扩建工程，就是完全采用覆土技术的典型案例。原来的图书馆是模仿伦敦法学院的哥特式建筑，占据了一整个街区，只在东南角处有少量可建设场地，常规地面做法难以满足新增功能的要求。为使新建筑不与老建筑发生冲突，并且保留该地区珍贵的绿地景观，建筑师将所有的扩建部分完全布置在地下，地上没有任何突出地面的建筑，只有一组巨大的 V 形窗井暗示着地下建筑的存在。该 V 形窗井一面是镜子，一面是玻璃，通过反光镜引入自然光线和室外景观，使地下空间的使用者拥有和地面建筑类似的感受。

覆土建筑虽然在节能、节地等方面具有很大的优势，但是存在造价较高、工程复杂、施工困难等缺点，尤其是建筑的防潮、防水、采光、交通、通风等方面都比地面建筑复杂，如果这些问题解决不好，不但不能发挥出覆土建筑的优势，甚至还会对建筑的使用带来更多的问题。根据国内外的设计经验，在一般情况下，相对于全地下的覆土建筑，在山坡地的半地下建筑更为常见。由于覆土建筑需要埋入潮湿的地下，因此通风问题尤为重要，与覆土建筑相配的往往会采用天窗、天井和中庭的设计手法，以解决建筑的通风问题。

（二）文化教育建筑墙体

墙体是建筑物的重要组成部分，它的作用是承重、围护或分隔空间。文化教育建筑中的展品、图书等的储藏都需要较为严格的室内环境，采用机械通风和空调设施常常是必需的，但完全依赖机械通风和空调，不但所用能耗比较大、维护费用比较高，而且由于某种原因设备停止工作将对藏品造成较大损害。

为了减少对机械设备的依赖，提高围护结构的热惰性可以提高建筑室内的热稳定性。热惰性指标 $D = R \cdot S$，式中 R 为热阻值，与材料的厚度和导热系数有关。材料的厚度越大，其导热系数越小，热阻值 R 越大。S 为材料的蓄热系数，通常容重越大越密实的材料蓄热系数越大，如钢筋混凝土、砂浆等，而保温材料的蓄热系数比较低，因此虽然保温材料的热阻值高，但热惰性指标并不高，而重质混凝土、砖甚至夯土墙体的热惰性较高，可以提高室内空间的热稳定性，同时也可以提高建筑的隔声性能，这对于观演建筑具有重要意义。

许多历史建筑墙体都设计得相当厚重，这些历史建筑虽然已经陈旧，但是热工性能却仍然非常优秀。因此在这些旧建筑改造再利用的项目中，往往会保留建筑的外围结构，而只对内部空间进行重新设计。瑞士建筑师赫佐格和德穆隆设计的德国杜伊斯堡库珀斯穆当代艺术馆就是由这样一座老工业建筑改造而成，建筑师完整保留了原有建筑厚重的外墙体，只是通过拆除内部的部分楼板和墙体达到大空间的使用要求，这些厚重的砖墙很好地实现了文化馆建筑的热工要求。

工程实践证明，采用重质墙体的建筑，显然不如框架结构的室内布置灵活，因此不适用于经常需要变化室内空间分割的建筑。即便是固定室内空间划分的建筑，采用固定厚重墙体也是对设计人员的考验。只有建筑师与各工种的技术人员通力合作协调一致，才能实现建筑的结构、空间的限度、各种设备管线布置的高度统一。

（三）文化教育建筑天窗

现代文化教育建筑的发展趋势，在屋顶造型设计方面，已越来越受到建筑师的重视，被称为文化教育建筑的第五立面。各种造型别致的屋顶形式和结合建筑功能设计的屋顶采光天窗，不但使城市风貌焕然一新，同时也丰富了建筑室内空间造型。在建筑中天窗应用由来已久。在文化教育建筑顶部设置采光天窗，可以起到改善和创造屋顶空间的作用，通过不同形式屋顶采光天窗的设置，可以解决室内空间的采光、通风的问题，以及发生火灾后起到及时排烟的作用，也为创造丰富的建筑立面造型起到较好的效果。

文化教育中的博览建筑对于采光往往有着相对严格的要求，为了避免出现眩光，博物馆和美术馆通常不宜采用普通建筑的侧面采光，而天窗在此类建筑中则较为常见。如果建筑采用覆土方式，天窗的重要性更加突出。

文化教育建筑采用天窗的成功工程实例很多。西班牙建筑师拉斐尔·莫尼欧是博物馆设计大师，同时也是运用自然光的大师。他设计的斯德尔摩现代艺术与建筑博物馆，采用了多达56个采光天窗。这些天窗引入的光线经漫反射形成了近乎完美的室内光环境，将博物馆的眩光控制在最低程度。美国建筑师约瑟夫·保罗·克莱修斯设计的芝加哥当代艺术博物馆扩建工程，除了采用单元式的方形天窗，还在主展厅设计了4组人字形剖面的条形天窗，通过这4组条形天窗将光线均匀投射在展厅天棚上，形成良好的室内光环境。工程实践证明，天窗具有采光效率高、可有效避免眩光等优点，但是在高纬度地区，由于冬季的太阳高度角较低，为了进一步提高天窗的采光效率，可以通过设置光线反射板，进一步提高天窗的采光性能。虽然天窗非常适合博物馆和图书馆等建筑的采用，但同时也要注意它的局限性，如天窗只能对建筑顶层采光，不便于进行清洗，开关时很不方便，夏季热辐射较大等。解决以上问题相应的对策是：将天窗设置在共享空间以扩大其采光区域；将玻璃做成带一定的倾角，以便利用雨水自然冲刷掉存留的灰尘；将天窗设计成电动式自动关闭结构；增加天窗的外遮阳设计等。

（四）文化教育建筑天井

天井是指四面有房屋、三面有房屋另一面有围墙或两面有房屋另两面有围墙时中间的空地。文化教育、公共办公、商业建筑及四合院风格的建筑群落，以天井作为设计手段的现象更为常见，在这些建筑中设天井，并不是浪费空间，而是将共享空间、休息空间、交通空间与环境景观及视觉趣味中心的结合，是一种有利的设计手法。

当风在天井上吹过时，气压较低，而天井下的静止空气气压较高，由此产生的气压梯度全带动产生空气流动。如果天井一侧的窗户或者门打井，空气就会流动到天井内，并将热空气带出建筑，达到改善室内空气质量的目的，因此天井也是我国南方地区传统民居的重要设计手段。尤其是对于覆土建筑而言，天井的重要性更高。

工程实践证明，天井除了带动空气流动形成自然通风外，还可以提高建筑的自然采光效率。天井采光不同于天窗的顶面采光，天井仍然是通过侧窗采光，不仅不存在天窗存在的诸多难题，同时又能避免普通侧窗采光的眩光。由于天井的设置会增加建筑的体形系数，增大建筑的散热面，因此在北方寒冷地区使用较少，比较适用于南方湿热气候地区。

由于天井是四面围合的内院，因此要特别注意解决好排水问题。如果天井的地面同时又是下层建筑的屋顶，并且天井还需要承载人群，要保证室内外在同一水平面，同时要保持良好的排水，需要进行特殊的竖向设计。排水，需要进行特殊的竖向设计。

第四节　绿色医院建筑设计

社会的快速发展带来生态和人文环境的破坏，导致危害人类健康、引发疾病，同时促进了医院建设规模的不断扩大，绿色医院建筑正是在能源与环境危机和新医疗需求的双重作用下诞生的。我国现行行业标准《绿色医院建筑评价标准》（CSUS/GBC　2—2011）中定义，绿色医院建筑是指在建筑的全寿命周期内，最大限度地节约资源（节能、节地、节水、节材）、保护环境和减少污染，提供健康、适用和高效的使用空间，并与自然和谐共生的医院建筑。《绿色医院建筑评价标准》，从规划、建筑本体设计、设备系统、医院环境四方面反映绿色医院设计的侧重点所在。

医院是维系人类健康、延续人类生命的场所，医院特殊的服务救治功能对环境健康有更高的要求，而功能的特殊性又增加了医院系统与环境的复杂关联。而且随着时代的发展，医院的相关系统因素还在不断地扩大、演化来越复杂，经济体制改革、医学模式的发展以及技术革命等，都深刻地影响着医院建筑的功能和形态构成。目前，医院建筑已经成了民用建筑中最复杂的一种建筑类型，它融入了医学科学、建筑科学、人文科学、生物医学工程、卫生工程、医院管理、工程管理等多个学科领域的内容，是一门综合的系统工程。

一、绿色医院建筑的概述

绿色医院的概念在最近几年才开始在我国流行开来的。国内学者在1997年就医院的发展方向提出了"绿色医院"的说法，但那主要是就医院建成之后与人的关系上进行的讨论，没有涉及医院建筑在其整个寿命周期内对环境的影响。随着人们对绿色建筑认识水平的不断加深，对绿色医院也有了更加立体更加深刻的认识。

（一）绿色医院建筑的基本内涵

"绿色医院"是一个整体的概念，它既涵盖了绿色建筑、绿色医疗、绿色管理，也包括了整个医院规划、设计、建造过程和医疗技术手段、医患关系及医院管理等诸多软环境的建设问题，跨越了医院全生命周期。绿色医院建筑是绿色医院的重要组成部分，是建设"绿色医院"的初始点和切入点，是绿色医院运行的基础和保障。

国内外绿色医院建设的实践证明，绿色医院建筑是一个发展的概念，其内涵涉及绿色建筑思想与医院建筑设计的具体实践，其内容十分广泛而复杂。医院建筑不同其他类型的建筑，这是功能要求复杂、技术要求较高的建筑类型，特别是绿色医院建筑的内涵具有复杂与多义的特征，只有全面正确地理解其内涵，才能在医院建设中贯彻绿色理念，使其具有可持续发展的生命力。绿色医院建筑的基本内涵主要包括以下几个方面。

（1）对资源和能源的科学保护与利用，关注资源、节约能源的绿色思想，要求医院建筑不再局限于建筑的区域和单体，更要有利于全球生态环境的改善。医院建筑物在全寿命周期中应当最低限度地占有和消耗地球资源，最高效率地使用能源，最低限度地产生废弃物，最少排放有害环境的物质。

（2）要对自然环境尊重和融合，创造良好的室内外空间环境，提高室内外空间的环境质量。营造更接近自然的空间环境，运用阳光、清新空气、绿色植物等元素，使之成为与自然共生、融入人居生态系统的健康医疗环境，满足人类医疗功能需求、心理需求的建筑物。

（3）医院建筑本体具有较强的生命力，包括使用功能的适应性与建筑空间的可变性，以适应现代医疗技术的更新和生命需求的变化，在较长的演进历程中可持续发展。新时期的绿色医院建筑要求，不仅能够维持短期的健康，还应能够满足其长远的发展，为医院建筑注入动态健康的理念。

（二）绿色医院建筑的设计层次

现代化绿色建筑的设计，一般从建筑全寿命周期出发，考虑建筑对环境的影响。一个设计合理的绿色医院，可以从以下三个层次进行分析。

（1）保护医院接触人员的健康。医院的室内空气对医院的患者、医务人员、探视者和访客等都有着重要的影响。良好的医院环境可以帮助患者更快地恢复，减少住院的时间，减轻患者的负担，也可以提高医院病床的使用次数，增加医院接待能力。另外良好的医院环境还可以提高医务人员的工作效率。

（2）保护周围社区的健康。相比普通的居住建筑，医院建筑对环境的影响更大。主要体现在医院的单位能耗水平更好，此外，在医疗过程中产生的医疗废弃物都是有毒的化学制品，这些化合物对周围社区的健康有着巨大的影响。

（3）保护全球环境和自然资源。在全球化的今天，建在上海一个弄堂里的房子所需的材料可能有来自意大利的石材也可能有来自英国的涂料。建筑似乎也越来越全球化，失去了往日的那种地方特色和民族色彩。这对经济的全球化是一个不错的消息，意味着中国的大量廉价的材料可以走向发达国家的市场，只是中国不得不承受着环境破坏的巨大疼痛。所以环保主义者站在全球环保事业的角度，更愿意建筑的业主就近采用合适的建材。

二、绿色医院建筑的设计原则与理念

绿色建筑是人类对自身所处的环境存在的危机做出的积极反应，绿色建筑体现了建筑、自然和人的高层次的协调。在医院建筑的设计和施工过程中，把新时期蓬勃发展的绿色思想与关注健康的医院建筑相结合，提出医院建筑绿色化的概念，这是医院建筑与环境发展的共同要求，代表了医院建筑的未来发展方向。

由于我国建筑业发展落后，医院建筑设计方面的专门研究起步较晚，底子薄，理论散，加之目前我国仍然缺乏从事医院建筑研究和创作的专门机构，致使许多医院建筑设计存在着盲目性，科技含量低，新的医院规划设计或多或少地停留在较为落后的观念上，或是盲目照搬照抄国外已有的、甚至是过时的建筑模式，而针对我国具体情况的研究却比较少，暴露出了不少问题。我国医院建筑绿色化正处于发展繁荣期的历史阶段，如何结合对现阶段我国医院建筑绿色化影响因素的分析，预测我国医院建筑绿色化的发展，提出我国医院建筑绿色化的设计理念和设计原则，这是绿色医院建筑设计和建造者的一项重要任务。

（一）绿色医院建筑的自然原则

绿色医院建筑应当是规模合理、运作高效、可持续发展的建筑。尊重环境，关注生态，与自然协调共存是其设计的基本点，绿色医院建筑要与建筑所在地区的自然条件和生态环境相协调，将人和建筑都看成自然环境的一部分。人类对待自然环境的态度变破坏为尊重，变掠夺为珍惜，变对立为共存，只有这样才能实现绿色医院建筑的可持续发展。绿色医院建筑的自然原则主要体现在以下3个方面。

（1）利用自然资源。随着我国经济社会的持续快速发展，能源严重紧缺、资源供应不足、环境压力加大，已经成为全面建设小康社会、加快推进社会主义和谐社会建设的重要制约因素。合理利用自然，是指改变过去掠夺式开发和利用的方式，在不破坏自然的前提下适度地利用自然因素，为建筑创造良好的环境。充分利用太阳能、水资源、地热能、潮汐能、风能等再生能源为建筑服务，科学地进行绿化种植及利用其他无害的自然资源。

（2）消除自然危害。随着科学技术的发展，人类已经有了一定抵御自然灾害的能力。但是，到目前为止，人们还不能有效地预防自然灾害的发生。因此，有效利用科学技术增强全球减灾信息的交流；加强减灾规律和技术的研究，消除自然危害；控制人口增长、保护生态环境和自然资源已成为人类面临的紧迫任务。

人类创造建筑的最初目的是防寒蔽日、躲避野兽，减少自然中有害因素对人的影响。在绿色医院建筑设计中，也要注意防御自然中的不利因素，通过制定防灾规划和应急措施，达到医院建筑的安全性保证，通过做好隔热、防寒、遮蔽直射阳光等构造的设计等，满足建筑防寒、防潮、隔热、保暖等方面的要求，营造宜人的生活环境。对于地域性特征的不利因素，最好的办法是根据当地成功的解决办法，这是人们在长期与恶劣环境斗争过程中形成的一些消耗能量最少、对自然破坏最小的方法，来实现最大的舒适性。

（3）营造自然共生。人类最初是生活在大自然中的一个物种，在人类文明逐渐发展的过程中，人类却与大自然逐渐隔离开来。特别是到了近现代，随着建筑技术和空调技术的发展，人们已经把自己囚禁于人工建筑物之中，与大自然接触越来越少。人类的建筑物不仅占据了大片的地球空间，使很多植物无法生长和生物无法生存，城市的快速发展使自然资源大量消耗，自然环境出现破坏和恶化。然而，人类始终是大自然中的一个物种，脱离大自然、损坏大自然，必将受到大自然的惩罚。现在各种流行的富贵病、空调病等都说明人们应当接近自然、融入自然，只有这样才能更好地生活在这个地球上。

绿色医院建筑设计一定要符合与自然环境共生的原则，这就要求人们关注建筑本身在自然环境中的地位、人工环境与自然环境的设计质量等问题。值得注意的是，人为建造不是强加于自然，而是融合于自然之中，达到与自然共生的目标。建筑师应顺应时代的要求转变传统的设计理念，实施建筑环保战略，使用绿色健康建筑材料，减少建筑垃圾及噪声污染，并尽可能考虑到对再生能源（太阳能、风能、地热能等）的利用。

（二）绿色医院建筑的人本原则

人类根据功能的要求不同建造各种类型的建筑，因此建筑是为人类服务的，以人为本、尊重人类是绿色医院建筑设计的一个重要原则。绿色医院建筑对人类的尊重，不仅局限于对患者的尊重，而且关系到对医护人员的爱护，以及给予探视人员足够的关怀。

在绿色医院建筑的设计和建造过程中，节能环保不能以降低生活质量、牺牲人的健康和降低舒适性为代价。尊重自然，保护环境，都应当建立在满足人类正常的物质环境需求的基础上，对人类健康、舒适的追求，必须放在与保护环境同等重要的地位。各种建筑的一个重要的目的是为人类生活提供健康、舒适的生活环境，创造优美的外部空间，改善室内的环境品质，提高生活的舒适度，降低对环境的污染，满足人们生理和心理的需求。

建筑设计以人为本的原则，实际上就是采用人性化设计。人性化设计是绿色建筑中体现人本原则、展开人文关怀的重要方面。绿色医院建筑是为了人们的健康服务的，其特殊性更使得在设计中强调"以人为本"的设计理念更加重要。在绿色医院建筑设计中主要包含以下几个方面。

（1）基于人体工程学原理。人体工程学是第二次世界大战后发展起来的一门新学科。它以人为研究的对象，以实测、统计、分析为基本的研究方法。具体到产品上来，也就是在产品的设计和制造方面，完全按照人体的生理解剖功能量身定做，更加有益于人体的身心健康。基于人体工程学原理，就是在医院建筑设计中，从人体舒适度的角度出发，创造舒适的室外空间环境，营造理想的医院内部微气候环境，尽量借助阳光、自然通风等自然方式，调节建筑内部的温度、湿度和气流。

（2）以行为学、心理学和社会学为出发点。行为学是研究人类行为规律的科学，心理学是一门研究人类及动物的心理现象、精神功能和行为的科学，社会学是一门利用经验考察与批判分析来研究人类社会结构与活动的学科，它们都与建筑设计有密切的联系。因此，在绿色医院建筑的设计和建造过程中，要以行为学、心理学和社会学为出发点，考虑人们的心理健康和生理健康的需求，并创造良好的健康的环境。

（3）提高建筑空间使用的自主性。建筑空间的不同使用者很可能根据实际需要，对自己的建筑空间环境进行适当调整，在进行建筑结构的设计时就应当考虑到这一点，以便满足不同使用者不断变化的使用要求。

（4）在绿色医院建筑的人性化设计中，不能忽略建筑所在地的地域文化、风俗特征和生活习惯，要从使用者的角度考虑人们的需要。每一个地方都有其特有的地域文化，新建筑的建筑风格与规模要和四周环境保持协调，保持历史文化与景观的连续性。只有全面考虑到地域差异，才能做出适合当地人使用的建筑。

（三）绿色医院建筑的效益原则

医院建筑设计的效益原则，实际上就是要考虑资源和能源的节约与有效利用。资源和能源的节约与有效利用，是绿色医院建筑设计中表现最为突出的一个方面。只有实现建筑的高效节约，才能有效减少对自然环境的影响和破坏，实现真正的绿色和可持续发展。资源和能源的节约与有效利用的设计，其具体内容和技术途径主要体现在以下 3 个方面。

（1）实施建筑节能策略。建筑节能是指在建筑的设计、建造和使用中，合理使用和有效利用能源，不断提高能源利用效率。因此，建筑节能就是要在保证和提高建筑舒适度的条件下，科学设计建筑，合理使用能源，不断提高能源利用效率。

具体讲，实施建筑节能策略包括设计节能、建造节能和使用节能3个方面。设计节能主要是指在建筑的设计过程中考虑节能，如建筑总体布局、结构选型、围护结构、材料选择等方面，考虑如何减少资源、能源的利用；建造节能主要是指在建筑建造过程中，通过合理有效的施工组织，减少材料和人力资源的浪费，以及旧建筑材料的回收利用等；使用节能主要是指在建筑使用过程中，合理管理能源的使用，减少能源的浪费，如加强自然通风、减少空调的使用等，使建筑走向生态化和智能化的道路。

（2）充分利用新能源和可再生能源。提高能源的利用率新能源是指以新技术为基础，系统开发和利用的能源。当代新能源是指太阳能、风能、地热能、海洋能、生物质能和氢能等。它们的共同特点是资源丰富、可以再生、没有污染或很少污染。研究和开发清洁而又用之不竭的新能源，是21世纪发展的首要任务，将为人类可持续发展做出贡献。可再生能源是指在自然界中可以不断再生、永续利用的能源，具有取之不尽、用之不竭的特点。可再生能源对环境无害或危害极小，而且资源分布广泛，适宜就地开发利用。

充分利用新能源和可再生能源，提高能源的利用率，这是绿色建筑的重要标志之一。如在城市能源供应系统中利用天然气代替煤炭，不仅可以大大提高能源的利用率，而且可以减少对环境的污染。新的城市供热系统，与城市工业、发电业等合作，不仅可以增加能源综合利用效率，而且从整体上也提高能源利用率。

（3）密切结合当地的地域环境特征。在建筑基地分析与城市规划设计阶段，应从地域的具体条件出发，优化设计目标，寻求一种综合成本与环境负荷的方案，以最小的代价获得绿色建筑的最大效益。绿色医院建筑应充分利用建筑场地周边的自然条件，尽量保留和合理利用现有适宜的地形、地貌、植被和自然水系。在建筑的选址、朝向、布局、形态、规模等方面，充分考虑当地的气候特征和生态环境。在与自然的协调设计中，最为突出的是建筑被动式气候设计和因地制宜的地方场所设计。此外，还要考虑到建筑的绿色环保方面的设计。

资源、能源的节约与有效利用方面的设计，要求设计人员要建立体系化节能的概念，从建筑设计到建筑使用全面控制能源的消耗，所有使用的能源都应当向清洁健康或者可循环再生方向发展，以避免形成更大的资源浪费和环境污染。

绿色医院建筑的高效节能设计原则，主要是针对医院建筑功能运营方面的经济性要求而采取的设计策略，它的根本思想是通过医院建筑设计充分利用各种资源，包括社会资源（人力、物力、财力等）和自然资源（物质资源、能源等），这从另一个角度来说也就是节约资源，从而实现医院建筑与社会和自然的共生。绿色医院建筑具体的设计范围非常广泛，从前期投资、规模定位、建筑布局，到流线设计和具体的空间选择，直到建筑的解体再利用，这整个过程中都包含高效节约的设计内容。

（四）绿色医院建筑的系统原则

绿色医院建筑设计的系统原则，实际上是指在医院的设计中要立足整体进行考虑，应当将医院建筑与周围环境看成一个整体，以系统的角度去分析、规划和具体设计，最终使医院建筑实现绿色化的目标。

1. 绿色医院建筑设计的三个层面

广义的绿色建筑设计应从以下 3 个层面展开。

（1）建筑所在区域和城市层面。在这一层面要全面了解城市的自然环境、地质特点和生态状况，并将其作为城市建设和发展的指导，完成重大项目建设环境报告的制定与审批，做到根据生态原则来规划土地的利用和开发建设，同时，协调好城市内部结构与外部环境的关系，在城市总体规划的基础上，使土地的利用方式、强度、功能配置等，与自然生态系统相适应，完善城市的生态系统，做好城市的综合减排和综合防灾工作。

（2）建筑单体层面。建筑单体是相对于建筑群而说的，建筑群中每一个独立的建筑物均可称为单体建筑，建筑单体设计是指对单体建筑的设计，包括该单体的建筑图、结构图、给排水、采暖及通风、电气设计等方面。这一层面的主要内容是处理局部与整体的关系、协调建筑与自然要素的关系，利用并强化自然要素。此层面就是将绿色建筑的理论落实到具体建筑中，从建筑布局、能源利用、材料选择等方面结合具体条件，选择适当的技术路线，创造宜人的生活环境。

（3）建设用地层面。建设用地指建造建筑物、构筑物的土地，建设用地按使用方式分为：商业服务用地、工矿仓储用地、公用设施用地、公共建筑用地、住宅用地、交通运输用地、水利设施用地以及特殊用地等。这一层面的主要内容是与区域和城市层面对城市整体环境所确立的框架相接续，研究城市改造和更新过程中的复合生态问题在四维时空框架内整合城市机能，化解城市功能需求和生态网络完整性之间的各种矛盾。

2. 绿色医院建筑设计中常见矛盾

绿色医院建筑是可持续发展的建筑，绿色设计与可持续发展战略具有共同的新型伦理观，它关注代内全体成员的利益，也关注代际间的历时性利益。然而实现操作中的种种利益，总是与具体时段内的具体角色组群相对应。有意或无意间，局部利益时常损伤整体利益，一时性利益提前支取了后续时段的利益。这种新型伦理观的核心就是整体性，是各种利益的整体平衡。基于这一观点，绿色医院建筑的设计在实际操作中需要处理以下常见的矛盾。

（1）整体利益与局部利益的矛盾。从绿色医院建筑环境的角度看，任何封闭环境不可能单独达到理想的目标，必须与周围环境协同发展、互利互惠，实现优势互补，共同达到绿色节能的目标。否则，相互之间的制约将形成建筑和城市绿色化的瓶颈。因此，在绿色医院建筑设计中，必须注重对整体效益的把握，局部利益必须服从于整体利益。绿色医院建筑设计是面向社会、面向自然的设计，只有从大的环境整体上的实现才是真正地实现。

（2）长期利益与短期利益的矛盾。当代利益相对于后代利益而言是短期利益，从可持续发展的角度考虑，不能为了当代人的利益而损害后代人的利益。在绿色医院建筑的设计、建造和使用过程中，都必须站在历史的高度，用长远的眼光看待一切问题，做到短期利益服从于长期利益，实现建筑在整个生命周期中的效益最大化。

总之，绿色医院建筑要真正实现绿色化，就必须掌握其特定目标的调整和侧重，对目标体系进行优化。绿色医院建筑的目标体系优化，是指在满足特定的各种约束条件（如经济状况、地域气候特征、技术条件、文化传统等）前提下，合理地对各分项目标的内涵及重要度进行调整和组合，在自然、人本、效益、系统四大原则的框架内，获得现实可行的最佳方案。绿色医院建筑所包含的四个设计原则，各有其侧重点和指向特征，但它们彼此之间存在着相互交叉的地方，在进行设计时必须相互融合，统筹考虑。

三、绿色医院建筑的设计策略

面对当前能源紧张和环境的恶化，绿色建筑已成为建筑未来的发展方向。医院作为保障人民生命健康的前沿阵地，也应在节能减排、控制污染、保护环境方面走在前列。现代医院建筑已不再是简单的问诊、治疗空间，人们对其有着更高的要求，采用正确的绿色医院建筑的设计策略，将是绿色医院建筑一个新兴的发展方向是未来的发展趋势。

绿色应体现在医院建筑总体规划、设计、布局、流程、安全保障以及建筑中的绿色建材设施设备和节能环保技术产品的使用上。要达到绿色化的标准，医院建筑与普通建筑的区别在于，医院建筑要注重医疗的功能，在采取绿色建筑技术时要考虑安全性、可靠性。对待医生、病人这种特殊的群体，建筑的功能也应具有特殊性，环保的要求更高，对废弃物的处理、水处理的要求更为严格。医院建筑能耗大、废弃物多，给环境造成了负担。尊重自然、生态优化是绿色医院建筑的基本内涵，我们应该将可持续发展战略运用在医院建筑的设计上，充分地利用自然资源，使建筑以低耗高效的方式运行。

（一）可持续发展的总体策划

随着我国医疗体制的更新和医疗技术的不断进步，医院的功能日趋完善，医院的建设标准逐步提高，主要体现在新功能科室增多、病人对医疗条件要求提高、新型医疗设备不断涌现、就医环境和工作环境改善等方面。绿色医院建筑的设计理念，要体现在该类建筑建设的全过程，可持续发展的总体策划是贯彻设计原则和实现设计思想的关键。

绿色医院建筑的可持续发展的总体策划，主要体现在规模定位与发展策划、功能布局与长期发展、节约资源与降低能耗等方面。

1. 规模定位与发展策划

医院建筑的高效节约设计，要根据城市发展规划对医院进行合理的规模定位，这是医院是否能良好运营的基础。如果规模定位不当，将造成医院自身作用不能充分发挥和严重的资源浪费。正确处理现状与发展、需要与可能的关系，结合城市建筑规划和卫生事业发展规划，合理确定医院的发展规划目标，有效地对建设用地进行控制，体现规划的系统性、滚动性与可持续发展，实现社会效益、经济效益与环境效益的统一。

随着城市规模和人口的迅速增长，医院的规模必然也越来越大，应根据就医环境、医院等级等方面，合理地确定医院建筑的规模。如果规模过大则会造成医护人员、就医者较多，管理、交通等方面突显问题；如果规模过小则资源利用不充分，医疗设施很难设置齐全。随着人们对健康的重视和就医要求的提高，医院的建设逐渐从量的需求，转化为质的提高。我国医院建设规模的确定，不能臆想或片面追求大规模和形式气派，需要综合考虑多方面因素。注重宏观规划与实践相结合，在综合分析的基础上做出合理的决策。

医院建设要制订出可行的实施方案，主要考虑的内容是医院在未来整体医疗网络中的准确定位、投资决策、项目分期计划等，它是各方面关联因素的综合决策过程。在这个阶段，需要医院管理者及工艺设备的专业相关人员密切参与配合，这些人员的早期介入有利于进行信息的沟通交流，尽可能避免土建完工后建筑空间与使用需求之间的矛盾，造成重新返工而产生极大的浪费现象。医院统筹规划方案的制订应具有一定的超前性，医院建筑的使用需求在始终不停的变化之中，对于新建的医院建筑其使用寿命可达 50 年左右，医疗设备和家具可以进行多次更新，但建筑的结构框架与空间形态却不易改动，因此，建筑设计人员应当与医院有关人员共同策划、权衡利弊，根据经济效益确定不同的投资模式。

根据我国的实际情况，医院的建设首先确定规模统一规划，分期或者一次实现进行，全程整体控制是比较有效与合理的发展模式。在医院建筑分期更新建设中，应当通过适当的规划保证医院功能可以正常运营，把医院改扩建带来的负面影响减至最小，实现经济效益与建设协调统一进行。医院建设的前期策划是一个实际调查与科学决策的过程，它有助于医院建筑设计人员树立整体动态的科学思维，在调查及与医院相关人员的交流等过程中，提高对医疗工作特性的认识，奠定坚实的设计工作基础，使持续发展的具体设计可以更顺利地进行。

在医院建筑的设计前期，要认真细致地做好规划和工艺设计，这样可以最大限度地节省资源。在早期的规划中，要将绿色的理念贯穿在科室的设计中，充分考虑医疗功能指标、空间指标、技术指标。建设项目前期设计的程度往往决定了建设过程的开展程度，认真细致的前期准备可以很大程度地节省能源。

2. 功能布局与长期发展

随着医疗技术的不断进步、医疗设备的不断更新、医院功能的不断完善，医院建筑提供的不仅是满足当前单纯的疾病治疗空间和场所，而应当注意到远期的发展和变化，为功能的延续提供必要的支持和充分的预测，灵活的功能空间布局为不断变化的功能需求提供物质基础。随着医疗模式的不断变化，医院建筑的形式也发生变化，一方面是源于医疗本身的变化，另一方面医院建筑中存在着大量的不断更新的设备、装置。

绿色医院建筑显著的特征之一就是远近期相结合，具备较强的应变能力。医院的功能在不断地发生改变时，医院建筑也要相应地做出调整。在一定范围内，当医院的功能寿命发生改变时，建筑可以通过对内部空间调整产生应变能力，以满足医院功能的变化，保证医院建筑的灵活性和可变性，真正做到以"不变"应"万变"，真正实现节约、长效型设计。

（1）弹性化的空间布局。医院建筑结构空间的应变性是对建筑布局应变性的进一步深化，从空间变化的角度来看，可以分为调节型应变和扩展型应变两种。调节型应变是指保持医院自身规模和建筑面积不变，通过内部空间的调整来满足变化的需求；扩展型应变主要是指通过扩大原有医院规模面积来满足变化的需求。这两种方式的选择是通过对建筑原有的条件的分析和对比而决定的。在具体设计过程中，绿色医院建筑应当兼有调节型应变和扩展型应变的特征，这样才能具有最大限度的灵活性应变，适应可持续发展的需要。

工程实践证明，调节型应变在结构体系和整体空间面积不变的条件下就可以实现，非常简便易行，能够大大地提高效率、节省资源。要实现医院的调节型应变，关键是在建筑空间内设置一定的灵活空间，以便用于远期的发展，而调节型应变要求空间具有匀质化的特征，以使空间更容易被置换转移和实现功能转换融合，即要求医院空间具有较好的调整适应度。因此在进行医院建筑空间设计时，应适当转变原有固定空间的设计模式，并考虑医院不同功能空间之间的交融和渗透，寻求空间的流动和综合利用。

实际上医院建筑空间的使用并不是完全单一的，如门诊空间就是一个复杂的综合功能的空间，可以通过一定的景观、绿化、屏风、地面铺装、高低变化等软隔断进行空间分隔，并可依据功能使用的情况变化而不断调整，医院候诊空间、科室相近的门诊空间等，也可采用类似的方法来实现空间更大的应变性。因此，灵活空间的设置可以依据近似功能空间整合的方式进行，如医院护理单元病房空间标准化处理，既有利于医护人员加深对环境的熟悉程度，从而提高其工作效率，同时也有利于空间的灵活适应性。

扩展型应变主要是通过增加建筑面积来实现，其关键是保证新旧功能空间的统一协调。扩展型应变包括水平方向扩展和竖直方向扩展两个方面。医院的水平方向扩展需要两个基本条件：一方面要预留足够的发展用地，考虑适当留宽建筑物间距，避免因扩展而可能造成的日照遮挡等不利影响；另一方面使医院功能相对集中，便于与新建筑的功能空间衔接，考虑前期功能区的统一规划等。

医院的竖直方向扩展一般不打乱医院建筑总体组合方式，其最显著的优点是节约土地，特别适用于用地紧张，原有建筑趋于饱和的医院建设。其缺点在于竖直方向扩展需要结构、交通和设备等竖直方向发展的预留，而在半时的医院运营中它们不能充分发挥作用，容易造成一定的资源浪费。如果医院近期有扩建的可能，是一种较好的应变手段，或者可以采取竖向预留空间暂做他用，待需要时通过调整使用用途的方式进行扩展。

（2）可生长设计模式。医院建筑是具有社会属性的公共建筑，但又与常规的公共建筑有所不同。由于其功能具有特殊性，使用频率较高，发展变化较快，功能的迅速发展变化，大大缩短了建筑的有效使用寿命，如果医院建筑缺乏与之适应的自我生长发展模式，很快就会被废弃，造成巨大的浪费。从发展的角度讲，建筑限制了医疗模式的更新和发展；从建筑能源角度讲，不断地新建会造成巨大的浪费，因此在医院建筑的设计中，应充分考虑到建筑的可生长发展。

建筑的可生长性主要是从两个层面考虑：一是为了适应医学模式的发展，满足医院建筑的可持续发展，而不断地在建筑结构、建筑形式和总体布局上进行探索变化，即"质"变；二是建筑基于各种原因的扩建，即"量"变。医疗建筑的可生长是为了适应疾病结构的变化和医疗技术的进步发展，延长建筑的使用寿命是绿色建筑的设计重点之一。无论是建筑的质变还是量变，关键是建筑的前期规划准备和基础条件，医院应当预留足够的发展空间，建筑空间也应便于分隔，体现生长型绿色医院建筑的优越性和可持续性。

3. 节约资源与降低能耗

我国社会科学院的《社会蓝皮书》中指出，当前城镇化进入新一轮的快速发展期，到 2013 年年底，我国城镇化水平已经超过 54%，按目前的增长速度，估计到 2018 年将达到 60%。城市迅速发展扩大不可避免带来许多现实问题，如城市发展理念不符合一般的城市可持续发展规律，城市中心区的建筑密度过高，城市建设用地异常紧张，公共设施不完善，城市道路低密度化等问题。其中对建筑设计影响最大的是建设用地的紧张，高密度必然造成对环境的影响和破坏，因此随着我国功能部门的分化和医院规模的扩大，为了节约土地资源，节省人力、物力、能源的消耗，医院建筑在规划布局上相应地缩短了流线，出现了整合集中化的趋向，原有医院建筑典型的"工"字形、"王"字形的布局，已经不能满足新时期医院发展的需要，其建筑形态进一步趋于集中化，最明显的特征就是大型网络式布局医院的出现以及许多高层医院建筑的不断产生。

纵观医院建筑绿色化的发展历程，医院建筑经历了从分散到集中的演变，它反映了绿色医院建筑的发展趋势。应当注意到医院建筑的集中化、分散化交替的发展模式，是螺旋上升的发展方式，当前我们所倡导的医院建筑分散化，不是简单地回归到以前传统的布局及分区方式，而是结合了现代医疗模式的变化发展，更为高效、便捷、人性化的布局形式，做到集约与分散的合理搭配，力求实现医院建筑的真正绿色化设计。

在医院建设费用提高的同时，医院的能耗也在大幅度增加，已经成为建筑能耗最大的公共建筑之一。绿色医院的建设必须考虑到建筑寿命周期的能耗，从建筑的建造开始到使用运营，都要做到尽量减少能耗。医院的能耗增加不仅使医院的日常支出增大、医疗费用提高，而且使目前卫生保健资金投入与产出之间的差距越来越大，加剧了地区供能的矛盾与医院用能的安全。建筑节能和可持续设计思想是绿色医院建筑的基础，应充分利用建筑场地周边的自然条件，尽量保留与合理利用现有适宜的地形、地貌、植被和自然水系，尽可能减少对自然环境的负面影响，减少对生态环境的破坏。

为了减少医院建筑在使用过程中的能耗，真正达到建筑与环境共生，尽量采用耐久性能及适应性强的建筑材料，从而延长建筑物的整个使用寿命，同时充分利用清洁、可再生的自然能源，如太阳能、风能、水体资源、草地绿化等，来代替以往旧的不可再生能源，提供建筑使用所需的能源，大大减轻建筑能耗对传统资源的压力，提高能源的利用效率，同时也降低环境的污染，减小建筑对有限资源的依赖，让建筑变成一个自给自足的绿色循环系统。

（二）自然生态的环境设计

自然生态环境设计是一个复杂的系统工程，是从宏观到微观全方位的生态环境保护和建设过程，它的目标是营造一个节材、节能、环保、高效、舒适、健康的环境。自然生态环境设计涉及生态城市的建设，生态住区和生态园区的建设，以及各类生态建筑的建设。自然生态环境设计应从宏观到微观贯穿城市建设的全过程，在各设计阶段中都有具体的建设目标。

绿色医院建筑自然生态环境设计的内容主要包括营造生态化绿色环境、融入自然的室内空间、构建人性化空间环境。

1. 营造生态化绿色环境

生态环境是指影响人类生存与发展的水资源、土地资源、生物资源以及气候资源数量与质量的总称，是关系到社会和经济持续发展的复合生态系统。生态环境问题是指人类为其自身生存和发展，在利用和改造自然的过程中，对自然环境破坏和污染所产生的危害人类生存的各种负反馈效应。

与自然和谐共存是绿色建筑的一个重要特征，拥有良好绿色空间是绿色医院建筑必备的条件。营造自然生态的空间环境，既可以屏蔽危害、调节微气候、改善空气质量，还可以为患者提供修身养性、交往娱乐的休闲空间，有利于病人的治疗康复。热爱自然、追求自然是人类的本性，庭院化设计是绿色医院建筑的标志之一，是指运用庭院设计的理念和手法来营造医院环境。空间设计庭院化不论是对医患的生理还是心理都十分有益，对病人的康复有很大的帮助。注意医院绿化环境的修饰，是提高医院建筑景观环境质量的重要手段。例如，采用室内盆栽、适地种植、中庭绿化、墙面绿化、阳台绿化、屋顶绿化等，都能为医患者提供赏心悦目、充满生机的景观环境，达到有利治疗、促进康复的目的。医院的周围环境是建筑实体的延伸，应当使其与主体建筑相得益彰，

成为绿色医院中一道亮丽的生态与人文景观。医院建筑的环境绿化设计，应根据建筑的使用功能和形态进行合理的配置，达到视觉与使用均佳的效果。

综合医院人口广场是医院区域内主要的室外空间，具有人流量太、流线复杂等特点，此处的景观与绿化设计应简洁清晰，起到组织人流和划分空间的作用。广场中央可布置装饰性草坪、花台、花坛、喷泉、水池、雕塑等，形成一种开敞、明快的格调，特别是水池、喷泉、雕塑的组合，水流喷出，水花四溅，并结合彩色灯光的配合，增加景观的美感。如果医院广场相对较小，可根据实际情况布置简单的草坪、花坛、盆花等，起到分隔空间、点缀景观的作用。广场周围环境的布置，要注意乔木、灌木、矮篱、色带、季节性花卉、草坪等相结合，充分显示出植物的高低错落布置、具有明显的季节性特点，充分体现尺度亲切、景色优美、视觉清新的医疗环境。

医院的住院部周围或相邻处应设有较大的庭院和绿化空间，为医患者提供良好的康复休闲环境及优美的视觉景观。住院部周围的场地绿化组织方式有两种：规划式布局方式和自然式布局方式。规划式布局方式常在绿地的中心部分设置整形的小广场内布置花坛、水池、喷泉等作为中心景观，并在广场内设置座椅、亭、架等休息设施；自然式布局方式则充分利用原有地形、山坡、水体等，自然流畅的道路穿插其间，园内的路旁、水边、坡地上可设置少量的园林建筑，重在展现祥和美好的生存空间，衬托出环境的轻松和闲逸。在植物布置方面应充分体现出植物的季相变化，植物的种类应尽量丰富，并适合当地的气候条件，常绿树和落叶树、乔木和灌木比例得当，使医患人员能感受到四季的更替及景色的变化。

医院的室外环境应有较明确的分区与界定，以满足不同人群的使用，创造安全、较高品质的空间环境。为了避免普通病人与传染病人的交叉感染，应设置为不同病人服务的绿化空间，并在绿地之间设一定宽度的绿化隔离带。绿化隔离带应以常绿树及杀菌力强的树种为主，以充分发挥植物杀菌、防护作用，并在适当的区域设置为医护人员提供休息空间和景观环境。

2.融入自然的室内空间

随着居住环境不断受到重视，室内设计也开始被人们密切关注。室内设计与自然的和谐更是成为一个长期引人审视，不断探索，永无止境而又令人向往的追求。室内设计渴望与自然沟通，人在生活环境中渴望与自然沟通、联系，这是人的生理与心理的必需。如何才能让我们的室内设计更好地融入自然，如何使我们与时俱进的人工巧作与生生不息的自然生机两者达到完美的和谐统一，这是绿色医院设计人员必须引起高度重视的问题。

室内空间的绿色化是近年来医院设计的重要趋势之一。我国的医院建筑规模和人流量均比较大，室内空间需要较大的尺度和宽敞的公共空间。绿色医院建筑的内部景观环境设计，一个方面要注重空间形态的公共化。随着医疗技术的进步，其建筑内部的使用功能也日趋复合化。为适应这种变化，医院建筑的空间形态应更充分地表现出公共建筑所具有的美感，中庭和医院内街的形态是医院建筑空间形态公共化的典型方法。不同的手法表达了丰富的空间形式，为服务功能提供了场所，也为使用者提供了熟悉方便的空间环境，为消除心理压力、缓解焦躁情绪起到积极的作用，同时表达了医院建筑不仅为病人服务，同时也为健康人服务。

内部环境的绿色设计另一个方面体现在室内景观自然化。人对于健康的渴望在患者身上表现得尤为强烈，室内的绿化布置、阳光的引入是医院建筑空间环境设计的重要方面。建筑中的公共空间中应综合运用艺术表现手法和技术措施，创造良好的自然采光与通风，并配之相应的植物，可以将适宜的植物引进室内，形成室内外空间相连接的因素，从而达到内外空间的过渡，既可以提供优美的空间环境，又可以改善室内环境质量，有效防止交叉感染。

在比较私密的治疗空间内，更要注重阳光的引入和视线的引导，借助绿色设计增加空间的开阔感和变化，使室内有限的空间得以延伸和扩大，让患者尽量感受阳光和外面的世界，体验生活的美好和生命的意义，有助于治疗与康复。也可以利用一些通透感强的建筑界面将室外局部景色透入室内，让室外的绿化环境延伸到室内空间。通过室内外相互渗透和交融，使人在室内就犹如置于山水花木之中，做到最大限度地与自然和谐共生。

3. 构建人性化空间环境

人性化的医院空间环境设计是基于病人对医疗环境的需求而进行的建筑处理，通过建筑的手段给医院空间环境注入一些情感的因素，从而软化高技术医疗设备及医院严肃气氛给人带来的冷漠与恐惧的心理。无论从医院室内环境还是室外环境的创造来看，使医院建筑趋向艺术化、庭园化，是人性化的医院空间环境的具体表现的两个方面。

建筑中渗透着人们的审美情感，绿色医院建筑的意义更多地是以情感的符号加以体现。建筑的色彩、造型是因人而异的情感符号，对空间形态、色彩的感知是人们主观认识的能动发挥，形成对生存环境的综合认知。因此，通过医院建筑的人性化设计表达情感更能张扬主体的生命力。医院的室内空间是人与建筑直接对话亲密接触的场所，室内空间的感受将直接决定人对建筑的认识，他们需要的是带有美感的空间，而创造美感则需要精通美的原则。

从人性化设计思想出发，对绿色医院室内空间引入家居化的设计，是体现人文关怀的有效措施。家居化设计从日常活动场所中汲取设计元素，结合医院本身的功能特点进行设计，以期最大限度地满足患者的生理、心理和社会行为的需求，使医院环境成为让人精神振奋或给人情绪安慰的空间。通过建筑设计的手段给医院空间环境注入一些情感因素，从而淡化医疗设备及医院氛围给人带来冷漠与恐惧的心理。在绿色医院设计时，必须"以人为本"，尽量满足医患人员的需求，为医院室内提供一个高品质的医疗空间环境。人性化的医疗环境包括安全舒适的物理环境和美观明快的心理环境。首先要在采光、通风、温湿度控制、洁净度保证、噪声控制、无障碍设计等方面综合运用先进的技术，满足不同使用功能空间的物理要求；其次是在空间形态、色彩、材质等方面引入现代的设计理念，创造丰富的空间环境。

在进行绿色医院设计时，除了需要对标志性予以考虑外，还应注意视觉、知觉给人带来的影响。例如儿童观察室和儿童保健门诊，应装饰为儿童健康乐园，采用欢快的蓝色，配以色彩斑斓的卡通画，对消除孩子的恐惧感具有积极的作用；妇科及妇产科门诊采用温暖的红色，配以温馨的小装饰，使前来就诊的孕产妇从思想上消除紧张和恐惧，使人感到平安、舒适和信任。除了对颜色本身的设计外，还需要对光环境予以充分重视，只有良好的光环境，建筑色彩才能完美的展示，才能为使用者提供一个愉悦欢快的医院环境。

总之，人性化的医院空间环境设计的目的，就是创造一个冬暖夏凉、四季如春、动静相宜、分合随意、使用方便、富有特色的公共空间。

（三）复合多元的功能设置

医院的建筑形态，主要取决于医学及医疗水平、地区医疗需求、医院运营机制及建筑标准等要素。在一个地区、一个时期内，构成的以上要素具有一定的稳定性，然而医院建筑形态必然随着时间的推移而发生变化，在时空坐标上呈现为动态构成的趋势。由于构成要素具有相对稳定性，在医院建成运营后的一段时期内能够满足基本的医疗功能要求，通常将这一期限称为医院的功能寿命，也可称为医院建筑的形变周期。如超过这个期限，医院建筑就将发生功能和形态的变化，医院建筑的发展过程就是由一个稳定走向新的稳定的过程。绿色医院建筑的特征是具有较长的寿命周期，其功能和形态的变化应与需求同步。

绿色医院建筑的复合多元的功能设置，主要包括医院自身的功能完善、针对社会需求的功能复合、新医学模式下的功能扩展。

1. 医院自身的功能完善

医院功能的复合化程度直接影响到医院建筑外部形态和内部空间。随着城市化的快速发展，医院的经营效益逐渐增加，很多医院开始走向创立品牌、突出特色的发展道路。随着医疗服务范围的扩展，医院建筑规模的扩大而产生功能复合化的形态日益明显。医疗功能的复合化，即融了门诊、住院、医技、科研、教学、办公为一体，形成有较大规模的医院综合体。例如，日本东京圣路加国际医院，是由教学设施医疗区、超高层公寓和写字楼三个街区组成的综合医疗城。

现代绿色综合医院呈现出"大而全"的显著特征，除了包括综合医院常规的功能外，还容纳了越来越多的其他辅助功能。这类大型综合医院多采用集中式布局，有利于节约用地和缩短流程，可以减少就诊和救治的时间，有利于提高效率。这类医院设计的重点在于解决复杂的功能关系，设置明确的功能分区，构建清晰的流线和空间领域，同时要处理好大型建筑体量与城市建设的关系。

2. 新医学模式下的功能扩展

早在20世纪70年代，美国精神病学家和内科专家恩格尔就提出了"生物—心理—社会"新医学模式概念。他明确指出：为了理解疾病的本质和提供合理的医疗卫生保健，新医学模式除了生物学观点外，还必须考虑人的心理和人与环境的关系。由此可见，新医学模式是对生物医学模式的超越，但不是取代和否定现有的医学体系。

目前，新医学模式更关注人的心理需求，医院的运行理念从"医治疾病"转化为"医治患者"。特别强调对于整体医疗环境的建设，为患者提供完善的辅助医疗空间和安定、舒适的医疗环境，即使不能完全治愈患者，也可通过良好的整体医疗环境建立较好的心态和战胜疾病的意志，从而更好地配合医院的治疗，得到一定程度的康复。

国内外许多绿色医院在骨科病房设置了功能康复室，患者在完成手术治疗后，在专家的指导下进行肢体行功能的康复治疗，有效地提高了患者的治愈率。在儿科病区设置泡泡浴治疗室，一方面作为脑瘫或其他脑损伤患儿的辅助治疗手段，另一方面作为正常儿童的保健和智力潜能开发，使医疗和保健有机结合，为儿童提供周到全面的治疗和健康保健服务。许多医院的妇产科病房设置宾馆式的家庭室、孕妇训练室等。

3. 针对社会需求的功能复合

随着社会经济的快速发展和人民生活水平的逐渐提高，人们的健康观念不断更新，健康意识不断增强，对医院的现有功能提出新的需求。现代绿色医院面对的服务对象不单纯是病患，而是包括很多健康人群。在综合医院中增设健康体检中心、健康咨询中心、健康教育指导、日常保健等功能，是现代绿色医院服务全社会的显著特征之一。

截至 2013 年年底，我国现有老龄人口已超过 1.6 亿，且每年以近 800 万的速度增加。最新统计数据显示，中国人口正在进入老龄化，有关专家预测，到 2050 年，中国老龄人口将达到总人口的 1/3。老年人口的快速增加，特别是 80 岁以上的高龄老人和失能老人年均 100 万的增长速度，对老年人的生活照料、康复护理、医疗保健、精神文化等需求日益凸显。

国内外实践证明，将康复功能纳入医院建筑是近年来解决"老龄化"社会问题的有效措施，在不同规模的医疗设施中解决医疗救治与老人看护康复功能相结合的问题，很好地体现了社会福利和全民保健的效能。这类医疗设施不仅要注重医疗救治的及时性，还要更加关注治疗的舒适性和建筑环境的品质。

（四）先进集约的技术应用

随着我国经济的快速发展，我国绿色建筑在经济发展中也日益进步，伴随着绿色建筑的发展，在绿色建筑施工中，各种先进的施工技术层出不穷，也为我国绿色建筑工程的建设创造有利条件，也为我国的经济发展起到了至关重要的作用。在先进的技术指导下，建筑施工行业不仅有效地解决了我国建筑行业在传统施工技术上所存在的问题，还推动了我国绿色建筑的高速发展。

1. 保护环境和高效节能设计

人类生存环境的恶化与能源的匮乏，使人们越来越重视环保与节能的重要性。建筑的环保与节能是绿色建筑设计的宗旨。随着科学技术的进步与经济的发展，在建筑设计中，除了通过原有的基本技术手段实现环保与节能外，大量现代先进技术的运用，可使能源得到更高效的利用。在绿色医院的设计中，主要通过空调系统、污水处理、智能技术、新型建筑材料等方面，进行保护环境和高效节能设计。

（1）保护环境设计。防止污染使医院正常运营，这是绿色医院设计中的一项重要内容，需要采用综合多种建筑技术加以保障。应用于污染控制的环境工程技术设计，应立足现行相关标准体系和技术设备水平，充分了解使用需求，以人为本、全面分析、积极探索，采取切实有效的技术措施，从专业方面严格控制交叉感染，严格防止污染环境，建立严格、科学的卫生安全管理体系，为医院建筑提供安全可靠的使用环境。医院在保护环境、防止污染方面可采取以下技术措施。

第一，控制给排水系统污染。医院的给排水系统是现代医疗机构的重要设施。医院的给水系统主要体现在医院正常的使用水和饮用水供应，排水系统主要体现在医院各部分的污水和废水的排放。院区内的给排水系统及消防应根据医院最终建设规模，规划设计好室内外生活、消防给水管网和污水、雨水排水管网，污水和雨水管网应采用分流制。

医院的给水、排水各功能区域应自成体系、分路供水，特别要避开毒物污染区。位于半污染区和污染区的管道宜暗装，严禁给水管道与大便器（槽）直接相连，也不应以普通阀门控制冲洗。因为医院的消防各区是相连的，如果消防与给水合用，很容易造成交叉污染，所以消防和给水系统应分别设置。如果供水采用高位水箱，水箱必须设在清洁区，水箱的通气管不得进入其他房间，并严禁与排水系统的通气管和通气道相连。排至排水明沟或设有喇叭口的排水管时，管口应高于沟沿或喇叭口顶，且在溢水管出口处应设防虫网罩。医护人员使用的洗手盆、洗脸盆、便器等，均应采用非手动开关，最好采用感应开关。

地漏应设置在经常从地面排水的场所，存水弯水封应经常有水补充，否则很容易造成管道内污浊空气进入室内，污染室内环境。除了淋浴、拖布池等必须设置地漏外，其他用水点尽可能不设地漏。诊室、各类实验室等处不在同一房间内的卫生器具不得共用存水弯，否则可能导致排水管的连接互相串通，产生交叉污染和病菌传染。各区、各房间应防止横向和竖向的窜气而出现交叉感染。

排水系统应根据具体情况分区自成体系，并实现污水废水分流；空调凝结水应有组织排放，并用专门容器收集处理或排入污染区的卫生间地漏或洗手池中；污水必须经过消毒灭菌处理，也可根据需要和实际情况采用热辐射及放射线等方法处理，达到国家现行的排放标准，其他处理视具体状况综合确定。污水处理站根据具体条件设在隔离区边缘地段，以便于管理与定期化验。污水处理系统宜采用全封闭结构，对排放的气体应进行消毒和除臭，以消除气溶胶大分子携带病原微生物对空气的污染。

第二，医疗垃圾污染的处理。医疗垃圾是指接触了病人血液、肉体等由医院生产出的污染性垃圾，如使用过的针管，针头等一次性输液器、废纱布等。据国家卫生部门的医疗检测报告表明，一般由综合医院排出的垃圾可能受到各种病菌的污染，有的垃圾还带有大量乙肝病毒。此外，垃圾中的有机物不仅滋生蚊蝇，造成疾病的传播，并且在腐败分解时生成多种有害物质污染大气、危害人体健康。因此医疗垃圾具有空间污染、急性传染和潜伏性污染等特征，其病毒、病菌的危害性是普通生活垃圾的若干倍，如果处理不当，将造成水体、大气、土壤的污染及对人体的直接危害，甚至成为疫病流行的源头。

医疗垃圾的随意堆放会污染大气环境，随意填埋会污染地下水源，随意焚

烧会产生强烈的致癌物质。因此医疗垃圾基本没有回收再利用的价值。医疗垃圾一般可采取就地消毒后就地焚烧的处理方法，垃圾焚烧炉为封闭式，应设在院区的下风向，在烟囱最大落地浓度范围内不应有居民区。如果医院就地焚烧会产生污染环境问题，可由特制垃圾车送往城市垃圾场的专用有害垃圾焚烧炉焚烧。为彻底堵塞病毒存活的可能，根据医院的污水特点及环保部门的有关制度与法规，在产生地进行杀菌处理，最好采用垃圾焚烧的方法。

第三，绿色医院建筑的空调系统设计应采用生物洁净技术。绿色医院采暖通风需考虑空气洁净度控制和医疗空间的正负压控制的问题。现行规范规定负压病房应考虑正负压转换平时应与应急时期相结合。负压隔离病房、手术室、ICU 采用全新直流式空调系统时，应考虑在没有空气传播病菌时期有回风的可能性以节省医院的运转费用。因此，在隔离病房的采暖通风的设计和施工中，应考虑优先选用相关的新技术、新设备。

生物洁净室即洁净室空气中悬浮微生物控制在规定值内的限定空间，医院的手术室则属于生物洁净室。生物洁净室的设计最关键问题是选择合理的净化方式，常用的净化气流组织方式，可分为层流洁净式、乱流洁净式和复合洁净式三大类。其中复合洁净式为将乱流洁净式及层流洁净式予以复合或并用，可提供局部超洁净之空气，在实际中采用比较少。层流洁净式要比乱流洁净式造价高，平时运行费用较大，选用时应慎重考虑。层流洁净式又可分为水平层流和垂直层流，在使用上水平层流多于垂直层流，其优点是造价较经济并易于改建。

（2）医院智能化设计。智能化医院功能复杂，科技含量高，其设计涉及建筑学、护理学、卫生学、生物学、工程学等很多领域，加之医学发展快，与各种现代的高新技术相互渗透和结合都影响医院功能布局的设计。如何进行医院的智能化设计工作，已成为医疗卫生部门、建筑设计部门共同面临的急切解决的课题。

智能化医院建设的目的是为了满足医疗现代化、建筑智能化、病房家庭化，其核心是建筑智能化，没有建筑智能化，就难以实现医疗现代化和病房家庭化需求。将目前国内外先进的计算机技术、通信技术、网络技术、信息技术、自动化控制技术以及办公自动化技术等运用在医院中，是实现建筑智能化的前提和基础，在提供温馨、舒适的就医和工作环境的前提下，减少管理人员、降低能量消耗、实现安全可靠运行、提高服务的响应速度，使建成后的医院高效、稳定的运营，从而体现出医院智能化的优势。

智能化医院的设计，首先应从认识医院的使用功能和特点出发。医院不同于宾馆、办公楼、商住楼等。它是"以病人为中心"实施医院服务的特殊场所，医院的主要特点如下：①人员密集、流量非常大。②设备密集，物流量大，医院医疗设备和其他设备的品种与数量之多，也是普通楼宇无法比拟的。③信息密集、流通复杂。

　　医院的运行管理是复杂的，既有人的管理，又有物的管理。人的管理既包括对病员的管理，又包括对医护人员的管理。对物的管理更是多元化，包括药品、医用材料等。医院管理信息流通是多渠道的，有行政管理信息的流通渠道，也有医疗管理信息的流通渠道。智能化医院与普通医院不同。智能化医院是在通常的医院大楼设计中增加了部分或全部智能医院的"智能"功能，是智能医院中的特殊类别。智能医院通常由通信自动化、办公自动化、楼宇自动化三大系统组成，并将这三大系统的功能结合起来，从而实现系统的集成。

　　网络工程是指按计划进行的以工程化的思想、方式、方法，设计、研发和解决网络系统问题的工程。网络工程对于绿色医院建筑的建设具有重要的意义。现代化的医疗手段、高科技的办公条件和便捷的网络渠道，都为医院的高效运营提供至关重要的支持。网络工程使医院各科室职能部门形成网络办公程序，利用网络的便捷性开展工作，使各项工作更加快捷和实用。网络工程在医院的门诊和体验中心已广泛应用，电子流程使患者得到安全、快捷、无误的服务，最后的诊治结果也可以通过网络来进行查询。

　　2. 集成现代医疗技术的应用

　　医疗技术是指医疗机构及其医务人员以诊断和治疗疾病为目的，对疾病做出判断和消除疾病、缓解病情、减轻痛苦、改善功能、延长生命、帮助患者恢复健康而采取的诊断、治疗措施。医疗技术是随着科学进步而不断发展的。在20世纪中期，医院的医疗技术以普通的X光和临床生化检验为主，随后相继出现了CT、自动生化检验、超声、激光、核医学、磁共振和加速器等诊断治疗设备，并且它们的更新周期越来越短，另外人工肾、ICU、生物洁净病房等特殊治疗科室也相继出现。

　　医疗技术的进步带来医疗功能的扩展，为疑难疾病的诊断和治疗开辟了新的途径，也为医院建筑设计提出了新的要求。例如，核医疗部、一体化手术部、高洁净度病房等，都需要合理的空间布局和先进的建筑技术来提供保障，医疗设备和治疗方式的变化必然影响医院建筑的形态改变。

　　远程医疗是指通过计算机技术、通信技术与多媒体技术，同医疗技术相结合，旨在提高诊断与医疗水平、降低医疗开支、满足广大人民群众保健需求的一项全新的医疗服务。目前，远程医疗技术已经从最初的电视监护、电话远程诊断发展到利用高速网络进行数字、图像、语音的综合传输，并且实现了实时的语音和高清晰图像的交流，为现代医学的应用提供了更广阔的发展空间。

远程医疗包括远程医疗会诊、远程医学教育、建立多媒体医疗保健咨询系统等。远程医疗会诊在医学专家和病人之间建立起全新的联系，使病人在原地、原医院即可接受远地专家的会诊并在其指导下进行治疗和护理，可以节约医生和病人大量时间和金钱。远程医疗运用计算机、通信、医疗技术与设备，通过数据、文字、语音和图像资料的远距离传送，实现专家与病人、专家与医务人员之间异地"面对面"的会诊。远程医疗不仅仅是医疗或临床问题，还包括通信网络、数据库等各方面问题，并且需要把它们集成到网络系统中。

随着人口压力的增加、社会经济的高速发展和医疗技术的日新月异，现代化医院的规划与设计面临着前所未有的挑战和机遇。如何建设既符合医疗工作要求，又满足医疗流程优化需要，兼具良好的灵活性的医院，适应医疗行业和医疗科技的飞速发展，已经成为中国医院、卫生部门和建设单位的迫切课题。进入21世纪后，世界性的生态环境破坏和能源匮乏的形势十分严峻，而对于耗能巨大、功能复杂的医院建筑，实现其绿色化已成为急需解决的世界问题。我国绿色医院建筑设计研究已进入繁盛期，正与世界各国共同携手努力实现绿色、生态、可持续发展的医院建筑。

第五节　绿色商业建筑设计

随着我国国民经济的快速发展，近些年，我国绿色节能设计在商业建筑当中的实现与应用，对社会和环境影响的日益加深。可持续发展战略的不断完善，绿色节能设计在商业建筑当中的实现与应用对社会和环境影响的日益加深，绿色节能设计概念的产生，对节能的思想造成了巨大的冲击和影响。绿色建筑技术在商业建筑中的应用，有助于设计人员灵活有效的提出优化的建筑的节地、节能、节水及节材的方案，客观全面地把握和认识建筑能耗形势及绿色建筑技术工作的开展方向，并能达到较满意的经济效益与社会效益。

进入21世纪以来，商业建筑的类型出现新的变化：一是商业种类逐渐细化，百货商场、专卖店、超级市场、购物中心、便利店、折扣店、杂货店、厂家直销中心等，不同的业态和销售模式产生了不同的商业建筑形式；二是商业朝着集中化、综合化的方向发展，将文化、娱乐、休闲、餐饮等功能引入到商业建筑中来。这两种变化也出现交叉、重叠，专卖店加盟百货商场以提高商品档次，超级市场、折扣店进驻购物中心以满足消费者一站式购物的需求。

商业建筑规模大，人员流动性大，功能比较复杂，每天使用时间较长，全年营业不休息，设备常年运转，而且由于自身功能要求的特殊性，对某些节能措施存在矛盾性，这些都使商业建筑的节能更加复杂。进入商业建筑的消费者对室内舒适性要求不断提高，与此相伴的能源与资源也必然节节攀升；再加上普遍存在对商业建筑节能意识差，片面追求高舒适度，过多采用人工环境，盲目追求高新技术和产品，节能技术利用不够充分，高能耗高排放等问题，都严重制约商业的进一步发展。因此，对商业建筑的绿色节能设计已刻不容缓。

一、绿色商业建筑的规划和环境设计

商业建筑现已成为除居住建筑以外，是最引人注目的、对城市活力和景观影响最大的建筑类型，商业建筑规划设计将面临更广泛的问题。综合性是现代商业建筑的发展趋势，建筑师在设计商业建筑的方式和功能都在发生着改变，不同的策划定位、商业特色和地方人文都影响着商业建筑的模式，这就需要我们不断改进商业的项目产品，打造更加符合商业需求的最佳策划方案和设计作品，最终让投资者和消费者感到持续的价值，让商户感受到持续经营的优越组合空间，让客户感到购物消费的愉悦，感受到生活和世界的美丽。

随着经济和文化的快速发展，商业建筑呈综合性的发展趋势，商业特色和地方人文都影响着商业建筑的模式，设计合理、合情、合适的商业建筑，能够创造良好的社会效益和经济效益。城市商业中心的形成和发展本质是城市、社会、经济和科技等领域综合作用的产物，新建项目往往是集多种功能于一身，以一个综合体的面貌出现。

（一）商业建筑的选址与规划

商业建筑在其前期规划中，首先要进行深入细致的调查研究，寻求所在区位内缺失的商业内容作为自身产业定位的参考。在进行商业建筑地块的选择时，应当优先考虑基地的环境，物流运输的可达性，交通基础设施、市政管网、电信网络等是否齐全，减少规划初期建设成本，避免重复建设而造成浪费。

在建设场地的规划中，要根据实际合理利用地形条件，尽量不破坏原有的地形地貌，避免对原自然环境产生不利影响，降低人力、物力和财力的消耗，减少废土和废水等污染物。规划时应充分利用现有的交通资源，在靠近公共交通节点的人流方向设置独立出人口，必要时可与之连接，以增加消费者接触商

业建筑的机会与时间，方便消费者购物。

我国多数城市中心区经过长期的经营和发展，各方面的条件都比较完备，基础设施比较齐全，消费者的认知程度较高，逐渐形成比较繁华的商圈，不仅当地的城市经常光顾，外来旅游者也会慕名前来消费。成功的商圈有利于新建商业建筑快速被人们所熟悉，分享整个商圈的客流，而著名的商业建筑也同样可以提升商圈的知名度，增添新的吸引力。

在商圈内各种商业设施的种类繁多，应使它们在商品档次、种类、商业业态上有所区别，避免出现对消费者不正当争夺，从而影响经济效益，造成资源的浪费，国内外著名商圈表明，若干大型商业设施应集中在一定商圈范围内，以便于相互利用客源；但各自间也要保持适度的距离，过分集中将会造成人流局部拥挤，使消费者产生恐惧拥挤回避心理。

（二）商业建筑的环境设计

商业建筑是人们用来进行商品交换和商品交流的公共空间环境，它是现代城市的重要组成部分，也是展示现代城市商业文化、城市风貌与特色的重要场所。如何创造商业环境本身的美好形象，创造经济效益并产生社会影响，吸引市民和顾客的注意力，激发顾客消费欲望并产生购买商品的意图，进而付诸实施，是商业建筑内外环境最重要的设计任务。商业环境的装饰和布置就是达到这个目标极为关键和有效的手段。可见，商业环境的装饰和布置能够创造具有魅力的美好形象，帮助商业环境推销商品，提高商业环境工作人员的效率，显著增强商业环境的企业竞争力。商业建筑内外环境艺术设计的一个重要出发点，就是要最直接、最鲜明地体现商业营销环境的作用和效果，就是要采用各种装饰手段，既为市民和顾客提供一个称心如意的良好购物环境，也为商业环境内的工作人员提供舒适方便的售货场地。

比较理想的商业建筑环境设计，不仅可以给消费者提供舒适的室外休闲环境，而且环境中的树木绿化可以起到阻风、遮阳、导风、调节温湿度等作用。在商业建筑环境设计中，绿化的选择应多采用本土植物，尽量保持原生植被。在植物的配置上应注意乔木、灌木相结合，不同的植物种类相结合，达到四季有景的绿化美化效果。

良好的水生环境不仅可以吸引购物的人流，而且还可以很好地调节室内外热环境，有效地降低建筑能耗。有的商业建筑在广场上设置一些水池或喷泉，达到较好的景观效果。但这种设计形式不宜过多过大，设计时应充分考虑当地的气候和人的行为心理特征。水循环设计要求商业建筑的场地要有涵养水分的能力。场地保水的策略可分为"直接渗透"和"储集渗透"两种，"直接渗透"就是利用土壤的渗水性来保持水分；"储集渗透"则模仿自然水体的模式，先将雨水集中，再低速进行渗透。对于商业建筑来说，"直接渗透"更加适用。另外，硬质铺地在心理上给人的感觉比较生硬，绿化和渗透地面更容易使人接受。

　　现代商业建筑环境设计的一个新的趋势，就是建筑的内外环境在功能上的综合化，即把购物、餐饮、交往、办公、娱乐、交通等功能综合组成一个中心群体，是现代商业建筑环境设计的又一特点。大中商场和市场、商业街和步行商业街、购物中心和商业广场、商业综合体等四类现代商业建筑，都具有这种特点。功能的综合化则适应了现代消费需求和生活方式，带来了空间的多样化，并增强了活跃、欢快的购物气氛。例如日本福冈建成的博多水城，其建筑面积达 23.6 万平方米，在使用功能上把零售、娱乐、餐饮、办公、住宿等组成为一个城市中的欢乐岛，充分体现了现代购物中心在功能上的综合性特点。中德合资兴建的北京燕莎购物中心、中国国际贸易中心、赛特购物中心、上海商城等均属于这类具有功能综合性特点的现代商业环境，是展示当代中国最高设计水准的商业环境。

二、绿色商业建筑的建筑设计

　　现代商业建筑设计的目的是让建筑项目产生良好的、持久的经济效益，如果设计人员按照自己的思路闭门造车，那么辛苦设计的建筑项目就没有效益，无疑就会浪费大量的社会资源。建筑设计在商业里面是要实现项目动态的投资回报模式，是完成一件被消费者最终接受和持续使用的建筑产品，坚持绿色化建筑设计是实现绿色商业建筑的关键。

（一）商业建筑的平面设计

　　商业建筑与其他建筑一样，其建筑朝向的选择是与节能效果密切相关的首要问题。在一般情况下，建筑的南向有充足的光照，商业建筑选择坐北朝南，有利于建筑采光和吸收更多的热量。在寒冷的冬季，接收的太阳辐射可以抵消建筑物外表面向室外散失的热量；在炎热的夏天，南向外表面积过大会导致建筑得热过多，从而会加重空调的负担，在平面设计中可以采用遮阳等措施解决好两者之间的矛盾。

　　在进行商业建筑平面设计时，应将低能耗、热环境、自然通风、人体舒适度等因素与功能分区统一协调考虑。将占有较大面积的功能空间设置在建筑的

端部，设置独立的出人口，几个核心功能区间隔分布，中间以小空间连接，缓解大空间的人流压力。

商业建筑要区分人流和物流，并要细化人流的种类，各种流线尽量做到不要交叉，同时流线不出现遗漏和重复，努力提高运作效率，防止人流过分集中或过分分散引起的能耗利用不均衡。商业建筑的辅助空间（如车房、卫生间、设备间等），热舒适度要求较低，可将它们设置在建筑的西面或西北面，作为室外环境与室内主要功能空间的热缓冲区，降低夏季西晒与冬季冷风侵入对室内热舒适度的影响，同时应将采光良好的南向、东向留给主要功能空间。

（二）商业建筑的造型设计

在城市商业建筑空间环境塑造中，商业建筑的外观造型设计已经成为一种标志。美观大气的商业建筑外观造型设计能为公众提供了一个舒适的、宜人的视觉冲击，是一种人性化设计的体现，从而唤起消费者的购买欲望，一个美观大方的商业建筑会对人们生活空间环境质量的提高产生重要的影响。在进行商业建筑造型设计时，应掌握以下基本原则：

1. 商业性原则

人所共知，商品质量达到一定程度，包装设计在商品竞争中的作用显得极为重要。包装能刺激观看者的视觉，引起顾客的注意，唤起消费欲望，包装还可以使单纯的技术产品附带上文化的属性，并携带着设计者个人艺术倾向，充满人情味，满足人们对艺术的潜在追求。建筑也是一种商品，也要通过吸引顾客的注意力引发消费冲动、实现价值交换。商业社会重要的包装意识和包装手法也同样渗入了建筑领域，流行的建材和建筑式样会被建筑师包装进自己的作品里，成为塑造建筑形象、获取大众认可的重要手段。

2. 整体性原则

商业建筑的外立面造型设计不是孤立存在的，它位于具体的城市区域中，必然与所在区域的城市环境相结合；与城市外部空间环境、交通体系有良好的衔接；体现地域文化、城市文脉和自然因素的特点；与周边建筑环境和区域的统一；符合商业建筑的性格特征、功能组织和建造方式等。在现代城市中，很多商业建筑以满足自身的功能需要为设计的出发点，却极少考虑到建筑造型和城市空间、和其他建筑之间的交流和协调。建筑外观造型要摆脱封闭的形象，要和城市空间有交流，和周边建筑环境相协调。

3. 人性化原则

商业建筑具有人文内涵，基础是贯彻以人为本的人性化设计，一切从人的需要出发，无论是物质的还是精神的，表层的还是深层的，都要满足消费者的各种需求，提供人性化的服务。①形象墙。形象墙对吸引顾客有非常重要的作用，同时有利于商业设施的广告宣传。在设计时，既要注意标志物的式样规格、材料、色彩、安装位置等，还要注意与建筑造型的协调问题，避免失去平衡。②橱窗与广告牌。是一种能够从远距离识别的标志物，是商业建筑重要的特征，有很好的展示宣传功能，对人们有很好的识别性和导向性。

4. 经济性原则

经济是维持商业建筑现实运转的命脉，商业建筑经营的目的也是为了创造经济价值，因此，在大型商业建筑外部造型设计时，也必须遵循经济适用的原则，严格控制成本。外部造型在商业建筑中有重要的位置，并没有直接给该商业建筑带来人气和利润，但它又直接影响商场的经营和利润，因此引起了商业经营者和设计者的高度重视。欧美的不少大型商业中心外观简洁，其装修材料朴实，但是由于设计巧妙，施工精良，也能取得不错的效果。我国有些商业建筑，在外部造型的设计上存在好大喜功、追求气派的不良心态，虽然可收到一定效果，但是浪费了大量的金钱。所以，在商业建筑外部空间的设计中，经济性是一把衡量的戒尺，把握"适度"和"因地制宜"的设计概念非常重要。

（三）商业建筑的中庭设计

商业建筑中的中庭，是商业环境中非营业性的开放空间，它不仅是商业行为、功能的组织者，而且是空间形态多变、内容丰富、室内商业环境的精华部分。商业建筑的中庭具备舒适的休闲环境，结合了游乐活动、文娱设施、文化展示，而成为城市中欢乐愉悦的场所，也是市民休闲生活的重要场所，有"城市大起居室"之称。它为人们提供了休息、交往、观光会晤的空间，同时，可以将人流高效地组织到交通中去。这种室内开放空间具有解决交通集散、综合多种功能、组织环境景观、完善公共设施、提供信息交换的作用。沟通了与消费者的促销渠道，随时随地向人们发出商业的信息与动态，对于提高购物活动的效率以及开发商业价值具有重要意义。

中庭为现代商业建筑空间注入了新的活力。因为中庭空间是商业建筑空间形象的一个精彩高潮，也是创造别致的商业气氛的重要场所。在这里，空间艺术的创造使中庭形成整个商业建筑独特而别具风格的景观中心。中庭作为建筑物体内部带有玻璃顶盖的多层内院，多设置垂直交通工具而成为整个建筑的交通枢纽空间。不同方向的人流在这里交汇、集散。同时，这里也是人们憩息、观赏和交往行为的场所，使中庭形成一个多元化的活动空间。因而中庭不同于一般的室内空间，在尺度、形状、内容等方面也完全改变了传统的室内空间观念。

商业建筑的中庭顶部一般都设有天窗或是采用透光材质的屋顶，可引入室外的自然光，减少人工照明的能耗。夏天，利用烟囱效应将室内有害气体及多余的热量集中，统一排出室外；冬天，利用温室效应将热量留在室内，提高室内的温度。中庭高大的空间也为室内绿化提供了有利条件。合理配置中庭内的植物，可以调节中庭内的湿度，有些植物还具有吸收有害气体和杀菌除尘的作用，另外利用落叶植物不同季节的形态，还能达到调节进入室内太阳辐射的作用。

（四）商业建筑地下空间利用

在城市中的商业建筑处于繁华的中心地带，建筑用地可称为寸土寸金，商家要充分发挥有限土地利用的最大效益，尽量实现土地的立体式开发。目前全国的机动车数量快速剧增，购物过程中的停车问题成为影响消费者购物心情和便捷程度的重要因素。国内外的实践证明，发展地下停车库是解决以上问题的最好方法。

合理利用城市商业建筑的地下空间，发展地下多功能的地下商业是都市商业成熟的标志。尤其是在土地资源日趋紧缺的中国的大城市，科学、有序、理性、有效地开发商业地下空间，这是国际化的发展趋势。现在很多城市的商业建筑利用地下浅层地下空间，发展餐饮、娱乐等商业，而将地下车库布置在更深层的空间里，在获得良好经济效益的同时，也实现了节约用地的目标。

在有条件的情况下，商业建筑还可以将地下空间与地铁等地下公共交通进行连接，借助公共交通的便利资源，使浪费过程变得更加方便快捷，减少搭乘机动车购物时给城市交通带来的压力，达到低碳减排的环境保护目的。

三、商业建筑的空间环境设计

大型商业建筑公共空间是现代城市公共空间中必不可少的组成部分，对大型商业建筑公共空间的设计需在遵循科学原则的基础上，采用适当的设计方法，从整体空间上、界面上和环境上全方位优化展开。大型商业建筑的公共空间是指大型商业建筑中专门用于满足购物者休闲、开展促销等商业活动或其他娱乐社交活动的区域，出入口、广场、步行街、中厅、天桥、露台等等，作为社会化的公共开放空间，可以作为购物者的休息、饮食、开展商业活动或其他社会活动场地。

（一）商业建筑的室内空间设计

城市中的商业环境对于城市社会和市民是极其重要的，它不仅是买卖、经营、购物之所，而且作为城市文化的窗口，成为城市生活的真实写照，它是整个城市生活的重要舞台，传承来自四面八方的信息。商业环境是物流汇集、融资流通之地，是体现竞争的环境，由于它极其富有引力、成为大众的公共交往空间。购物环境中的中庭、庭院、广场、大厅，以及室内商业街道，都是购物环境中非营业性的室内空间。由此可见，商业建筑的室内空间设计是绿色商业建筑设计中的重要内容。

购物者的大部分商业行为都是在商业建筑室内完成的。商业建筑室内空间设计首先要做到吸引消费者的购买欲望，并且在长时间的购物过程中身心都感觉比较舒适。在建筑室内空间的设计中，可以采取室外化的处理手法，即将自然界的绿化引入到室内空间，或者将建筑外立面的装饰手法应用到商业建筑的室内界面上，使室内的环境如同室外的大自然环境。

有些商业建筑承租户更换频率比较高，因此在租赁单元的空间划分上应当尽量规整，各方面条件尽量保持均衡，而且做到室内空间可以灵活拆分与组合，满足不同类型承租户的需求，便于进行能耗的管理。

（二）商业建筑室内材料的选择

装饰材料选择是商业室内空间设计中的重要环节，不同的装饰材料有不同的质感、视觉效果与色彩。在商业建筑室内空间设计中，设计师要根据内部的空间性质，选择适宜材质并充分利用材料质感的视觉效果，创造优雅空间。商业建筑室内装饰材料的选择，首先要突显商业性、时尚性，同时还应重点考虑材料的绿色环保特性。常用材料有木材、石材、金属、玻璃、陶瓷、涂料、织物、墙纸墙布，等等。

木材在商业空间装修中一般有两个方面的使用：一是用于隐蔽工程和承重工程，如房屋的梁、吊顶用木龙骨、地板龙骨等，常用树种有松木、杉木等；二是用于室内工程及家具制造的主要饰面材料，常用树种有胡桃木、柚木、樱桃木、榉木、枫木，等等。

石材分天然石材和人造石材两种，天然石材又分花岗岩和大理石两大类。花岗岩外表呈颗粒状，质地坚硬细密，适合做建筑装饰或室内地面，而大理石纹理丰富、色彩多样，质地柔软，在商业空间设计中常用于室内地面和墙面。人造石材分纯亚力克、复合亚克力及聚酯板，与天然石材相比有环保、无毒、无辐射的特点，其可塑性强的特点更能满足设计师天马行空的创意思想。颜色上的丰富多彩，也可满足商业空间不同的设计要求。一般用于厨房台面、窗台板、服务台、酒吧吧台、楼梯扶手，等等，极少用于地面。

金属材料主要有钢、不锈钢、铝、铜、铁等，钢、不锈钢及铝材具有现代感，而铜较华丽，铁则显得古朴厚重。其中不锈钢在商业空间室内装修中应用非常广泛。铜材在装修中的历史悠久，多被制作铜装饰件、铜浮雕、门框、铜条、铜栏杆及五金配件，等等。

玻璃在商业空间中的应用是非常广泛的，从外墙窗户或外墙装饰到室内屏风、门、隔断、墙体装饰等都会用到。其中平板玻璃 5～6mm 玻璃主要用于外墙窗户、门等小面积透光造型，7～9mm 玻璃主要用于室内屏风等较大面积且有框架保护的造型中，11～12mm 的平板玻璃用于地弹簧玻璃门和一些隔断。

涂料是含有颜料或不含颜料的化工产品，涂在物体表面起到装饰和防护的作用。可以分为水性漆和油性漆，也可以按成分分为乳胶漆、调和漆、防锈漆，等等。

瓷砖按工艺和特色可分为釉面砖、通体砖、抛光砖、玻化砖及马赛克，等等，品种琳琅满目，可根据室内装修要求选用。

墙纸墙布在商业空间装修中广泛应用于墙面、天花板面装饰材料，通过印花、压花、发泡可以仿制许多传统材料的外观，图案和色彩的丰富性是其他墙面装饰材料所不能比拟的。

总之，在商业建筑室内材料的选择上，应避免铺张浪费、奢华之风，用经济、实用、合适的材料创造出新颖、绿色、舒适的商业环境。在具体的工程项目中，应当考虑尽量使用本土材料，从而可降低运输及材料成本，减少运输过程中的消耗及污染。

四、商业建筑结构设计中的绿色理念

安全、经济、适用、美观、便于施工是进行建筑结构设计的原则，一个优秀的商业建筑结构设计应该是这五个方面的最佳结合。商业结构设计一般在建筑设计之后，结构设计不能破坏建筑设计，建筑设计不能超出结构设计的能力范围，结构设计决定了建筑设计能否实现。随着社会经济的发展和人们生活水平的提高，对商业建筑工程的绿色设计也提出了更高的要求。而结构设计作为商业建筑工程设计不可分割的一环，必然对工程设计的成败起着重大的影响作用。因此，树立绿色理念、优化结构设计、发展先进计算理论，加强计算机在结构设计中的应用，加快新型建材的研究与应用，使商业建筑结构设计符合绿色化的要求，达到更加安全、适用、经济是当务之急。

商业建筑结构设计中的绿色理念，就是商业建筑要以全生命周期的思维概念去分析考虑，合理选择商业建筑的结构形式与材料。在通常情况下，商业建筑对结构有如下要求：建筑内部空间的自由分割与组合对商业建筑非常重要，在满足结构受力的条件下，结构所占的面积也尽可能的少，以提供更多的使用空间；较短的施工周期，有利于实现建筑的尽早利用；商业建筑还时常需要高、宽、大等特殊空间。

基于以上几点要求的考虑，目前钢结构已成为商业建筑最具有优势的结构形式。钢结构

与其他结构相比，在使用功能、设计、施工以及综合经济方面都具有优势，在商业建筑中应用钢结构的优势主要体现在以下几个方面。

（1）建筑风格灵活。设计大开间时，室内空间可多方案分割，满足商业店铺的不同需求，并可通过减少柱的截面面积和使用轻质墙板，提高建筑面积使用率，一般有效使用面积提高约 3% ～ 6%。

（2）节能效果好。在商业建筑中应用钢结构，其墙体可采用轻型节能标准化预制墙板代替黏土砖，保温性能好，节能可达到 65%。

（3）钢结构体可充分发挥。钢材的延性好、塑性变形能力强，以及优良的抗震抗风性能，从而大大增加了抗强震的能力，提高了住宅的安全可靠性。尤其在遭遇地震、台风灾害的情况下，能够避免建筑物的倒塌性破坏。

（4）建筑总重轻。钢结构体系采用轻质的材料，组成高强、防火、防水、绝热、隔音、节能的复合墙体，替代传统的黏土砖和其他笨重的砌体材料，采用轻型钢结构体系，混凝土用量可降低 50%，整体钢结构建筑的重量比混凝土建筑下降 75%。

（5）施工速度快。钢结构采用轻型钢结构体系，不需要现场绑扎钢筋，不需要制作模板，楼板现浇混凝土时，不需要临时支撑，这样，可以大大地加快施工现场的拼装速度。因此，轻型钢结构体系的建设周期，可以比传统结构模式缩短 50% 以上，从而大大缩短投资资金的占用周期，提高资金的使用效率。

（6）环保效果好。钢结构建筑施工时，大大减少了砂、石和水泥的用量，所用的材料主要是绿色可回收或降解的材料，在建筑物需要拆除时，大部分材料可以再生或降解，不会产生很多建筑垃圾。

（7）符合建筑产业化和可持续发展的要求。钢结构适宜工厂大批量生产，工业化程度高，并且能将节能、防水、隔热等先进成品集合于一体，将设计、生产、施工一体化，从而提高建筑产业的水平。

综上所述，钢结构是适合创新的结构体系。钢结构可随着人们审美观的不同，使用功能要求的不同，设计各种造型、尺度、空间的新型结构。生产厂家能高精度、高质量、高速度完成，使建筑物达到既美观又经济的效果。

在国外，小型商业建筑也有很多采用木结构形式的。木材在生产加工的过程中，不会产生大量污染，消耗的能量比其他材料也少。木材属于天然材料，给人的亲和力是其他建筑材料无法代替的，对室内湿度也有一定的调节能力，有益于人体的健康。木结构在废弃后，材料基本上可以完全回收。但是选用木结构时应当注意防火、防虫、防腐、耐久等问题。此外，可以将木结构与轻钢结构相结合，集中两种结构的优点，创造舒适环保的室内环境。

第六章 建筑工程绿色施工技术

第一节　施工准备与施工场地

一、施工准备

（1）施工单位应根据设计文件、场地条件、周边环境和绿色施工总体要求，明确绿色施工的目标、材料、方法和实施内容，并在图纸会审时提出需设计单位配合的建议和意见。

（2）施工单位应编制包含绿色施工管理和技术要求的工程绿色施工组织设计、绿色施工方案或绿色施工专项方案，并经审批后实施。

（3）绿色施工组织设计、绿色施工方案或绿色施工专项方案编制应符合下列规定。

①应考虑施工现场的自然与人文环境特点。②应有减少资源浪费和环境污染的措施。③应明确绿色施工的组织管理体系、技术要求和措施。④应选用先进的产品、技术、设备、施工工艺和方法，利用规划区域内设施。⑤应包含改善作业条件、降低劳动强度、节约人力资源等内容。

（4）施工现场宜实行电子文档管理，减少纸质文件，利于环境保护。

（5）施工单位宜对同类建筑材料进行绿色性能评价，并建立建筑材料数据库，在具体工程实施中选用性能相对绿色的材料。

（6）施工单位宜建立施工机械设备数据库。应根据现场和周边环境情况，对施工机械和设备进行节能、减排和降耗指标分析和比较，采用高性能、低噪声和低能耗的机械设备。

（7）在绿色施工评价前，依据工程项目环境影响因素分析情况，应对现行国家标准《建筑工程绿色施工评价标准》（GB/T 50640—2010）中的绿色施工评价要素中一般项和优选项进行调整，并经工程项目建设和监理方确认后，作为绿色施工的相应评价依据。

（8）在工程开工前，施工单位应完成绿色施工的各项准备工作。

二、施工场地

（1）在施工总平面设计时，应针对施工场地、环境和条件进行分析（含施工现场的作业时间和作业空间、具有的能源和设施、自然环境、社会环境、工程施工所选用的料具性能等），制订具体实施方案。

（2）在施工总平面布置时，应充分利用现有和拟建建筑物、道路、给水、排水、供暖、供电、燃气、电信等设施和场地等，提高资源利用率。

（3）施工前施工单位应结合实际，制订合理的用地计划；施工中应减少场地干扰，保护环境。

（4）临时设施的占地面积可按最低面积指标设计，有效使用临时设施用地。

（5）塔吊等垂直运输设施基座宜采用可重复利用的装配式基座或利用在建工程的结构。

三、施工总平面布置

（1）施工现场平面布置应符合下列规定。

①在满足施工需要前提下，应减少施工用地。②应合理布置起重机械和各项施工设施，统筹规划施工道路。③应合理划分施工分区和流水段，减少专业工种之间交叉作业。

（2）施工现场平面布置应根据施工各阶段的特点和要求，实行动态管理。

（3）施工现场生产区、办公区和生活区应实现相对隔离。

（4）施工现场作业棚、库房、材料堆场等布置宜靠近交通线路和主要用料部位。

（5）施工现场的强噪声机械设备宜远离噪声敏感区（包括医院、学校、机关、科研单位、住宅和工人生活区等需要保持安静的建筑物区域）。

四、场区围护及道路

（1）施工现场大门、围挡和围墙可采用预制轻钢结构等可重复利用材料，提高材料使用率，并应工具化、标准化。

（2）施工现场入口应设置绿色施工制度图牌。

（3）施工现场道路布置应遵循永久道路和临时道路相结合的原则。

（4）施工现场主要道路的硬化处理宜采用可周转使用的材料和构件。

（5）施工现场围墙、大门和施工道路周边宜设绿化隔离带。

五、临时设施

（1）临时设施的设计、布置和使用，应采取有效的节能降耗措施，并应符合下列规定。

①应利用场地自然条件，临时建筑的体形宜规整，应有自然通风和采光，并应满足节能要求。②临时设施宜选用由高效保温、隔热、防火材料制成的复合墙体和屋面，以及密封保温隔热性能好的门窗。③临时设施建设不宜使用一次性墙体材料。

（2）办公和生活临时用房应采用可重复利用的房屋。可重复利用的房屋包括多层轻钢活动板房、钢骨架多层水泥活动板房、集装箱式用房等。

（3）严寒地区外门应采取防寒措施，以满足保温和节能要求。夏季炎热地区的外窗宜设置外遮阳，以减少太阳辐射热。

第二节　地基与基础工程

一、一般规定

（1）桩基施工应选用低噪、环保、节能、高效的机械设备和工艺，如采用螺旋、静压、喷注式等成桩工艺，以减少噪声、振动、大气污染等对周边环境的影响。

（2）地基与基础工程施工时，应识别场地内及周边现有的自然、文化和建（构）筑物特征，并采取相应保护措施。场内发现文物时，应立即停止施工，派专人看管，并通知当地文物主管部门。

（3）应根据气候特征选择施工方法、施工机械，安排施工顺序，布置施工场地。

（4）地基与基础工程施工应符合下列规定：①现场土、料存放应采取加盖或植被覆盖措施。②土方、渣土装卸车和运输车应有防止遗撒和扬尘的措施。③对施工过程产生的泥浆应设置专门的泥浆池或泥浆罐车存储。

（5）基础工程涉及的混凝土结构、钢结构、砌体结构工程应按主体结构工程的有关要求执行。

二、土石方工程

（1）土石方工程开挖前应进行挖、填方的平衡计算，在土石方场内应有效利用、运距最短和工序衔接紧密。

（2）工程渣土应分类堆放和运输，其再生利用应符合现行国家标准《工程施工废弃物再生利用技术规范》（GB/T 50743—2012）的规定。

（3）土石方工程开挖宜采用逆作法或半逆作法进行施工，施工中应采取通风和降温等改善地下工程作业条件的措施。

（4）在受污染的场地进行施工时，应对土质进行专项检测和治理。

（5）土石方工程爆破施工前，应进行爆破方案的编制和评审；应采取防尘和飞石控制措施。防尘和飞石控制措施包括清理积尘、淋湿地面、外设高压喷雾状水系统、设置防尘排栅和直升机投水弹，等等。

（6）4级风以上天气，严禁土石方工程爆破施工作业。

三、桩基工程

（1）成桩工艺应根据桩的类型、使用功能、土层特性、地下水位、施工机械、施工环境、施工经验、制桩材料供应条件等，按安全适用、经济合理的原则选择。

（2）混凝土灌注桩施工应符合下列规定：①灌注桩采用泥浆护壁成孔时，应采取导流沟和泥浆池等排浆及储浆措施。②施工现场应设置专用泥浆池，并及时清理沉淀的废渣。

（3）工程桩不宜采用人工挖孔成桩。当特殊情况采用时，应采取护壁、通风和防坠落措施。

（4）在城区或人口密集地区施工混凝土预制桩和钢桩时，宜采用静压沉桩工艺。静力压装宜选择液压式和绳索式压桩工艺。

（5）工程桩桩顶剔除部分的再生利用应符合现行国家标准《工程施工废弃物再生利用技术规范》（GB/T 50743—2012）的规定。

四、地基处理工程

（1）换填法施工应符合下列规定。

①回填土施工应采取防止扬尘的措施，4级风以上天气严禁回填土施工。施工间歇时应对回填土进行覆盖。②当采用砂石料作为回填材料时，宜采用振

动碾压。③灰土过筛施工应采取避风措施。④开挖原土的土质不适宜回填时，应采取土质改良措施后加以利用。如对具有膨胀性土质地区的土方回填，可在膨胀土中掺入石灰、水泥或其他固化材料，令其满足回填土土质要求，从而减少土方外运，保护土地资源。

（2）在城区或人口密集地区，不宜使用强夯法施工。

（3）高压喷射注浆法施工的浆液应有专用容器存放，置换出的废浆应收集清理。

（4）采用砂石回填时，砂石填充料应保持湿润。

（5）基坑支护结构采用锚杆（锚索）时，宜采用可拆式锚杆。

（6）喷射混凝土施工宜采用湿喷或水泥裹砂喷射工艺，并采取防尘措施。喷射混凝土作业区的粉尘浓度不应大于 $10mg/m^3$，喷射混凝土作业人员应佩戴防尘用具。

五、地下水控制

（1）基坑降水宜采用基坑封闭降水方法。施工降水应遵循保护优先、合理抽取、抽水有偿、综合利用的原则，宜采用连续墙、"护坡桩＋桩间旋喷桩""水泥土桩＋型钢"等全封闭帷幕隔水施工方法，隔断地下水进入基坑施工区域。

（2）基坑施工排出的地下水应加以利用。基坑施工排出的地下水可用于冲洗、降尘、绿化、养护混凝土，等等。

（3）采用井点降水施工时，轻型井点降水应根据土层渗透系数合理确定降水深度、井点间距和井点管长度；地下水位与作业面高差宜控制在 250mm 以内，并应根据施工进度进行水位自动控制；在满足施工需要的前提下，尽量减少地下水抽取。

（4）当无法采用基坑封闭降水，且基坑抽水对周围环境可能造成不良影响时，应采用对地下水无污染的回灌方法。

第三节 主体结构工程

一、一般规定

（1）基础和主体结构施工应统筹安排垂直和水平运输机械。

（2）施工现场宜采用预拌混凝土和预拌砂浆。现场搅拌混凝土和砂浆时，应使用散装水泥；搅拌机棚应有封闭降噪和防尘措施。

二、混凝土结构工程

（一）钢筋工程

（1）钢筋宜采用专用软件优化放样下料，根据优化配料结果确定进场钢筋的定尺长度，充分利用短钢筋，使剩余的钢筋头最小。

（2）钢筋工程宜采用专业化生产的成型钢筋，能节约材料、节省能源、少占用地、提高效率。钢筋现场加工时，宜采取集中加工方式。

（3）钢筋连接宜采用机械连接方式，质量可靠，节约材料。

（4）进场钢筋原材料和加工半成品应存放有序、标识清晰，存放场地应有排水、防潮、防锈、防泥污等措施，并应制定保管制度。

（5）钢筋除锈时，应采取避免扬尘和防止土壤污染的措施。

（6）钢筋加工中使用的冷却液体，应过滤后循环使用，不得随意排放。

（7）钢筋除锈、冷拉、调直、切断等加工过程中会产生金属粉末和锈皮等废弃物，应及时收集处理，不得随意掩埋或丢弃，以防止污染土地。

（8）钢筋绑扎安装过程中，绑扎丝、电渣压力焊焊剂容易撒落，应采取措施减少撒落，及时收集利用，减少材料浪费。

（9）钢筋宜采用一笔箍（为连续钢筋制作的螺旋箍或多支箍）或焊接封闭箍。

（二）模板工程

（1）制订模板及支撑体系方案时，应贯彻"以钢代木"和应用新型材料的原则，尽量减少木材的使用，保护森林资源。应选用周转率高的模板和支撑体系。模板宜选用可回收利用的塑料、铝合金等材料。

（2）宜使用大模板、定型模板、爬升模板和早拆模板等工业化模板及支撑体系。机械化程度高、施工速度快、工厂化加工、减少现场作业和场地占用。

（3）当采用木或竹制模板时，宜采取工厂化定型加工、现场安装的方式，不得在工作面上直接加工拼装。在现场加工时，应设封闭场所集中加工，并采取隔声和防粉尘污染措施。

（4）模板安装精度应符合现行国家标准《混凝土结构工程施工质量验收

规范》（GB 50204—2015）的要求。节省抹灰材料和人工，提高工程质量，加快施工进度。

（5）脚手架和模板支撑宜选用承插式、碗扣式、盘扣式等管件合一的脚手架材料搭设。以减少传统的扣件式钢管脚手架在安装和拆除过程中容易丢失扣件且承载能力受人为因素影响较大的现象。

（6）高层建筑结构施工，应采用整体或分片提升的工具式脚手架和分段悬挑式脚手架。减少投入、减少垂直运输、安全可靠。

（7）模板及脚手架施工应回收散落的铁钉、铁丝、扣件、螺栓等材料。

（8）用作模板龙骨的残损短木料，可采用"叉接"接长技术接长使用，木、竹胶合板配料剩余的边角余料可拼接使用，节约材料。

（9）模板脱模剂应选用环保型产品，并派专人保管和涂刷，剩余部分应加以利用。

（10）模板拆除时，模板和支撑应采用适当的工具按规定的程序进行，不应乱拆硬撬；并应随拆随运，防止交叉、叠压、碰撞等造成损坏。不慎损坏的应及时修复，暂时不使用的应采取保护措施，并应建立维护维修制度。

（三）混凝土工程

（1）在混凝土配合比设计时，混凝土中可适当添加粉煤灰、磨细矿渣粉等工业废料和高效减水剂，以减少水泥用量；当混凝土中添加粉煤灰时，宜利用其后期强度。

（2）混凝土宜采用泵送、布料机布料浇筑；地下大体积混凝土采用溜槽或串筒浇筑，能保证混凝土质量，还可加快施工、节省人工。

（3）超长无缝混凝土结构宜采用滑动支座法、跳仓法和综合治理法施工；当裂缝控制要求较高时，可采用低温补仓法施工。

滑动支座法是利用滑动支座减少约束、释放混凝土内力的施工方法；跳仓法是将超长超宽混凝土结构划分成若干个区块，按照相隔区块与相邻区块两大部分，依据一定时间间隔要求，对混凝土进行分期施工的方法；低温补仓法是在跳仓法的基础上，创造一种补仓低于跳仓混凝土浇筑温度的施工方法；综合治理法是全部或部分采用滑动支座法、跳仓法、低温补仓法及其他方法控制复杂混凝土结构早期裂缝的施工方法。

（4）混凝土振捣应采用低噪声振捣设备，当采用传统振捣设备时，也可采取围挡等降噪措施；在噪声敏感环境或钢筋密集时，宜采用自密实混凝土。

（5）混凝土宜采用塑料薄膜加保温材料覆盖保湿、保温养护；当采用洒水或喷雾养护时,养护用水宜使用回收的经检测合格的基坑降水或雨水;混凝土竖向构件宜采用养护剂进行养护。

(6)混凝土结构宜采用清水混凝土,其表面应涂刷保护剂以增加混凝土的耐久性。

(7)混凝土浇筑余料应制成小型预制件,用于临时工程或在不影响工程质量安全的前提下,用于门窗过梁、沟盖板、隔断墙中的预埋件砌块等,充分利用剩余材料;不得随意倒掉或当作建筑垃圾处理。

(8)清洗泵送设备和管道的污水应经沉淀后回收利用,浆料分离后可作室外道路、地面等垫层的回填材料。

三、砌体结构工程

(1)砌体结构宜采用工业废料或废渣制作的砌块及其他节能环保的砌块。

(2)砌块运输宜采用托板整体包装,现场应减少二次搬运。

(3)砌块湿润和砌体养护宜使用检验合格的非自来水水源。

(4)混合砂浆掺合料可使用粉煤灰等工业废料。

(5)砌筑施工时,落地灰应随即清理、收集和再利用。

(6)砌块应按组砌图砌筑;非标准砌块应在工厂加工按计划进场,现场切割时应集中加工,并采取防尘降噪措施。

(7)毛石砌体砌筑时产生的碎石块,应加以回收利用。

四、钢结构工程

(1)钢结构深化设计时,应结合加工、运输、安装方案和焊接工艺要求,确定分段、分节数童和位置,优化节点构造,减少钢材用量。

(2)钢结构安装连接宜选用高强螺栓连接,减少现场焊接量;钢结构宜采用金属涂层进行防腐处理,减少使用期维护。

(3)大跨度钢结构安装宜采用起重机吊装、整体提升、顶升和滑移等机械化程度高、劳动强度低的方法。

(4)钢结构加工应制定废料减量计划,优化下料,综合利用余料,废料应分类收集、集中堆放、定期回收处理。

(5)钢材、零(部)件、成品、半成品件和标准件等应堆放在平整、干燥场地或仓库内。

（6）复杂空间钢结构制作和安装，应预先采用仿真技术模拟施工过程和状态。

（7）钢结构现场涂料应采用无污染、耐候性好的材料。防火涂料喷涂施工时，应采取防止涂料外泄的专项措施。

五、其他

（1）装配式混凝土结构安装所需的埋件和连接件以及室内外装饰装修所需的连接件，应在工厂制作时准确预留、预埋，防止事后剔凿破坏，造成不必要的浪费。

（2）钢混组合结构中的钢结构构件与钢筋的连接方式（穿孔法、连接件法和混合法等）应在深化设计时确定，并绘制加工图，示出预留孔洞、焊接套筒、连接板位置和大小，在工厂加工完成，不得现场临时切割或焊接，以防止损坏钢构件。

（3）索膜结构的索和膜均应在工厂按照计算机模拟张拉后的尺寸下料，制作和安装连接件，运至现场安装张拉。

第四节　装饰装修工程

一、一般规定

（1）施工前，块材、板材、卷材类材料包括地砖、石材、石膏板、壁纸、地毯以及木质、金属、塑料类等材料。施工前应进行合理排版，减少切割和因此产生的噪声及废料等。

（2）门窗、幕墙、块材、板材加工应充分利用工厂化加工，减少现场加工产生的占地、耗能以及可能产生的噪声和废水。

（3）装饰用砂浆宜采用预拌砂浆，落地灰应回收使用。

（4）建筑装饰装修成品和半成品应根据其部位和特点，采取相应的保护措施，避免损坏、污染或返工。

（5）材料的包装物应分类回收。

（6）不得采用沥青类、煤焦油类等材料作为室内防腐、防潮处理剂。

（7）应制定材料使用的减量计划，材料损耗宜比额定损耗率降低30%。

（8）民用建筑工程的室内装修，所采用的涂料、胶黏剂、水性处理剂，其苯、甲苯和二甲苯、游离甲醛、游离甲苯二异氰酸酯（TDI）、挥发性有机化合物（VOC）的含量应符合《民用建筑工程室内环境污染控制规范》（GB 50325—2014）的相关要求。

（9）民用建筑工程验收时，必须进行室内环境污染物浓度检测，其限量应符合表6-1的规定。

表 6-1　民用建筑工程室内环境污染物浓度限量

污染物浓度	Ⅰ类民用建筑工程	Ⅱ类民用建筑工程
氡 / （Bq·m^{-3}）	≤ 200	≤ 400
甲醛 / （mg·m^{-3}）	≤ 0.08	≤ 0.1
苯 / （mg·m^{-3}）	≤ 0.09	≤ 0.09
氨 / （mg·m^{-3}）	≤ 0.2	≤ 0.2
TVOC/（mg·m^{-3}）	≤ 0.5	≤ 0.6

二、地面工程

（1）地面基层处理应符合下列规定。

①基层粉尘清理宜采用吸尘器；没有防潮要求的，可采用洒水降尘等措施。②基层需剔凿的，应采用低噪声的剔凿机具和剔凿方式。

（2）地面找平层、隔气层、隔声层施工应符合下列规定。

①找平层、隔气层、隔声层厚度应控制在允许偏差的负值范围内。②干作业应有防尘措施。③湿作业应采用喷洒方式保湿养护。

（3）水磨石地面施工应符合下列规定。

①应对地面洞口、管线口进行封堵，墙面应采取防污染措施。②应采取水泥浆收集处理措施。③其他饰面层的施工宜在水磨石地面完成后进行。④现制水磨石地面应采取控制污水和噪声的措施。

（4）施工现场切割地面块材时，应采取降噪措施；污水应集中收集处理。

（5）地面养护期内不得上人或堆物，地面养护用水应采用喷洒方式，严禁养护用水溢流。

三、门窗及幕墙工程

（1）木制、塑钢、金属门窗应采取成品保护措施。

（2）外门窗安装应与外墙面装修同步进行。

（3）门窗框周围的缝隙填充应采用憎水保温材料。

（4）幕墙与主体结构的预埋件应在结构施工时埋设。

（5）连接件应采用耐腐蚀材料或采取可靠的防腐措施。

（6）硅胶使用前应进行相容性和耐候性复试。

四、吊顶工程

（1）吊顶施工应减少板材、型材的切割。

（2）应避免采用温湿度敏感材料进行大面积吊顶施工。

温湿度敏感材料是指变形、强度等受温度、湿度变化影响较大的装饰材料，如纸面石膏板、木工板等。使用温湿度敏感材料进行大面积吊顶施工时，应采取防止变形和裂缝的措施。

高大空间的整体顶棚施工，宜采用地面拼装、整体提升就位的方式。

高大空间吊顶施工时，宜采用可移动式操作平台等节能节材设施，以减少脚手架搭设工作量，省材省工。

五、隔墙及内墙面工程

（1）隔墙材料宜采用轻质砌块砌体或轻质墙板，严禁采用实心烧结黏土砖。

（2）预制板或轻质隔墙板间的填塞材料应采用弹性或微膨胀的材料。

（3）抹灰墙面宜采用喷雾方法进行养护。

（4）使用溶剂型泥子找平或直接涂刷溶剂型涂料时，混凝土或抹灰基层含水率不得大于 8%；使用乳液型泥子找平或直接涂刷乳液型涂料时，混凝土或抹灰基层含水率不得大于 10%，木材基层的含水率不得大于 12%。以避免引起起鼓等质量缺陷，提高耐久性。

（5）涂料施工应采取遮挡、防止挥发和劳动保护等措施。

第七章 建筑规划设计中的节能技术

第一节 建筑选址与建筑布局

一、建筑选址

建筑节能设计，要全面了解建筑所在区域的气候条件、地形地貌、地质水文资料，等等，这些因素对建筑规划的选址、建筑节能的效率及室内热环境都是有影响的。

（一）气候条件对建筑物的影响

建筑的地域性表现为地理环境的差异性及特殊性。它包括建筑所在地区自然环境特征，如气候条件、地形地貌、自然资源，等等。其中气候条件对建筑的作用最为突出。因此，进行建筑节能设计前应了解当地的太阳辐射照度、冬季日照率、冬夏两季最冷月和最热月平均气温、空气湿度、冬夏季主导风向以及建筑物室外的微气候环境。建筑节能设计首先应考虑充分利用建筑物所处区域的自然能源和条件，在尽可能不消耗常规能源的前提下，遵循气候设计方法和利用建筑技术措施，创造出适宜于人们生活和工作所需要的室内热环境。

以居住区为例，如能够采取措施利用建筑周围的微气候条件，从而达到改善室内热环境的目的，就能在一定程度上减少对采暖空调设备的依赖，减小能耗。

（二）地形地貌对建筑能耗的影响

建筑所处位置的地形地貌，如位于平地或坡地、山谷或山顶、江河或湖泊水系等，将直接影响建筑室内外热环境和建筑能耗的大小。

在严寒或寒冷地区，建筑宜布置在向阳、避风的地域，不宜布置在山谷、洼地、沟底等凹形地域。这主要是考虑冬季冷气流容易在凹地聚集，形成对建筑物的"霜洞"效应，从而使位于凹地底层或半地下室层面的建筑若想保持所需的室内温度，采暖能耗将会增加。图 7-1 显示了这种现象。但是，对于夏季炎热地区而言，建筑布置在上述地方却是相对有利的，因为这些地方往往容易实现自然通风，尤其是晚上，高处凉爽气流会"自然"地流向凹地，把室内热量带走，在降低通风、空调能耗的同时还改善了室内热环境。

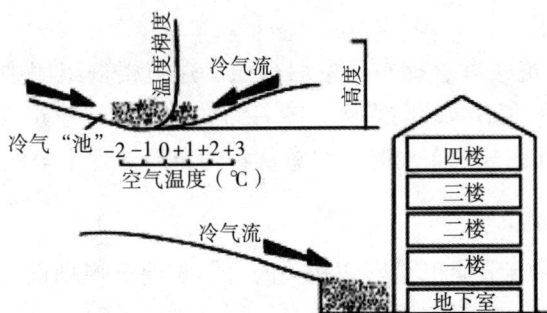

图 7-1　低洼地区对建筑物的"霜洞"效应

江河湖海地区，因地表水陆分布、表面覆盖等的不同，昼间受太阳辐射和夜间受长波辐射散热作用时，因陆地和水体增温或冷却不均而产生昼夜不同方向的地方风。在建筑设计时，可充分利用这种地方风以改善夏季室内热环境，降低空调能耗。

此外，建筑物室外地面的覆盖层（如植被、地砖或混凝土地面）及其透水性也会影响室外的微气候环境，从而影响建筑采暖和空调能耗的大小。因此节能建筑在规划设计时，应有足够的绿地和水面，严格控制建筑密度，尽量减小混凝土地面面积，并应注意地面的透水性，以改善建筑物室外的微气候环境。

（三）争取使建筑向阳、避风建造

节能建筑为满足冬暖夏凉的目的，合理地利用阳光是最经济有效的途径。同时人类生存、身心健康、卫生、工作效率也与日照有着密切关系。在节能建筑的规划设计中应对以下几方面予以注意。

（1）注意选择建筑物的最佳朝向。严寒和寒冷地区、夏热冬冷地区和夏热冬暖地区的居住建筑和公共建筑朝向应以南北朝向或接近南北朝向为主，这样可使建筑物均有主要房间朝南，有利于冬季争取日照、夏季减少太阳辐射得热。同时，对建筑朝向可针对不同地区的最佳朝向范围作一定程度的调整，以做到节能省地两不误。

（2）应选择满足日照要求、不受周围其他建筑物严重遮挡阳光的基地。

（3）居住和公共建筑的基地应选择在向阳、避风的地段上。冷空气的风压和冷风渗透均对建筑物冬季防寒保温带来不利影响，尤其对严寒、寒冷和部分夏热冬冷地区的建筑物影响很大。节能建筑应选择在避风基址上建造或建筑物大面积墙面、门窗设置应避开冬季主导风向，应以建筑物围护体系不同部位的风压分析图作为设计依据，对建筑围护结构保温及各类门窗洞口和通风口进行防冷风渗透设计。

（4）利用建筑楼群合理布局争取日照。建筑楼群组团中各建筑的形状、布局、走向都会产生不同的阴影区，随着纬度的增加，建筑物背面阴影区的范围也将增大，所以在规划布局时，注意从各种布局处理中争取最佳的日照。

二、建筑布局

建筑布局与建筑节能也是密切相关的。影响建筑规划设计布局的主要气候因素有日照、风向、气温、雨雪等。在进行规划设计时，可通过建筑布局，形成优化微气候环境的良好界面，建立气候防护单元，对节能也是很有利的。设计组织气候防护单元，要充分根据规划地域的自然环境因素、气候特征、建筑物的功能等形成利于节能的区域空间，充分利用和争取日照，避免季风的干扰，组织内部气流，利用建筑的外界面，形成对冬季恶劣气候条件的有利防护，改善建筑的日照和风环境，达到节能的效果。

建筑群的布局可以从平面和空间两个方面考虑。一般的建筑组团平面布局有行列式、错列式、周边式、混合式、自由式等，如图7-2所示。它们都有各自的特点。

（1）行列式——建筑物成排成行地布置。这种布置方式能够争取最好的建筑朝向，若注意保持建筑物间的日照间距，可使大多数居住房间得到良好的日照，并有利于自然通风，是目前广泛采用的一种布局方式。

（2）错列式——可以避免"风影效应"，同时利用山墙空间争取日照。

（3）周边式——建筑沿街道周边布置。这种布置方式虽然可以使街坊内空间集中开阔，但有相当多的居住房间得不到良好的日照，对自然通风也不利。所以这种布置方式仅适于严寒和部分寒冷地区。

（4）混合式——行列式和部分周边式的组合形式。这种布置方式可较好地组成一些气候防护单元，同时又有行列式日照通风的优点，在严寒和部分寒冷地区是一种较好的建筑群组团方式。

（5）自由式——当地形比较复杂时，密切结合地形构成自由变化的布置形式。这种布置方式可以充分利用地形特点，便于采用多种平面形式和高低层及长短不同的体型组合。可以避免互相遮挡阳光，对日照及自然通风有利，是最常见的一种组团布置形式。

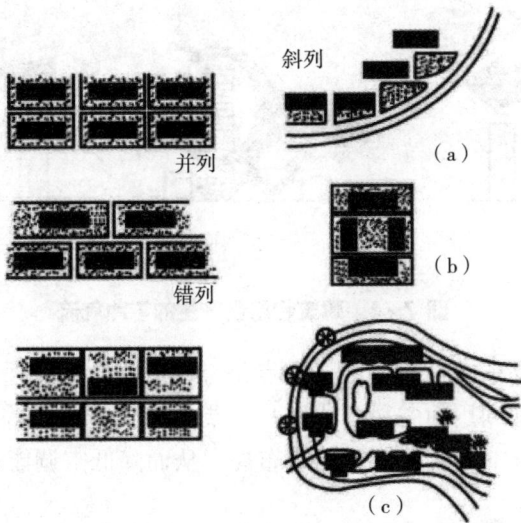

图7-2 建筑群平面布局形式

另外,规划布局中要注意点、条组合布置,将点式住宅布置在朝向好的位置,条状住宅布置在其后,有利于利用空隙争取日照,如图7-3所示。

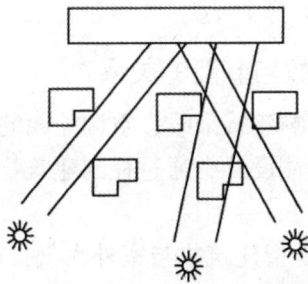

图7-3 条形与点式建筑结合布置争取最佳日照

从空间方面考虑,在组合建筑群中,当一栋建筑远高于其他建筑时,它在迎风面上会受到沉重的下冲气流的冲击,如图7-4(b)所示。另一种情况出现在若干栋建筑组合时,在迎冬季来风方向减少某一栋建筑,均能产生由于其间的空地带来的下冲气流,如图7-4(c)所示。这些下冲气流与附近水平方向的气流形成高速风及涡流,从而加大风压,加大热损失。

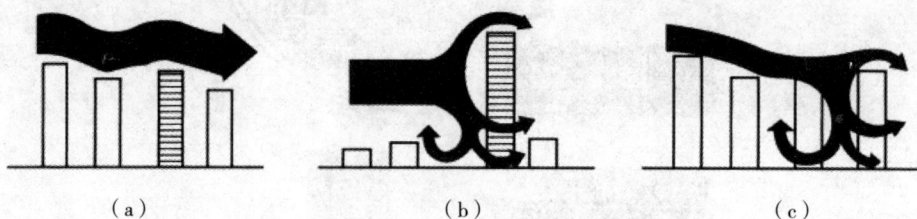

（a）　　　　　　（b）　　　　　　（c）

图 7-4　建筑物组合产生的下冲气流

在我国南方及东南沿海地区，重点是考虑夏季防热及通风。建筑规划设计时应重视科学合理利用山谷风、水陆风、街巷风、林园风等自然资源，选择利于室内通风、改善室内热环境的建筑布局，从而降低空调能耗。

第二节　建筑体型与建筑朝向

一、建筑体型

（一）建筑物体形系数与节能的关系

建筑体型的变化直接影响建筑采暖、空调能耗的大小。所以建筑体型的设计，应尽可能利于节能，具体设计中通过控制建筑物体形系数达到减少建筑物能耗的目的。

建筑物体形系数（S）是指建筑物与室外大气接触的外表面积（F_0）（不包括地面、不采暖楼梯间隔墙和户门的面积）与其所包围的体积（V_0）的比值。即

$$S = \frac{F_0}{V_0} \tag{7-1}$$

建筑物体形系数的大小对建筑能耗的影响非常显著。体形系数越大，表明单位建筑空间所分担的受室外冷、热气候环境作用的外围护结构面积越大，采暖或空调能耗就越多。研究表明：建筑物体形系数每增加 0.01，耗热量指标就增加 2.5% 左右。

体形系数不仅影响建筑物耗能量，它还与建筑层数、体量、建筑造型、平面布局、采光通风等密切相关。所以，从降低建筑能耗的角度出发，在满足建筑使用功能、优化建筑平面布局、美化建筑造型的前提下，应尽可能将建筑物体形系数控制在一个较小的范围内。

（二）最佳节能体型

建筑物作为一个整体，其最佳节能体型与室外空气温度、太阳辐射照度、风向、风速、围护结构构造及其热工特性等各方面因素有关。从理论上讲，当建筑物各朝向围护结构的平均有效传热系数不同时，对同样体积的建筑物，其各朝向围护结构的平均有效传热系数与其面积的乘积都相等的体型是最佳节能体型，即

$$lh\overline{K}_{f3} = ld\overline{K}_{f1} = dh\overline{K}_{f2} \tag{7-2}$$

当建筑物各朝向围护结构的平均有效传热系数相同时，同样体积的建筑物，体形系数最小的体型，是最佳节能体型。

（三）控制建筑物体形系数

建筑物体形系数常受多种因素影响且人们的设计常追求建筑体型的变化，不满足仅采用简单的几何形体，所以详细讨论控制建筑物体形系数的途径是比较困难的。

提出控制建筑物体形系数的目的，是为了使特定体积的建筑物在冬季和夏季冷热作用下，从面积因素考虑，使建筑物外围护部分接受的冷、热量尽可能最少，从而减少建筑物的耗能量。一般来讲，可以采取以下几种方法控制或降低建筑物的体形系数。

（1）加大建筑体量。即加大建筑的基底面积，增加建筑物的长度和进深尺寸。多层住宅是建筑中常见的住宅形式，且基本上是以不同套型组合的单元式住宅。以套型为 115m^2、层高为 2.8m 的 6 层单元式住宅为例计算（取进深为 10m，建筑长度为 23m）。

当为一个单元组合成一幢时，体形系数 $S = \dfrac{F_0}{V_0} = \dfrac{1418}{4140} = 0.34$。

当为二个单元组合成一幢时，体形系数 $S = \dfrac{F_0}{V_0} = 8280 = 0.30$。

当为三个单元组合成一幢时，体形系数 $S = \dfrac{F_0}{V_0} = 8280 = 0.30$。

尤其是严寒、寒冷和部分夏热冬冷地区，建筑物的耗热量指标随体形系数

的增加近乎直线上升。所以，低层和少单元住宅对节能不利，即体量较小的建筑物不利于节能。对于高层建筑，在建筑面积相近的条件下，高层塔式住宅耗热量指标比高层板式住宅高 10% ～ 14%。

在部分夏热冬冷和夏热冬暖地区，建筑物全年能耗主要是夏季的空调能耗。由于室内外的空气温差远不如严寒和寒冷地区大，且建筑物外围护结构存在白天得热、夜间散热现象，所以，体形系数的变化对建筑空调能耗的影响比严寒和寒冷地区对建筑采暖能耗的影响小。

（2）外形变化尽可能减至最低限度。据此就要求建筑物在平面布局上外形不宜凹凸太多，体型不要太复杂，尽可能力求规整，以减少因凹凸太多造成外围护面积增大而提高建筑物体形系数，从而增大建筑物耗能量。

（3）合理提高建筑物层数。低层住宅对节能不利，体积较小的建筑物，其外围护结构的热损失要占建筑物总热损失的绝大部分。增加建筑物层数对减少建筑能耗有利，然而层数增加到 8 层以上后，层数的增加对建筑节能的作用趋于不明显。

（4）对于体型不易控制的点式建筑，可采取用裙楼连接多个点式楼的组合体形式。

二、建筑朝向

（一）良好的建筑朝向利于建筑节能

建筑物的朝向对建筑节能有很大影响，这已是人们的共识。朝向是指建筑物正立面墙面的法线与正南方向间的夹角。朝向选择的原则是使建筑物冬季能获得尽可能多的日照，且主要房间避开冬季主导风向，同时考虑夏季尽量减少太阳辐射得热。如处于南北朝向的长条形建筑物，由于太阳高度角和方位角的变化，冬季获得的太阳辐射热较多，而且在建筑面积相同的情况下，主朝向面积越大，这种倾向越明显。此外，建筑物夏季可以减少太阳辐射得热，主要房间避免受东、西日晒。因此，从建筑节能的角度考虑，如总平面布置允许自由选择建筑物的形状、朝向时，则应首选长条形建筑体型，且采用南北朝向或接近南北朝向为好。

然而，在规划设计中，影响建筑体型、朝向方位的因素很多，如地理纬度、基址环境、局部气候及暴雨特征、建筑用地条件、道路组织、小区通风等，要达到既能满足冬季保温又可夏季防热的理想朝向有时是困难的，我们只能权衡各种影响因素之间的利弊轻重，选择出某一地区建筑的最佳朝向或较好朝向。

建筑朝向选择需要考虑以下几个方面的因素。

①冬季要有适量并具有一定质量的阳光射入室内。②炎热季节尽量减少太阳辐射通过窗口直射室内和建筑外墙面。③夏季应有良好的通风，冬季避免冷风侵袭。④充分利用地形并注意节约用地。⑤照顾居住建筑和其他公共建筑组合的需要。

（二）朝向对建筑日照及接收太阳辐射量的影响

处于不同地区和冬夏气候条件下，同一朝向的居住和公共建筑在日照时数和日照面积上是不同的。由于冬季和夏季太阳方位角、高度角变化的幅度较大，各个朝向墙面所获得的日照时间、太阳辐射照度相差很大。因此，要对不同朝向墙面在不同季节的日照时数进行统计，求出日照时数的平均值，作为综合分析朝向的依据。分析室内日照条件和朝向的关系，应选择在最冷月有较长的日照时间和较大日照面积，以及最热月有较少的日照时间和较小的日照面积的朝向。

对于太阳辐射作用，这里只考虑太阳直接辐射作用。设计参数依据一般选用最冷月和最热月的太阳累计辐射照度。从图中可以看到北京地区冬季各朝向墙面上接收的太阳直接辐射热量以南向为最高 [16529kJ/（m²•d）]，东南和西南向次之，东、西向则较少。而在北偏东或偏西30°朝向范围内，冬季接收不到太阳直射辐射热。在夏季北京地区以东、西向墙面接收的太阳直接辐射热最多，分别为7184kJ/（m²•d）和8829kJ/（m²•d）；南向次之，为4990kJ/（m²•d）；北向最少，为3031kJ（m²•d）。太阳直接辐射照度一般是上午低、下午高，所以无论是冬季或是夏季，建筑墙面上所受的太阳辐射量都是偏西比偏东的朝向稍高一些。太阳辐射中，紫外线所占比例是随太阳高度角增加而增加的，一般正午前后紫外线最多，日出及日落时段最少。所以在选定建筑朝向时要注意考虑居室所获得的紫外线量。这是基于室内卫生和利于人体健康的考虑。另外，还要考虑主导风向对建筑物冬季热损耗和夏季自然通风的影响。

第三节　建筑间距设计

在确定好建筑朝向后，还应特别注意建筑物之间应有的合理间距，这样才能保证建筑物获得充足的日照。这个间距就是建筑物的日照间距。建筑规划设计时应结合建筑日照标准、建筑节能原则、节地原则，综合考虑各种因素来确定建筑日照间距。

居住建筑的日照标准一般由日照时间和日照质量来衡量。

日照时间：我国地处北半球温带地区，居住及公共建筑总希望在夏季能够避免较强日照，而冬季又希望能够获得充分的直接阳光照射，以满足室内卫生、建筑采光及辅助得热的需要。为了使居室能得到最低限度的日照，一般以底层居室窗台获得日照为标准。北半球太阳高度角全年的最小值是在冬至日。因此，确定居住建筑日照标准时通常将冬至日或大寒日定为日照标准日，每套住宅至少应有一个居住空间能获得日照，且日照标准应符合表 7-1 的规定。老年人住宅不应低于冬至日日照时数 2h 的要求，旧区改建项目内的新建住宅日照标准可酌情降低，但不应低于大寒日日照时数 1h 的要求。

表 7-1　住宅建筑日照标准

建筑气候区划	I、II、III、VII 气候区		IV 气候区		V、VI 气候区
	大城市	中小城市	大城市	中小城市	
日照标准日	大寒日				
日照时数 /h	≥ 2	≥ 3			≥ 1
有效日照时间带 /h（当地真太阳时）	8~16				9~15
日照时间计算起点	底层窗台面				

注：底层窗台面是指距室内地坪 0.9m 高的外墙位置。

日照质量：居住建筑的日照质量是通过日照时间内，室内日照面积的累计而达到的。根据各地的具体测定，在日照时间内居室内每小时地面上阳光投射面积的累积来计算。日照面积对于北方居住建筑和公共建筑冬季提高室温有重要作用。所以，应有适宜的窗型、开窗面积、窗户位置等，这既是为保证日照质量，也是采光、通风的需要。

一、日照间距的计算

日照间距是指建筑物长轴之间的外墙距离（图 7-5），它是由建筑用地的地形、建筑朝向、建筑物高度及长度、当地的地理纬度及日照标准等因素决定的。

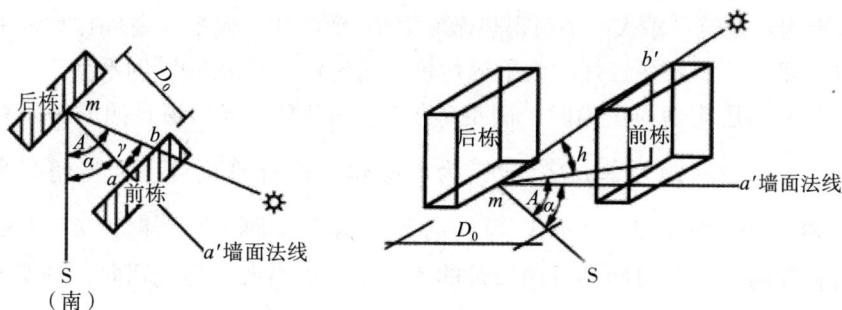

图 7-5　日照间距示意

在居住区规划中，如果已知前后两栋建筑的朝向及其外形尺寸，以及建筑所在地区的地理纬度，则可计算出为满足规定的日照时间所需的间距。如图 7-5 所示，计算点 m 定于后栋建筑物底层窗台的位置，建筑日照间距由下式确定：

$$D_0 = H_0 \coth \cos\gamma \qquad (7-3)$$

式中，D_0——建筑所需日照间距，m；

H_0——前栋建筑计算高度（前栋建筑总标高减去后栋建筑第一层窗台标高，m；

h——太阳高度角，（°）；

γ——后栋建筑墙面法线与太阳方位角的夹角，（°），即太阳方位角与墙面方位角之差，写成计算式为

$$\gamma = A - \alpha \qquad (7-4)$$

式中，A——太阳方位角，（°），以当地正午时为零，上午为负值，下午为正值；

a——墙面法线与正南方向所夹的角，（°），以南偏西为正，南偏东为负。

当建筑朝向正南时，$\alpha = 0$，公式可写成

$$D_0 = H_0 \coth \cos A \qquad (7-5)$$

二、日照间距与建筑布局

在居住区规划布局中，满足日照间距的要求常与提高建筑密度、节约用地存在一定矛盾。在规划设计中可采取一些灵活的布置方式，既满足建筑的日照

要求，又可适当提高建筑密度。

首先，可适当调整建筑朝向，将朝向南北改为朝向南偏东或偏西 30° 的范围内，使日照时间偏于上午或偏于下午。研究结果表明，朝向在南偏东或偏西 15° 范围内对建筑冬季太阳辐射得热影响很小，朝向在南偏东或偏西 15° ～ 30° 范围内，建筑仍能获得较好的太阳辐射热，偏转角度超过 30° 则不利于日照。以上海为例，建筑物为正南时，满足冬至日正午前后 2h 满窗日照的间距系数 $L_0 = 1.42$（日照间距 $D_0 = L_0 H_0$。H_0 为前栋建筑的计算高度）；当朝向为南偏东（西）20° 时，$L_0 = 1.41$；当朝向为南偏东（西）30° 时，$L_0 = 1.33$。这说明，在满足日照时间和日照质量的前提下，适当调整建筑朝向，可缩小建筑间距，提高建筑密度，节约建筑用地。

此外，在居住区规划中，建筑群体错落排列，不仅有利于疏通内外交通和丰富空间景观，也有利于增加日照时间和改善日照质量。高层点式住宅采取这种布置方式，在充分保证采光日照条件下可大大缩小建筑物之间的间距，达到节约用地的目的。

在建筑规划设计中，还可以利用日照计算软件对日照时间、角度、间距进行较精确的计算。

第四节　室外环境优化设计

风环境是近二十几年来提出的环境科学术语。风不仅对整个城市环境有巨大影响，而且对小区建筑规划、室内外环境及建筑能耗有很大影响。

风是太阳能的一种转换形式，既有速度又有方向。风向以 22.5° 为间隔，共计 16 个方位，如图 7-6 所示。一个地区不同季节风向分布可用风玫瑰图表示。

由于太阳对地球南北半球表面的辐射热随季节呈规律性变化，从而引起大气环流的规律性变化，这种季节性大范围有规律的空气流动形成的风，称为季候风。这种风一般随季节而变，冬、夏季基本相反，风向相对稳定。例如，我国的东部，从大兴安岭经过内蒙古河套绕四川东部到云贵高原，多属受季候风影响地区。同时，也形成我国新疆、内蒙古和黑龙江部分地区一年中的主导风向是偏西风。由于我国地域辽阔，地形、地貌、海拔高度变化很大，不同地区风环境特征差异明显，除季风区、主导风向区外，还有无主导风向区、准静风区（简称静风区，是指风速小于 1.5m/s 的频率大于 50% 的区域。我国的四川盆地等地区属于这个区），等等。

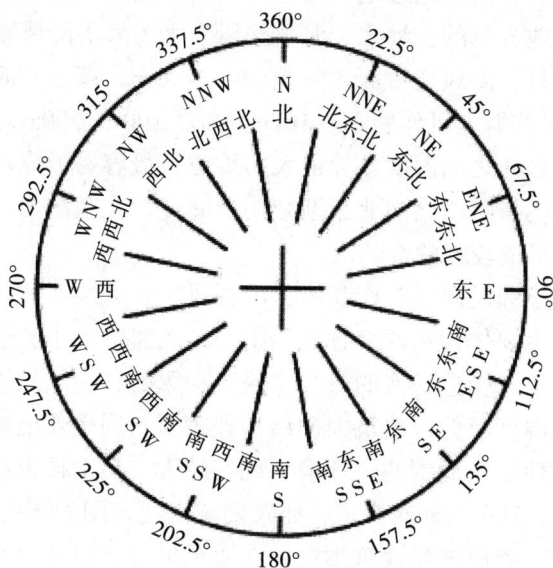

图 7-6　风的 16 个方位

从地球表面到 500～1000m 高的这一层空气一般叫作大气边界层，在城市区域上空则叫作城市边界层。大气边界层的厚度，并没有一个严格的界限，它只是一个定性的分层高度，其厚度主要取决于地表粗糙度，在平原地区较薄，在山区和市区较厚。大气边界层内空气的流动称为风。边界层内风速沿纵向（垂直方向）的分布特征是：紧贴地面处风速为零，越往高处风速逐渐加大。这是因为越往高处地面摩擦力影响越小。当到达一定高度时，往上的风速不再增大，把这个高度叫作摩擦高度或边界层高度。边界层高度主要取决于下垫面的粗糙程度。边界层内空气流动形成的风直接作用于建筑环境和建筑物，也将直接影响建筑物使用过程中的采暖或空调能耗。

此外，由于地球表面上的水陆分布、地势起伏、表面覆盖等条件的不同，因而造成诸表面对太阳辐射热的吸收和反射各异，诸表面升温后和其上部的空气进行对流换热及向太空辐射出的长波辐射能量亦不相同，这就造成局部空气温度差异，从而引起空气流动形成的风称为地方风。如陆地与江河、湖泊、海面相接区域，白天，水和陆地对太阳辐射热吸收、反射不同及它们的热容量等物理特性不同，陆地上空气升温比水面上空气升温快，陆地上空暖空气流向水面上空，而水面上冷空气流向陆地近地面，于是形成了由水面到陆地的海风；而夜晚陆地地面向大气进行热辐射，其冷却程度比水面强烈，于是水面上空暖空气流向陆地上空，而陆地近地面冷空气流向水面，于是又形成由陆地到水面的陆风，这就是地方风的一种水（海）陆风。水（海）陆风影响的范围不大，沿海地区比较明显，海风通常深入陆地 20 ～ 40km，高达 1000m，最大风力可达 5 ～ 6 级；陆风在海上可伸展 8 ～ 10km，高度 100 ～ 300m，风力不超过 3 级。在温度日变化和水陆之间温度差异最大的地方，最容易形成水（海）陆风。我国沿海受海陆风的影响由南向北逐渐减弱。此外，在我国南方较大的几个湖泊湖滨地带，也能形成较强的水陆风。

地方风的形成和风向还有街巷风、山谷风、井庭风、林园风等。风对建筑采暖能耗的影响主要体现在两个方面：第一，风速的大小会影响建筑围护结构外表面与室外冷空气受迫对流的热交换速率；第二，冷风的渗透会带走室内热量，使室内空气温度降低，建筑围护结构外表面与周围环境的热交换速率在很大程度上取决于建筑物周围的风环境，风速越大，热交换也就越强烈，采暖能耗就越大。因此，对采暖建筑来说，如果要减小建筑围护结构与外界的热交换，达到节能的目的，就应该将建筑物规划在避风地段，且选择符合相关节能标准要求的体形系数。

在夏热冬冷和夏热冬暖地区，良好的室内外风环境，在炎热的夏季非常利于室内的自然通风，为人们提供新鲜空气，带走室内的热量和水分，降低室内空气温度和相对湿度，促进人体的汗液蒸发降温，改善人体舒适感；同时利于建筑内外围护结构的散热，从而有效降低空调能耗。

一、建筑物主要朝向宜避开不利风向

我国北方采暖地区冬季主要受来自西伯利亚的寒冷气流影响，以北风、西北风为主要寒流风向。从节能角度考虑，建筑在规划设计时宜避开不利风向，以减少寒冷气流对建筑物的侵袭。同时对朝向为冬季主导风向的建筑物立面应多选择封闭设计和加强围护结构的保温性能，也可以通过在建筑周围种植防风林起到有效防风作用。

二、利用建筑组团阻隔冷风

通过合理布置建筑物，降低寒冷气流的风速，可以减少建筑围护结构外表面的热损失，节约能源。

迎风建筑物的背后会产生背风涡流区，这个区域也称风影区（风影是从光学中光影类比移植过来的物理概念，它是指风场中由于遮挡作用而形成局部无风或风速变小区域），如图7-7所示。这部分区域内风力弱，风向也不稳定。风向投射角与风影区的关系如图7-8所示、见表7-2所列。所以，将建筑物紧凑布置，使建筑物间距在2.0H以内，可以充分利用风影效果，大大减弱寒冷气流对后排建筑的侵袭。

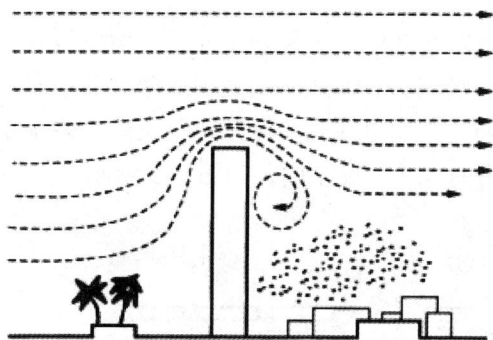

图7-7　高层建筑背后的风影区

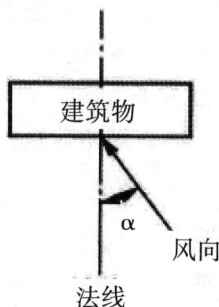

图7-8　风向投射角

表7-2　风向投射角与风影长度（建筑高度为 H）

风向投射角 α	风影长度	备注
0°	3.75H	
30°	3H	本表的建筑模型为平屋顶，其高：宽：长为1：2：8
45°	1.5H	
60°	1.5H	

在风环境的优化设计过程中，建筑物的长度、高度甚至屋顶形状都会影响风的分布，并有可能出现"隧道"效应，这会使局部风速增至2倍以上，产生强烈的涡流。所以，应该对建筑群内部在冬季主导风向寒风作用下的风环境做出分析（可利用计算流体力学软件进行模拟分析），对可能出现的"隧道"效应和强涡流区域通过调整规划设计方案予以消除。

三、提高围护结构气密性，减少建筑物冷风渗透耗能

减少冷风渗透是一项基本的建筑保温措施。在冬季经常出现大风降温天气的严寒、寒冷和部分夏热冬冷地区，冬季大风天的冷风渗透大大超出保证室内空气质量所需的换气要求，加大了冬季采暖的热负荷，并对人体的热舒适感产生不良影响。改善和提高外围护结构特别是外门窗的气密性是减少建筑物冷风渗透的关键。新型塑钢门窗或带断热桥的铝合金门窗在很大程度上提高了建筑物的气密性。

减少建筑物的冷风渗透，也需合理的建筑规划设计。居住建筑常因考虑占地面积等因素而多选择行列式的组团布置方式。从减弱或避免冬季寒冷气流对建筑物的侵袭来考虑，采用行列式组团形式时应注意控制风向与建筑物长边的人射角，不同入射角建筑排列内的气流状况不同，如图 7-9 所示。

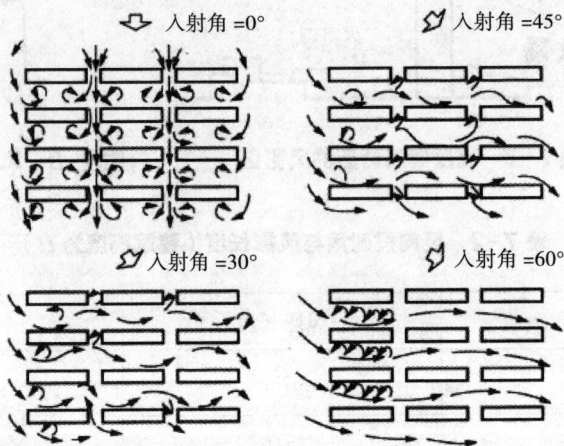

图 7-9　不同入射角情况下的气流状况

四、利于建筑自然通风的规划设计

在规划设计中，建筑群采取行列式或错列式布局，朝向（或朝向接近）夏季主导风向，且间距布局合理（可减弱或避开风影区的影响），有利于建筑物的自然通风。

在夏季室外风速小、天气炎热的气候条件下，高低建筑物错落布置，建筑

小区内不均匀的气流分布所形成的大风区可以改善室内外热环境。此外，庭院式建筑布局（由于在庭院中间没有屋顶）也能形成良好的自然通风，增加室外环境的人体热舒适感。在这种气候条件下，风压很小，利用照射进庭院的太阳能形成烟囱效应，增加庭院和室内的空气流动。在城市中，为增大庭院的自然通风效果，屋顶需要较大的空隙率以减小正压。另外，可利用吸入式屋顶使建筑物下风向的负压与屋顶正压相互抵消，最终利用屋顶边缘的文丘里效应或者漩涡的能量来增加通风量。

若建筑物布置过于稠密而阻挡气流，则住宅区通风条件就会变差。若整个地区通风良好，夏季还可以降低步行者的体感温度，道路及住宅区的空气污染也容易往外扩散。此外，良好的自然通风，可以降低空调的使用率，从而达到降低能耗的目的。所以，在规划住宅区时，应该充分考虑整个区域的通风。当地区的总建筑占地率（建筑物外墙围住的部分的水平投影面积与建筑地基面积的比）相同时，通常中高层集合住宅区的自然通风效果优于低层住宅区。产生这种现象的原因是中高层集合住宅区用地是在整个地区内被统一规划的，容易形成一个集中而连续的开放空间，具备了风道的功能，带来整个地区良好的通风环境。而在低层住宅区用地中，随着地基不断被细分化和窄小化，建筑物很容易密集在一起，造成总建筑占地率的增加，整个地区的通风环境就会变差。

第五节　环境绿化与水景设计

建筑与气候密切相关，适应环境及气候，是建筑规划及设计应遵循的基本原则之一，也是建筑节能设计的原则之一。一个地区的气候特征是由太阳辐射、大气环流、地面性质等相互作用决定的，具有长时间尺度统计的稳定性，凭借目前人类的科学技术水平还很难将其改变。所以，建筑规划设计应结合气候特点进行。

但在同一地区，由于地形、方位、土壤特性以及地面覆盖状况等条件的差异，在近地面大气中，一个地区的个别地方或局部区域可以具有与本地区一般气候有所不同的气候特点，这就是微气候的概念。微气候是由局部下垫面构造特性决定的发生在地表附近大气层中的气候特点和气候变化，它对人的活动影响很大。

由于与建筑发生直接联系的是建筑周围的局部环境，即其周围的微气候环境。所以，在建筑规划设计中可以通过环境绿化、水景布置的降温、增湿作用，

调节风速、引导风向的作用，保持水分、净化空气的作用改善建筑周围的微气候环境，进而达到改善室内热环境并减少能耗的目的。

人口高度密集的城市，在特殊的下垫面和城市人类活动的影响下，改变了该地区原有的区域气候状况，形成了一种与城市周围不同的局地气候，其特征有"城市热岛效应""城市干岛、湿岛"等。在城市、小区的规划设计中，增加绿化、水景的面积，对改善局部的微气候环境是非常有益的。

一、调节空气温度、增加空气湿度

绿化及水景布置对居住区气候起着十分重要的作用，具有良好的调节气温和增加空气湿度的作用。这主要是因为水在蒸发过程中会吸收大量太阳辐射热和空气中的热量，而植物（尤其是乔木）有遮阳、减低风速和蒸腾、光合作用。植物在生长过程中根部不断从土壤中吸收水分，又从叶面蒸发水分，这种现象称为"蒸腾作用"。据测定，一株中等大小的阔叶木，一天约可蒸发 100kg 的水分。同时，植物吸收阳光作为动力，把空气中的二氧化碳和水进行加工变成有机物作养料，这种现象称为"光合作用"。蒸腾作用和光合作用都要吸收大量太阳辐射热。树林的树叶面积大约是树林种植面积的 75 倍，草地上的草叶面积是草地面积的 25 ~ 35 倍。这些比绿化面积大上几十倍的叶面面积都在进行着蒸腾作用和光合作用，所以就起到了吸收太阳辐射热、降低空气温度的作用，且净化了室外空气并调节了其湿度。

二、绿化的遮阳防辐射作用

据调查研究，茂盛的树木能遮挡 50% ~ 90% 的太阳辐射热，草地上的草可以遮挡 80% 左右的太阳光线。实地测定：正常生长的大叶榕、橡胶榕、白兰花、荔枝等树下，离地面 1.5m 高处，透过的太阳辐射热只有 10% 左右；柳树、桂木、刺桐等树下，透过的太阳辐射热是 40% ~ 50%。由于绿化的遮阳，可使建筑物和地面的表面温度降低很多，绿化地面比一般没有绿化地面辐射热低 70%以上。

研究表明，如果在居住区增加 25% 的绿化覆盖率，可使空调能耗降低 20%以上。所以，在居住区的节能设计中，应注重环境绿化、水景布置的设计。但不应只单纯追求绿地率指标及水面面积或将绿地、水面过于集中布置，还应注重绿地、水面布局的科学、合理，使每栋住宅都能同享绿化、水景的生态效益，尽可能大范围、最大程度上发挥环境绿化、水景布置改善微气候环境质量的有益作用。

基于上述原理和实际效果，说明环境绿化、水景布置的科学设计和合理布局，对改善公共建筑周围微气候环境质量、节约空调能耗也是极其有利的。

三、降低噪声、减轻空气污染

绿化对噪声具有较强的吸收衰减作用。其主要原因是树叶和树枝间空隙像多孔性吸声材料一样吸收声能，同时通过与声波发生共振吸收声能，特别是能吸收高频噪声。有研究表明，公路边 15 ~ 30 m 宽的林带，能够降低噪声 6 ~ 10 dB，相当于减少噪声能量60%以上。当然，树木的降噪效果与树种、林带结构和绿化带分布方式有关。根据城市居住区特点采用面积不大的草坪和行道树可起到吸声降噪的效果。

植被，特别是树木，有吸收有害气体，吸滞烟尘、粉尘和细菌的作用。因此，居住区绿化建设还可以减轻城市大气污染、改善大气环境质量。

第八章 建筑围护结构节能设计

第一节　建筑围护结构传热系数限值

据建筑物所处城市的气候分区区属不同，建筑围护结构的传热系数不应大于表 8-1～表 8-5 规定的限值，周边地面和地下室外墙的保温材料属热阻不应小于表 8-1～表 8-5 规定的限值。

表 8-1　严寒（A）区围护结构热工性能参与限值

围护结构部位		传热系数 $K[W/(m^2 \cdot K)]$		
		≤ 3 层建筑	4～8 层的建筑	≥ 9 层建筑
屋面		0.20	0.25	0.25
外墙		0.25	0.40	0.50
架空或外挑楼板		0.30	0.40	0.40
非采暖地下室顶板		0.35	0.45	0.45
分隔采暖与非采暖空间的隔墙		1.2	1.2	1.2
分隔采暖与非采暖空间的户门		1.5	1.5	1.5
阳台门下部门芯板		1.2	1.2	1.2
外窗	窗墙面积比 ≤ 0.2	2.0	2.5	2.5
	0.2＜ 窗墙面积比 ≤ 0.3	1.8	2.0	2.2
	0.3＜ 窗墙面积比 ≤ 0.4	1.6	1.8	2.0
	0.4＜ 窗墙面积比 ≤ 0.45	1.5	1.6	1.8
围护结构部分		保温材料层热阻 $R[(m^2 \cdot K)/W]$		
周边地面		1.70	1.40	1.10
地下室外墙（与土壤接触的外墙）		1.80	1.50	1.20

表 8-2　严寒（B）区围护结构热工作性能参数限值

围护结构部位		传热系数 K[W/（m²·K）]		
		≤3 层建筑	4~8 层的建筑	≥9 层建筑
屋面		0.25	0.3	0.3
外墙		0.3	0.45	0.55
非采暖地下室顶板		0.35	0.50	0.5
分隔采暖与非采暖空间的隔墙		1.2	1.2	1.2
分隔采暖与非采暖空间的户门		1.5	1.5	1.5
阳台门下部门芯板		1.2	1.2	1.2
外窗	窗墙面积比≤0.2	2	2.5	2.5
	0.2<窗墙面积比≤0.3	1.8	2.2	2.2
	0.3<窗墙面积比≤0.4	1.6	1.9	2.0
	0.4<窗墙面积比≤0.45	1.5	1.7	1.8
围护结构部分		保温材料层热阻 R[W/（m²·K）]		
周边地面		1.40	1.10	0.83
地下室外墙（与土壤接触的外墙）		1.50	1.20	0.91

表 8-3　严寒（C）区围护结构热工性能参数限值

围护结构部位	传热系数 K[W/（m²·K）]		
	≤3 层建筑	4~8 层的建筑	≥9 层建筑
屋面	0.3	0.40	0.40
外墙	0.35	0.50	0.60
架空或外挑楼板	0.35	0.50	0.5

围护结构部位		传热系数 $K[W/(m^2 \cdot K)]$		
		≤ 3 层建筑	4 ~ 8 层的建筑	≥ 9 层建筑
非采暖地下室顶板		0.50	0.60	0.6
分隔采暖与非采暖空间的隔墙		1.5	1.5	1.5
分隔采暖与非采暖空间的户门		1.5	1.5	1.5
阳台门下部门芯板		1.2	1.2	1.2
外窗	窗墙面积比 ≤ 0.2	2	2.5	2.5
	0.2< 窗墙面积比 ≤ 0.3	1.8	2.2	2.2
	0.3< 窗墙面积比 ≤ 0.4	1.6	2.0	2.0
	0.4< 窗墙面积比 ≤ 0.45	1.5	1.8	1.8
围护结构部分		保温材料层热阻 $R[m^2 \cdot K/W)]$		
周边地面		1.10	0.83	0.56
地下室外墙（与土壤接触的外墙）		1.2	0.91	0.61

表 8-4 寒冷（A）区围护结构热工性能参数限值

围护结构部位	传热系数 $K[W/(m^2 \cdot K)]$		
	≤ 3 层建筑	4 ~ 8 层的建筑	≥ 9 层建筑
屋面	0.35	0.45	0.45
外墙	0.45	0.60	0.70
架空或外挑楼板	0.45	0.60	0.60
非采暖地下室顶板	0.50	0.65	0.65
分隔采暖与非采暖空间的隔墙	1.5	1.5	1.5
分隔采暖与非采暖空间的户门	2	2	2
阳台门下部门芯板	1.7	1.7	1.7

续　表

围护结构部位		传热系数 $K[W/(m^2 \cdot K)]$		
		≤3层建筑	4~8层的建筑	≥9层建筑
外窗	窗墙面积比≤0.2	2.8	3.1	3.1
	0.2<窗墙面积比≤0.3	2.5	2.8	2.8
	0.3<窗墙面积比≤0.4	2	2.5	2.5
	0.4<窗墙面积比≤0.5	1.8	2	2.3
围护结构部分		保温材料层热阻 $R[m^2 \cdot K/W)]$		
周边地面		0.83	0.56	—
地下室外墙（与土壤接触的外墙）		0.91	0.61	

表 8-5　寒冷（B）区围护结构热工性能参数限值

围护结构部位		传热系数 $K[W/(m^2 \cdot K)]$		
		≤3层建筑	4~8层的建筑	≥9层建筑
屋面		0.35	0.45	0.45
外墙		0.45	0.60	0.70
架空或外挑楼板		0.45	0.60	0.60
非采暖地下室顶板		0.50	0.65	0.65
分隔采暖与非采暖空间的隔墙		1.5	1.5	1.5
分隔采暖与非采暖空间的户门		2	2	2
阳台门下部门芯板		1.7	1.7	1.7
外窗	窗墙面积比<0.2	2.8	3.1	3.1
	0.2<窗墙面积比≤0.3	2.5	2.8	2.8
	0.3<窗墙面积比≤0.4	2	2.5	2.5
	0.4<窗墙面积比≤0.5	1.8	2	2.3

围护结构部位	传热系数 $K[W/(m^2 \cdot K)]$		
	≤3层建筑	4～8层的建筑	≥9层建筑
围护结构部分	保温材料层热阻 $R[m^2 \cdot K/W)]$		
周边地面	0.83	0.56	—
地下室外墙（与土壤接触的外墙）	0.91	0.61	—

第二节　建筑物墙体节能设计

一、建筑物外墙保温设计

外墙按其保温材料及构造类型，主要有单一材料保温墙体、单设保温层复合保温墙体。常见的单一材料保温墙体有加气混凝土保温墙体、多孔砖墙体、空心砌块墙体，等等。在单设保温层复合保温墙体中，根据保温层在墙体中的位置又分为内保温墙体、外保温墙体及夹心保温墙体，如图 8-1 所示。

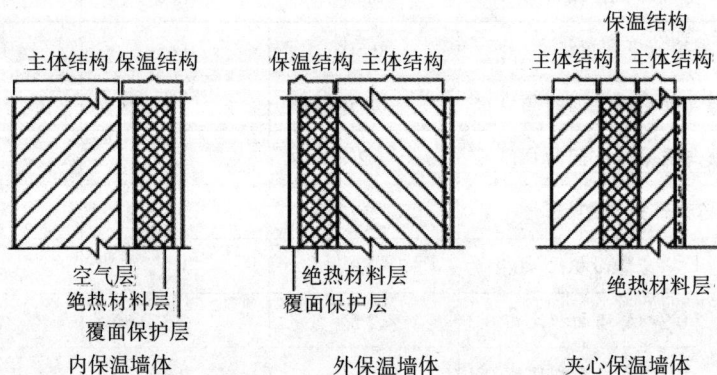

图 8-1　单设保温层符合保温墙体的类型

随着节能标准的提高，大多数单一材料保温墙体难以满足包括节能在内的多方面技术指标的要求。而单设保温层的复合墙体由于采用了新型高效保温材料而具有更优良的热工性能，且结构层、保温层都可充分发挥各自材料的特性和优点，既不使墙体过厚又可满足保温节能要求，又可满足墙体抗震、承重及耐久性等多方面的要求。

在三种单设保温层的复合墙体中，外墙外保温系统因技术合理、有明显的优越性且适用范围广，不仅适用于新建建筑工程，也适用于既有建筑的节能改造，从而成为房和城乡建设部在国内重点推广的建筑保温技术。外墙外保温技术具有七大技术优势：保护主体结构，大大减小了因温度变化导致结构变形所产生的应力，避免了雨、雪、冻、融、干、湿循环造成的结构破坏，减少了空气中有害气体和紫外线对围护结构的侵蚀，延长了建筑物的寿命；基本消除了"热桥"影响，也防止了"热桥"部位产生的结露；使墙体潮湿状况得到改善，墙体内部一般不会发生冷凝现象；有利于室温保持稳定；可以避免装修对保温层的破坏；便于既有建筑物进行节能改造；增加房屋使用面积。

下面介绍3种住房和城乡建设部在《外墙外保温工程技术规程》（JGJ 144-2004）中重点推广的外墙外保温系统。这3种外保温系统保温材料性能优越、技术先进成熟、工程质量可靠稳定，而且应用较为广泛。

（一）EPS板薄抹灰外墙外保温系统

EPS板薄抹灰外墙外保温系统（简称EPS板薄抹灰系统）由EPS板保温层、薄抹面层和饰面涂层构成，EPS板用胶粘剂固定在基层上，薄抹面层中满铺抗碱玻纤网。

EPS板薄抹灰外保温系统在欧洲使用最久的实际工程已接近40年。大量工程实践证实，EPS板薄抹灰外保温系统技术成熟完备可靠，工程质量稳定，保温性能优良，使用年限可超过25年。

（1）基层墙体：可以是混凝土墙体，也可以是各种砌体墙体。但基层墙体表面应清洁，无油污，无凸起、空鼓、疏松等现象。

（2）胶粘剂：将EPS板粘贴于基层上的一种专用黏结胶料。EPS板的粘贴方法有点框粘法和满粘法。点框粘法应保证黏结面积大于40%。胶粘剂的性能指标应符合表8-6的要求。

表 8-6 胶黏剂的性能指标

试验项目		性能指标
拉伸黏结强度 /MPa（与水泥砂浆）	原强度	≥ 0.60
	耐水	≥ 0.40
拉伸黏结强度 /MPa（与膨胀聚苯板）	原强度	≥ 0.10，破坏界面在膨胀聚苯板上
	耐水	≥ 0.10，破坏界面在膨胀聚苯板上
可操作时间 /h		1.5 ～ 4.0

（3）EPS 板：是一种应用较为普遍的阻燃型保温板材。其设计厚度经过计算应满足相关节能标准对该地区墙体的保温要求。不同地区居住建筑和公共建筑各部分围护结构传热系数限值见相关节能标准。EPS 板性能指标应符合表8-7 的要求。

表 8-7 膨胀聚苯板（EPS）主要性能指标

试验项目	性能指标
导热系数 /[W/（m·K）]	≤ 0.041
表观密度 /（kg/m³）	18.0 ～ 22.0
垂直于板面方向的抗拉强度 /MPa	≥ 0.10
尺寸稳定性（%）	≤ 0.30
压缩性能（形变 10%）/MPa	≥ 0.10

（二）胶粉 EPS 颗粒保温浆料外墙外保温系统

胶粉 EPS 颗粒保温浆料外墙外保温系统（简称保温浆料系统）由界面层、胶粉 EPS 颗粒保温浆料保温层、抗裂砂浆抹面层和饰面层组成，如图 8-2 所示。该系统采用逐层渐变、柔性释放应力的无空腔的技术工艺，可广泛适用于不同气候区、不同基层墙体、不同建筑高度的各类建筑外墙的保温与隔热。

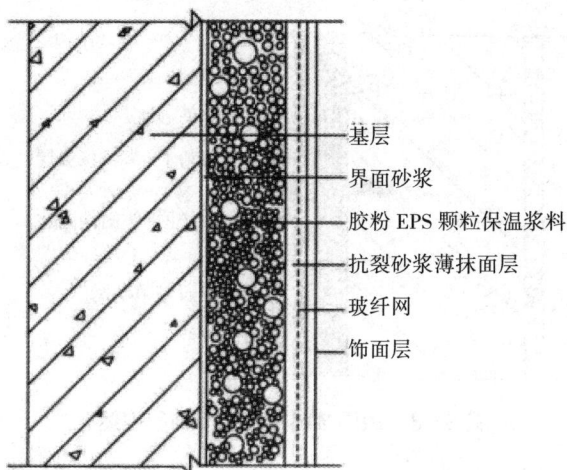

基层
界面砂浆
胶粉 EPS 颗粒保温浆料
抗裂砂浆薄抹面层
玻纤网
饰面层

图 8-2　保温浆料系统

（1）基层：适用于混凝土墙体、各种砌体墙体。但基层表面应清洁、无油污，剔除影响黏结的附着物和空鼓、疏松部位。

（2）界面砂浆：由基层界面剂、中细砂和水泥混合制成，用于提高胶粉 EPS 颗粒保温浆料与基层墙体的黏结力。对要求做界面处理的基层应满涂界面砂浆。

（3）胶粉 EPS 颗粒保温浆料：由胶粉料和 EPS 颗粒组成。胶粉料由无机胶凝材料与各种外加剂在工厂采用预混合干拌技术制成。施工时加水搅拌均匀，抹在基层墙面上形成保温材料层，其设计厚度经过计算应满足相关节能标准对该地区墙体的保温要求。胶粉 EPS 颗粒保温浆料宜分层抹灰，每层操作间隔时间应在 24h 以上，每层厚度不宜超过 20 mm。

（4）抗裂砂浆薄抹面层：抗裂砂浆的作用、构造做法、性能要求同 EPS 板薄抹灰外墙外保温系统中的抗裂砂浆薄抹面层。

（5）玻纤网：其作用、目的、性能要求同 EPS 板薄抹灰外墙外保温系统中的玻纤网。

（6）饰面层：同 EPS 板薄抹灰外墙外保温系统中的饰面涂层。

本系统中如果饰面层不用涂料而采用墙面砖时，就要将抗裂砂浆中的玻纤网用热镀锌钢丝网代替，热镀锌钢丝网用塑料锚栓双向 @500mm 锚固，以确保面砖饰面层与基层墙体的有效连接，如图 8-3 所示。

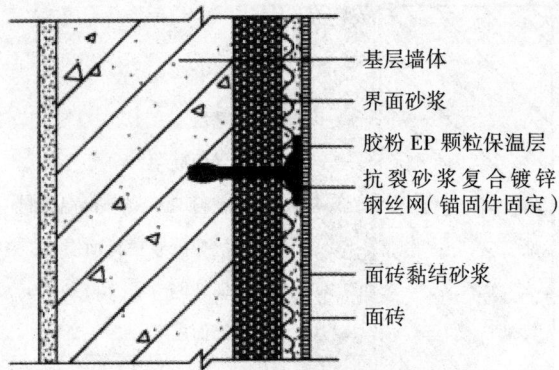

基层墙体
界面砂浆
胶粉 EP 颗粒保温层
抗裂砂浆复合镀锌钢丝网(锚固件固定)
面砖黏结砂浆
面砖

图 8-3　保温浆料系统面砖饰面构造

（三）EPS 板现浇混凝土外墙外保温系统

EPS 板现浇混凝土外墙外保温系统（简称无网现浇系统）以现浇混凝土外墙作为基层，EPS 板为保温层。EPS 板内表面（与现浇混凝土接触的表面）沿水平方向开有矩形齿槽，内、外表面均满涂界面砂浆。在施工时将 EPS 板置于外模板内侧，并安装尼龙锚栓作为辅助固定件。浇灌混凝土后，墙体与 EPS 板以及锚栓结合为一体。EPS 板表面抹抗裂砂浆薄抹面层，外表以涂料为饰面层，薄抹面层中满铺玻纤网，如图 8-4 所示。

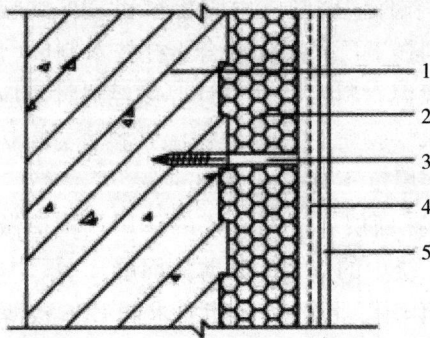

图 8-4　无网现浇系统

1- 现浇混凝土外墙；2-EPS 板；3- 锚栓；4- 抗裂砂浆薄抹面层；5- 饰面层

无网现浇系统是用于现浇混凝土剪力墙的外保温体系，采用阻燃型 EPS 板作外保温材料。施工时在绑扎完墙体钢筋后将保温板和穿过保温板的尼龙锚栓与墙体钢筋固定，然后安装内外钢模板，并将保温板置于墙体外侧钢模板内侧。

浇筑墙体混凝土时，外保温板与墙体有机结合在一起，拆模后外保温与墙体同时完成。其优点是：施工简单、安全、省工、省力、经济、与墙体结合好，并能进行冬期施工；摆脱了人贴手抹、手工操作的安装方式，实现了外保温安装的工业化，减轻了劳动强度，有很好的经济效益和社会效益。

为了确保 EPS 板与现浇混凝土和面层局部修补、找平材料等能够牢固地黏结，以及保护 EPS 板不受阳光和风化作用的破坏，要求 EPS 板两面必须预涂 EPS 板界面砂浆。此砂浆由 EPS 板专用界面剂与中细砂、水泥混合制成，施工时均匀涂刷在 EPS 板两面，形成黏结性能良好的界面层，以增强 EPS 板与混凝土、抹面层的黏结能力。要求 EPS 板内表面要开水平矩形齿槽或燕尾槽。

EPS 板宽度为 1.2m，高度宜为建筑物层高，厚度按设计要满足相关节能标准对该地区墙体的保温要求。

施工时，混凝土一次浇筑高度不宜大于 1m，避免混凝土产生过大的侧压力而使 EPS 板出现较大的压缩形变。

抗裂砂浆薄抹面层、饰面层的材料性能、作用、施工要求等同 EPS 板薄抹灰系统中对抗裂砂浆薄抹面层、饰面层的要求一致。

主要节点窗口的保温做法如图 8-5 所示。EPS 板薄抹灰等外保温系统窗口保温做法也可参照此图。

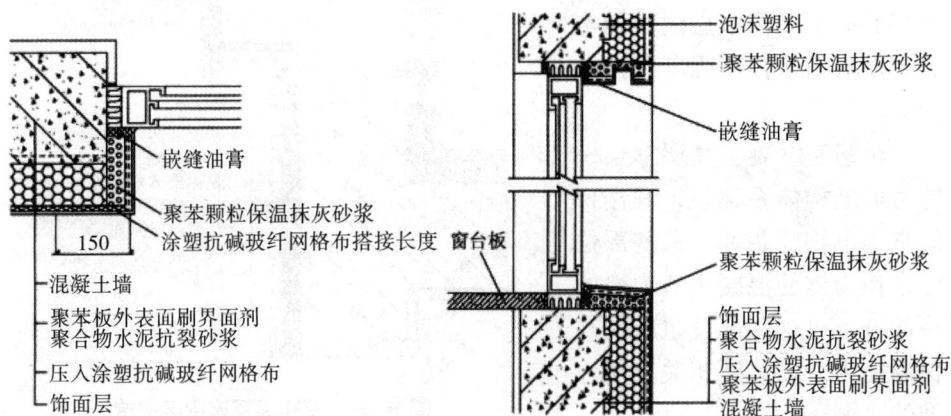

图 8-5　窗口保温做法

二、建筑物楼梯间内墙保温设计

楼梯间内墙泛指住宅中楼梯间与住户单元间的隔墙。同时一些宿舍楼内的走道墙也包含在内。我国《严寒和寒冷地区居住建筑节能设计标准》（JGJ 26-2010）中要求：采暖居住建筑的楼梯间及外走廊与室外连接的开口处应设置窗或门，且该窗和门应能密闭。严寒地区 A 区和严寒地区 B 区的楼梯间宜采暖，设置采暖的楼梯间的外墙和外窗应采取保温措施。实际设计中，有些建筑的楼梯间及走道间不设采暖设施，楼梯间的隔墙即成为由住户单元内向楼梯间传热的散热面。这种情况下，这些楼梯间隔墙部位就应做好保温处理。

计算表明，一栋多层住宅，楼梯间采暖比不采暖，耗热要减少 5% 左右；楼梯间开敞比设置门窗，耗热量要增加 10% 左右。所以有条件的建筑应在楼梯间内设置采暖装置并做好门窗的保温措施，否则，就应按节能标准要求对楼梯间内墙采取保温措施。

根据住宅选用的结构形式，如砌体承重结构体系，楼梯间内隔墙多为双面抹灰 240mm 厚砖砌体结构或 190mm 厚混凝土空心砌块砌体结构。这类形式的楼梯间内的保温层常置于楼梯间一侧，保温材料多选用保温砂浆类产品或保温浆料系列产品。图 8-6 是保温浆料系统用于不采暖楼梯间隔墙时的保温构造做法。因保温层多为松散材料组成，施工时要注意其外部保护层的处理，防止搬动大件物品时碰伤楼梯间内墙的保温层。在图 8-6 中采取双层耐碱网格布，以增强保护层强度及抗冲击性。

对钢筋混凝土高层框架—剪力墙结构体系建筑，其楼梯间常与电梯间相邻，这些部位通常作为钢筋混凝土剪力墙的一部分，对这些部位也应提高保温能力，以达到相关节能标准的要求。

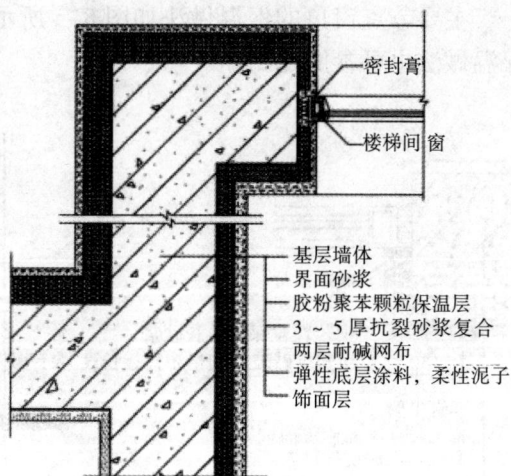

密封膏

楼梯间窗

基层墙体
界面砂浆
胶粉聚苯颗粒保温层
3～5 厚抗裂砂浆复合
两层耐碱网布
弹性底层涂料，柔性泥子
饰面层

图 8-6 楼梯间隔墙保温构造

三、建筑物变形缝保温设计

建筑物中的变形缝常见的有伸缩缝、沉降缝，抗震缝等，虽然这些部位的墙体一般不会直接面向室外寒冷空气，但这些部位的墙体散热量也是不容忽视的。尤其是建筑物外围护结构其他部位提高保温能力后，这些构造缝就成为较为突出的保温薄弱部位，散热量相对较大，所以，必须对其进行保温处理。《严寒和寒冷地区居住建筑节能设计标准》（JGJ 26—2010）中要求：变形缝应采取保温措施，并应保证变形缝两侧墙的内表面温度在室内空气设计温、湿度条件下不低于露点温度。保温浆料系统变形缝保温做法见图 8-7（伸缩缝、沉降缝、抗震缝用聚苯条塞紧，填塞深度不小于 300mm，聚苯条密度应不大于 10kg/m³，金属盖缝板可用 1.2mm 厚铝板或 0.7mm 厚不锈钢板，两边钻孔固定）。在严寒地区，除了沿着变形缝填充一定深度的保温材料外，再将缝两侧的墙做内保温，其保温效果会更好。其他保温系统变形缝保温做法可参照此图（或参阅相关建筑构造图）中的保温做法。

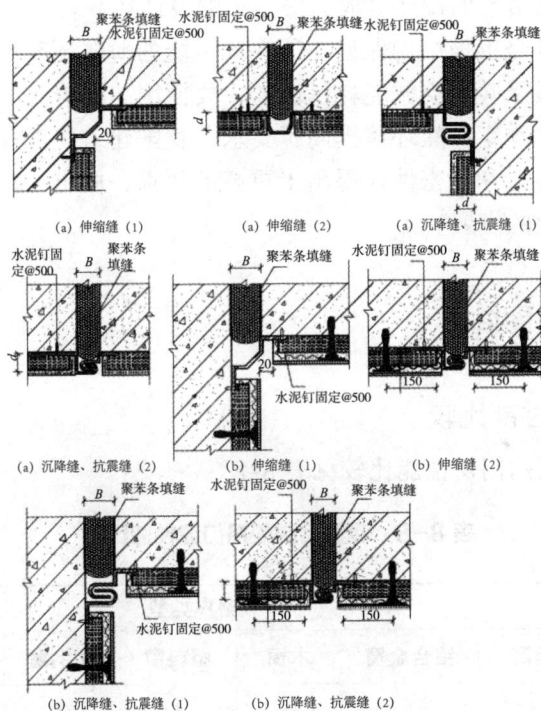

图 8-7 保温浆料系统变形缝保温做法（单位：mm）

第三节 建筑物门窗节能设计

门窗是装设在墙洞中可启闭的建筑构件。门的主要作用是交通联系和分隔建筑空间。窗的主要作用是采光、通风、日照、眺望。门窗均属围护构件，除满足基本使用要求外，还应具有保温、隔热、隔声、防护等功能。此外，门窗的设计对建筑立面起了装饰与美化作用。

门窗设计是住宅建筑围护结构节能设计中的重要环节，同时由于门窗本身具有多重性，使其节能的设计也成为最复杂的设计环节。

建筑门窗通常是围护结构保温、隔热和节能的薄弱环节，是影响冬、夏季室内热环境和造成采暖和空调能耗过高的主要原因。随着我国国民经济的迅速发展，人们对冬夏季室内热环境提高了要求，我国建筑热工规范和节能标准对窗户的保温隔热性能和气密性也提出了更高的要求，做出了新的规定，大大地促进了我国门窗业的发展。

一、节能门窗简介

（一）门窗性能比较

我国目前使用的门窗性能比较见表8-8。

表8-8 我国目前使用门窗性能比较

特性	窗户类型					
	钢窗	铝合金窗	木窗	塑料窗	塑钢窗	断桥铝合金窗
保温性	差	差	优	优	优	优
抗风性	优	良	良	差	良	良
空气渗透性	差	良	差	良	优	优
雨水渗透性	差	差	差	良	良	良
耐火性	优	优	差	差	差	良

目前，常用的门窗主要有木、塑、钢、铝、玻璃等材料，不同材料的传热系数见表8-9。

表8-9 不同材料的传热系数

材料名称	传热系数 [W/（m²·K）]	材料名称	传热系数 [W/（m²·K）]
铝材	203		
钢材	110.9	松木	0.17
玻璃	0.81	PVC	0.30
		空气	0.046
玻璃钢	0.27		

（二）铝合金节能门窗

（1）门、窗按外围和内围护用，划分为两类①外墙用，代号为W。②内墙用，代号为N。

（2）门、窗按使用功能划分的类型和代号及其相应性能项目分别见表8-10和表8-11。

表8-10 门的功能类型和代号

性能项目	普通型 PT		隔声型 GS		保温型 BW		遮阳型 ZY
	外门	内门	外门	内门	外门	内门	外门
抗风压性能（P_3）	◎		◎		◎		◎
水密性能（ΔP）	◎		◎		◎		◎
气密性能（$q_1:q_2$）	◎	○	◎	○	◎	○	◎
空气声隔声性能 $R_w + C_{tr}$；$R_w + C$			◎	◎			
保温性能（K）					◎	◎	◎
遮阳性能（SC）							
启闭力	◎		◎	◎	◎	◎	◎

性能项目	普通型 PT		隔声型 GS		保温型 BW		遮阳型 ZY
	外门	内门	外门	内门	外门	内门	外门
反复启闭性能	◎	◎	◎	◎	◎	◎	◎
耐撞击性能	◎	◎	◎	◎	◎	◎	◎
抗垂直荷载性能	◎	◎	◎	◎	◎	◎	◎
抗静扭曲性能	◎	◎	◎	◎	◎	◎	◎

注：1.◎为必需性能；○为选择性能。

2.地弹簧门不要求气密、水密、抗风压、隔声、保温性能。

3.耐撞击、抗垂直荷载和抗静扭曲性能为平开旋转类门必需性能。

表 8-11 窗的功能类型和代号

性能项目	普通型 PT		隔声型 GS		保温型 BW		遮阳型 ZY
	外窗	内窗	外窗	内窗	外窗	内窗	外窗
抗风压性能（P_3）	◎		◎		◎		◎
水密性能（ΔP）	◎		◎		◎		◎
气密性能（$q_1 : q_2$）	◎		◎		◎		◎
空气声隔声性能 $R_w + C_{tr}$；$R_w + C$			◎	◎			
保温性能（K）					◎	◎	
遮阳性能（SC）							◎
采光性能（Tt）	○		○		○		○
启闭力	◎	◎	◎	◎	◎	◎	◎
反复启闭性能	◎	◎	◎	◎	◎	◎	◎

注：◎为必需性能；○为选择性能。

（3）铝合金窗表面质量。表面不应有铝屑、毛刺、油污或其他污迹；密封胶缝应连续、平滑，连接处不应有外溢的胶黏剂；密封胶条应安装到位，四角应镶嵌可靠，不应有脱开的现象。门窗框扇铝合金型材表面没有明显的色差、凹凸不平、划伤、擦伤、碰伤等缺陷。在一个玻璃分格内，铝合金型材表面擦伤、划伤应符合表 8-12 的规定。

表 8-12　门窗框扇铝合金型材表面擦伤划伤要求

项　目	要　求	
	室外侧	室内侧
擦伤、划伤深度	不大于表面处理层厚度	
擦伤总面积（mm²）	≤ 500	≤ 300
划伤总长度（mm）	≤ 150	≤ 100
擦伤和划伤处数	≤ 4	≤ 3

（4）外窗采光性能以透光折减系数 T_r 表示，其分级及分级指标值应符合表 8-13 的规定。

表 8-13　外窗采光性能

分级	1	2	3	4	5
分级指标值 T_r	$0.20 \leq T_r$ <0.30	$0.30 \leq T_r$ <0.40	$0.40 \leq T_r$ <0.50	$0.50 \leq T_r$ <0.60	$T_r \geq 0.60$

（三）平板玻璃门窗

平板玻璃按颜色属性分为无色透明平板玻璃和本体着色平板玻璃。

（1）平板玻璃应切裁成矩形，其长度和宽度的尺寸偏差应不超过表 8-14 规定。

表 8-14　尺寸偏差

公称厚度	尺寸偏差	
	尺寸 ≤ 3000	尺寸 ≥ 3000
2 ~ 6	± 2	± 3
8 ~ 10	+2，−3	+3，−4
12 ~ 15	± 3	± 4
19 ~ 25	± 5	± 5

（2）无色透明平板玻璃可见光透射比应不小于表 8-15 的规定。

表 8-15　无色透明平板玻璃可见光透射比最小值

公称厚度（mm）	2	3	4	5	6	8	10	12	15	19	22	25
可见光透射比最小值（%）	89	88	87	86	85	83	81	79	76	72	69	67

（3）本体着色板玻璃可见光透射比、太阳光直接透射比、太阳能总透射比偏差应不超过表 8-16 的规定。

表 8-16　本体着色平板玻璃透射比偏差

种类	偏差（%）
可见光（380 ~ 780nm）透射比	2.0
太阳光（300 ~ 2500nm）直接透射比	3.0
太阳能（300 ~ 2500nm）总透射比	4.0

（4）本体着色平板玻璃颜色均匀性，同一批产品色差应符合 $\Delta E_{ab} \leq 2.5$。

二、建筑物外门节能设计

这里外门包括户门（不采暖楼梯间）、单元门（采暖楼梯间）、阳台门以及与室外空气直接接触的其他各式各样的门。

（一）门的尺寸

1. 居住建筑中门的尺寸

（1）门的宽度：单扇门约 800 ～ 1000mm；双扇门为 1200 ～ 1400mm。

（2）门的高度：一般为 2000 ～ 2200mm；有亮子的则高度需增加 300 ～ 500mm。

2. 公共建筑中门的尺寸

（1）门的宽度：一般比居住类建筑物稍大。单扇门为 950 ～ 1000mm；双扇门为 1400 ～ 1800mm。

（2）门的高度：一般为 2100 ～ 2300mm；带亮子的应增加 500 ～ 700mm。

（3）四扇玻璃外门宽为 2500 ～ 3200mm；高（连亮子）可达 3200mm；可视立面造型与房高而定。

（二）门的热阻和传热系数

门的热阻一般比窗户的热阻大，而比外墙和屋顶的热阻小，因而也是建筑外围护结构保温的薄弱环节，表 8-17 是几种常见门的热阻和传热系数。从表 8-17 看出，不同种类门的传热系数值相差很大，铝合金门的传热系数要比保温门大 2.5 倍，在建筑设计中，应当尽可能选择保温性能好的保温门。

外门的另一个重要特征是空气渗透耗热量特别大。与窗户不同的是，门的开启频率要高得多，这使得门缝的空气渗透程度要比窗户缝的大得多，特别是容易变形的木制门和钢制门。

表 8-17　几种常见门的热阻和传热系数

序号	名称	执阻 （m² · K/W）	传执系数 [W/(m² · K)]	备注
1	木夹板门	0.37	2.7	双面三夹板
2	金属阳台门	0.156	6.4	
3	铝合金玻璃门	0.164 ～ 0.156	6.1 ～ 6.4	3 ～ 7mm 厚玻璃
4	不锈钢玻璃门	0.161 ～ 0.150	6.2 ～ 6.5	5 ～ 11mm 厚玻璃
5	保温门	0.59	1.70	内夹 30mm 厚轻质保温材料
6	加强保温门	0.77	1.30	内夹 40mm 厚轻质保温材料

三、建筑物外窗节能设计

窗在建筑上的作用是多方面的，除需要满足视觉的联系、采光、通风、日照及建筑造型等功能要求外，作为围护结构的一部分应同样具有保温隔热、得热或散热的作用。因此，外窗的大小、形式、材料和构造就要兼顾各方面的要求，以取得整体的最佳效果。

（一）窗的尺寸

通常平开窗单扇宽不大于 600mm；双扇宽度 900～1200mm；三扇窗宽 1500～1800mm；高度一般为 1500～2100mm；窗台离地高度为 900～1000mm。旋转窗的宽度、高度不宜大于 lm，超过时须设中竖框和中横框。窗台高度可适当提高，约 1200mm 左右。推拉窗宽不大于 1500mm，高度一般不超过 1500mm，也可设亮子。

（二）窗的传热系数和气密性

窗户的传热系数和气密性是决定其保温节能效果优劣的主要指标。窗户传热系数，应按国家计量认证的质检机构提供的测定值采用，如无测定值，可按表 8-18 采用。《严寒和寒冷地区居住建筑节能设计标准》（JGJ 26—2010）对窗户保温性能的要求：严寒地区外窗及敞开式阳台门的气密性等级不应低于国家标准《建筑外门窗气密、水密、抗风压性能分级及检测方法》（GB/T 7106—2008）中规定的 6 级；寒冷地区 1～6 层的外窗及敞开式阳台门的气密性等级不应低于国家标准《建筑外门窗气密、水密、抗风压性能分级及检测方法 KGB/T 7106—2008）中规定的 4 级，7 层及 7 层以上不应低于 6 级。

表 8-18　窗户传热系数

窗框材料	窗户类型	空气层厚度（mm）	窗框窗洞面积比（%）	传热系数 K [W/(m²·K)]	传热阻只（m²·K/W）
	单层窗	—	20～30	6.4	0.16
		12	20～30	3.9	0.26
钢、招	单框双玻窗	16	20～30	3.7	0.27
		20～30	20～30	3.6	0.28

续　表

窗框材料	窗户类型	空气层厚度（mm）	窗框窗洞面积比（%）	传热系数 K [W/(m² · K)]	传热阻只（m² · K/W）
	双层窗	100~140	20~30	3.0	0.33
	单层窗＋单框双玻窗	100~140	20~30	2.5	0.40
	单层窗	—	30~40	4.7	0.21
	单框双玻窗	12	30~40	2.7	0.37
木、塑料		16	30~40	2.6	0.38
		20~30	30~40	2.5	0.40
	双层窗	100~140	30~40	2.3	0.43
	单层窗＋单框双玻窗	100~140	30~40	2.0	0.50

注：1.本表中的窗户包括阳台门上部带玻璃部分。阳台门下部不透明部分的传热系数，如下部不做保温处理，可按表中值采用；如做保温处理，可按计算值采用。

2.本表引自《民用建筑热工设计规范 KGB 50176—1993）。

（三）窗的保温节能措施

1.控制窗墙比

窗墙比指窗户面积与窗户面积加上外墙面积之比值。窗户的传热系数一般大于同朝向外墙的传热系数，因此采暖耗热量随窗墙比的增加而增加。

不同地区的窗墙比要求不一样，具体规定前面章节已提及，此处将不再罗列。

2.减少窗户的空气渗透量

窗户存在墙与框、框与扇、扇与玻璃之间的装配缝隙，就会产生室内外空气交换，从建筑节能的角度讲，在满足室内卫生换气的条件下，通过门窗缝隙的空气渗透量过大，就会导致冷、热耗增加，因此必须控制门窗缝隙的空气渗透量。

为加强外窗生产的质量管理，我国特制定有《建筑外门窗气密、水密、抗＜风压性能分级及检测方法》（GB/TH 06—2008）和《建筑幕墙 KGB/T

21086—2007），标准规定：在窗两侧空气压差为 10Pa 的条件下，单位时间内每米缝长的空气渗透量 q_1 或单位面积的空气渗透量 q_2 为分级的指标值，见表 8-19～表 8-21。

表 8-19　建筑幕墙气密性能设计指标一般规定

地区分类	建筑层数	气密性能分级	气密性能指标小于	
			开启部分九（$m^3/m \cdot h$）	幕墙整体 q_A [$m^3/(m \cdot h)$]
夏热冬暖地区	10 层以下	2	2.5	2.0
	10 层及以上	3	1.5	1.2
其他地区	7 层以下	2	2.5	2.0
	7 层及以上	3	1.5	1.2

表 8-20　建筑幕墙开启部分气密性能分级

分级代号	1	2	3	4
分级指标值 q_A [$m^3/(m \cdot h)$]	$4.0 \geqslant q_L \geqslant 2.5$	$2.5 \geqslant q_L \geqslant 1.5$	$1.5 \geqslant q_L \geqslant 0.5$	$q_L > 0.5$

表 8-21　建筑幕墙整体气密性能分级

分级代号	1	2	3	4
分级指标值 q_A [$m^3/(m \cdot h)$]	$4.0 \geqslant q_A \geqslant 2.0$	$2.0 \geqslant q_A \geqslant 1.2$	$1.2 \geqslant q_A \geqslant 0.5$	$q_A \leqslant 0.5$

加强窗户的气密性可采取以下措施。

（1）通过提高窗用型材的规格尺寸、准确度、尺寸稳定性和组装的精确度以增加开启缝隙部位的搭接量，减少开启缝的宽度达到减少空气渗透的目的。

（2）采用气密条，提高外窗气密水平。各种气密条由于所用材料、断面形状、装置部位等情况不同，密封效果也略有差异。

（3）改进密封方法。对于框与扇和扇与玻璃之间的间隙处理，目前国内均采用双级密封的方法，而国外在框与扇之间却已普遍采用三级密封的做法。这一措施使窗的空气泄漏量降到 $1m^3/(m\cdot h)$ 以下，而国内同类窗的空气渗透量却为 $1.6m^2/(m\cdot h)$ 左右，故应逐步推广采用三级密封方式。

（4）应注意各种密封材料和密封方法的互相配合。近年来的许多研究表明，在封闭效果上，密封料要优于密封件。这与密封料和玻璃、窗框等材料之间处于黏合状态有关。但是，框扇材料和玻璃等在干湿温变作用下所发生的变形，会影响到这种静力状态的保持，从而导致密封失效。密封件虽对变形的适应能力较强，且使用方便，但其密封作用却不完全可靠。因此，只简单地以密封料嵌注于窗缝，或仅仅使用密封条的方法都是不妥的。建议采用如下密封方法：

①在玻璃下安设密封的衬垫材料。

②在玻璃两侧以密封条加以密封（可兼具固定作用）。

③在密封条上方再加注密封料。

（5）确定门窗的空气渗透量（气密等级）。由门窗缝引起的室内外空气渗透量是由门窗两侧所承受的风压差和热压差所决定的，其影响因素十分复杂，一般来说，风压差和热压差与建筑物的形式、门窗所处的高度、朝向及室内外温差等因素有关。

3. 选择适宜的窗型

窗的几何形式与面积以及开启窗扇的形式对窗的保温节能性能有很大影响。表 8-22 列出了一些窗的形式及相关参数。

表 8-22　窗的开扇形式与缝长

编　号	1	2	3	4	5	6	7
开扇形式						推拉	中悬
开扇面积 F_0（m^2）	1.20	1.20	1.20	1.20	1.00	1.05	1.41
缝长 l_0（m）	9.04	7.80	7.52	6.40	6.00	4.30	4.80
l_0/F_0	7.53	6.50	6.10	5.33	6.00	4.10	3.40
窗框长	10.10	10.10	9.46	8.10	9.70	7.20	4.80

从上表我们可以看出，编号为4、6、7的开扇形式的窗，缝长与开扇面积比较小，这样在具有相近的开扇面积下，开扇缝较短，节能效果好。总结开扇形式的设计要点：

（1）在保证必要的换气次数前提下，尽量缩小开扇面积。

（2）选用周边长度与面积比小的窗扇形式，即接近正方形有利于节能。

（3）镶嵌的玻璃面积尽可能大。

第四节　建筑物屋面节能设计

屋顶作为一种建筑物外围护结构所造成的室内外温差传热耗热量，大于任何一面外墙或地面的耗热量。因此，提高建筑屋面的保温隔热能力，能有效地抵御室外热空气传递，减少空调能耗，也是改善室内热环境的一个有效途径。

一、屋面保温材料

用于屋面的保温隔热的材料很多，保温材料一般为轻质、疏松、多孔或纤维的材料，按其形状可分为三种类型：松散保温材料、整体现浇保温材料与板状保温材料。

（一）松散保温材料

常用的松散材料有膨胀蛭石（粒径3～15mm）、膨胀珍珠岩、矿棉、岩棉、玻璃棉、炉渣（粒径3～15mm）等。松散保温材料的质量应符合表8-23的要求。

表8-23　松散保温材料质量要求

项目	膨胀蛭石	膨胀珍珠岩
粒径	3～15mm	≥0.15mm，≤0.15mm的含量不大于8%
堆积密度	≤300kg/m³	≤120kg/m³
导热系数	≤0.14W/（m·K）	≤0.07W/（m·K）

现场喷涂硬泡聚氨酯的物理性能见表 8-23。

表 8-24 现场喷涂硬泡聚氨酯的物理性能

项目	性能要求			试验方法
	Ⅰ型	Ⅱ型	Ⅲ型	
密度（kg/m³）	≥ 35	≥ 45	≥ 55	GB/T 6343—2009
导热系数 [W/（m·K）]	≤ 0.024	≤ 0.024	≤ 0.024	GB 3399—1982
压缩性能，屈服点时或形变 10% 时的压缩应力（kPa）	≥ 150	≥ 200	≥ 300	GB/T 8813—2008
不透水性（无结）0.2MPa，30min	—	不透水	不透水	
尺寸稳定性（70℃，48h，%）	≤ 1.5	≤ 1.5	≤ 1.0	GB/T 8811—2008
闭孔率（%）	≥ 92	≥ 92	≥ 95	GB/T 10799—2008
吸水率（%）	≤ 3	≤ 2	≤ 1	GB/T 8810—2005

（二）整体现浇保温材料

采用泡沫混凝土、聚氨酯现场发泡喷涂材料，整体浇筑在需保温的部位。

整体保温（隔热）材料产品应有出厂合格证、样品的试验报告及材料性能的检测报告。根据设计要求选用厚度，壳体应连续、平整；密度、导热系数、强度应符合设计要求，见表 8-25。

表 8-25 整体保温（隔热）材料质量要求

类别	质量要求
现喷硬质聚氨酯泡沫塑料	表观密度 35 ~ 40kg/m³；导热系数 <0.03W/（m·K）；压缩强度大于 150kPa；封孔率大于 92%
板状制品	表观密度 400 ~ 500kg/m³；导热系数 0.07 ~ 0.08W/（m·K）；抗压强度应 ≥ 0.1MPa

泡沫混凝土技术性能指标见表 8-26。

表 8-26 泡沫混凝土技术性能指标

材料名称	表观密度（kg/m³）	导热系数 [W/（m·K）]	强度（MPa）	吸水率（%）	干燥收缩值（mm/m）
泡沫混凝土	100 ~ 300	0.06 ~ 0.18	0. ~ 2.5	5% ~ 10%	0.6 ~ 0.8

（三）板状保温材料

如挤压聚苯乙烯泡沫塑料板（XPS 板）、模压聚苯乙烯泡沫塑料板（EPS 板）、加气混凝土板、泡沫混凝土板、膨胀珍珠岩板、膨胀蛭石板、矿棉板、岩棉板、木丝板、刨花板、甘蔗板等。

有机纤维材的保温性能一般较无机板材为好，但耐久性较差，只有在通风条件良好、不易腐烂的情况下使用才较为适宜。板状保温材料的质量应符合表 8-27 的要求。目前应用最广泛，经济适用，效果最好的是 XPS 板。

表 8-27 板状保温材料质量要求

项目	聚苯乙烯泡沫塑料类		硬质聚氨酯泡沫塑料	泡沫玻璃	微孔混凝土类	膨胀蛭石（珍珠岩）制品
	挤压	模压				
表观密度（kg/m³）	≥ 32	15 ~ 30	≥ 30	≥ 150	500 ~ 700	300 ~ 800
导热系数 [W/（m·K）]	≤ 0.03	≤ 0.041	≤ 0.027	≤ 0.062	≤ 0.22	≤ 0.26
抗压强度（MPa）	—	—	—	≥ 0.4	≥ 0.4	≥ 0.3
在 10% 形变下的压缩应力（MPa）	≥ 0.15	≥ 0.06	≥ 0.15	—	—	—
70℃，48h 后尺寸变化率（%）	≤ 2.0	≤ 5.0	≤ 5.0	≤ 0.5	—	—
吸水率（V/V，%）	≤ 1.5	≤ 6	≤ 3	≤ 0.5	—	—
外观质量	板的外形基本平整，无严重凹凸不平；厚度允许偏差为 5%，且不大于 4mm					

二、屋面热工作性能指标

居住建筑屋面热传系数建表 8-28；公共建筑屋面传热系数见表 8-29。

表 8-28 居住建筑屋面传热系数限值 K [单位：W/（m² · k）]

严寒地区	采暖期室外平均温度 −14.5 ～ −11.1℃	体形系数 ≤ 0.3	0.40
		体形系数 >0.3	0.25
	采暖期室外平均温度 −11.0 ～ −8.1℃	体形系数 ≤ 0.3	0.50
		体形系数 >0.3	0.30
	采暖期室外平均温度 −8.0 ～ −5.1℃	体形系数 ≤ 0.3	0.60
		体形系数 >0.3	0.40
寒冷地区	采暖期室外平均温度 −5.0～−2.1℃	体形系数 ≤ 0.3	0.70
		体形系数 >0.3	0.50
	采暖期室外平均温度 −2.0～2.0℃	体形系数 ≤ 0.3	0.80
		体形系数 >0.3	0.60
夏热冬冷地区	$K \leqslant 1.0, D \geqslant 3.0$		
	$K \leqslant 0.8, D \geqslant 2.5$		
夏热冬暖地区	$K \leqslant 1.0, D \geqslant 2.5$		
	$K \leqslant 0.5$		

注：当屋顶的 K 值满足要求，但 D 值（热惰性指标）不满足要求时，应按照《民用建筑热工设计规范》（GB 50176 − 1993）第 5.1.1 条来验算隔热设计要求。

表 8-29 公共建筑屋面传热系数 K [单位：W/（m² · k）]

项目	严寒地区 A 区	严寒地区 B 区	寒冷地区	夏热冬冷地区	夏热冬暖地区
体形系数 ≤ 0.3	≤ 0.35	≤ 0.45	≤ 0.55	≤ 0.70	≤ 0.90
0.3< 体形系数 ≤ 0.4	≤ 0.30	≤ 0.35	≤ 0.45		

项目		严寒地区A区	严寒地区B区	寒冷地区	夏热冬冷地区	夏热冬暖地区
屋顶透明部分	传热系数限值	≤ 2.5	≤ 2.6	≤ 2.7	≤ 3.0	≤ 3.5
	遮阳系数限值 SC				0.40	0.35

　　屋面保温设计绝大多数为外保温构造，这种构造受周边热桥影响较小。为了提高屋面的保温能力，屋顶的保温节能设计要采用导热系数小、轻质高效：吸水率低（或不吸水）、有一定抗压强度、可长期发挥作用且性能稳定可靠的保温材料作为保温隔热层。屋面保温层的构造应符合下列规定：

　　（1）保温层设置在防水层上部时，保温层的上面应做保护层。

　　（2）保温层设置在防水层下部时，保温层的上面应做找平层。

　　（3）屋面坡度较大时，保温层应采取防滑措施。

　　（4）吸湿性保温材料不宜用于封闭式保温层。

（一）胶粉 EPS 颗粒屋面保温系统

　　该系统采用胶粉 EPS 颗粒保温浆料对平屋顶或坡屋顶进行保温，用抗裂砂浆复合耐碱网格布进行抗裂处理，防水层采用防水涂料或防水卷材。保护层可采用防紫外线涂料或块材等。胶粉 EPS 颗粒屋面保温系统构造如图 8-8 所示。

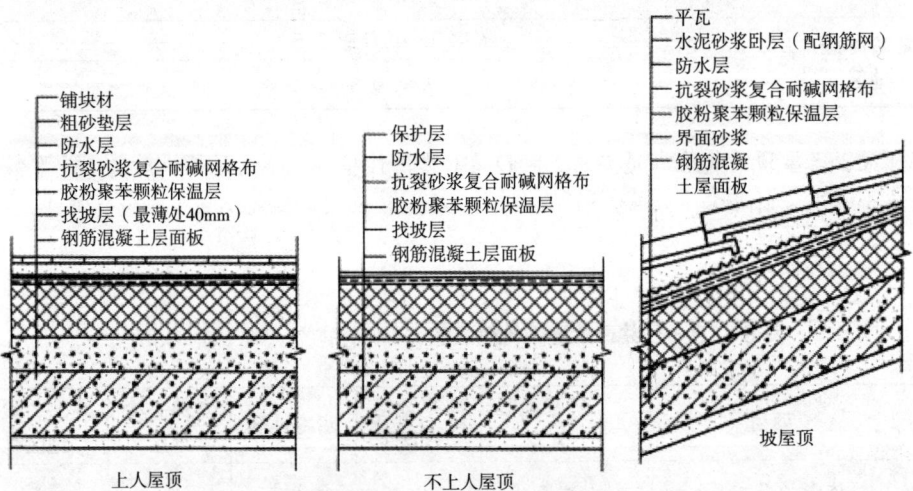

图 8-8　胶粉 EPS 颗粒屋顶保温构造

防紫外线涂料由丙嫌酸树脂和太阳光反射率高的复合颜料配制而成，具有一定的降温功能，用于屋顶保护层，其性能指标除应符合《溶剂型外墙涂料》（GB/T 9757—2001）的要求外，还应符合表8-30的要求。

表8-30　防紫外线涂料性能

项目		指　标
干燥时间（h）	表干	≤ 1
	实干	≤ 12
透水性（mL）		≤ 0.1
太阳光反射率（%）		≥ 90

建筑物地面节能设计胶粉EPS颗粒保温浆料作为屋面保温材料，不但要求保温性能好，还应满足抗压强度的要求。

（二）倒置式保温屋面

倒置式保温屋面就是将传统屋面构造中保温隔热层与防水层"颠倒"，即将保温隔热层设在防水层上面，故有"倒置"之称，又称"侧铺式"或"倒置式"屋面，其构造如图8-9所示。

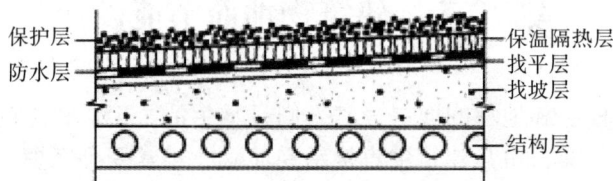

图8-9　倒置式（外）保温屋面构造图

图8-10是倒置式保温油毡屋面的构造做法。倒置式保温屋面于20世纪60年代开始在德国和美国被采用，其特点是保温层做在防水层之上，对防水层起到一个屏蔽和防护的作用，使之不受阳光和气候变化的影响而温度变形较小，也不易受到来自外界的机械损伤。因此，现在有不少人认为这种屋面是一种值得推广的保温屋面。

倒置式保温屋面的构造要求保温隔热层应采用吸水率低的材料，如聚苯乙烯泡沫板、沥青膨胀珍珠岩等，而且在保温隔热层上应用混凝土、水泥砂浆或干铺卵石做保护层，以免保温隔热材料受到破坏。保护层用混凝土板或地砖等材料时，可用水泥砂浆铺砌，用卵石作保护层时，在卵石与保温隔热材料层间应铺一层耐穿刺且耐久性防腐性能好的纤维织物。

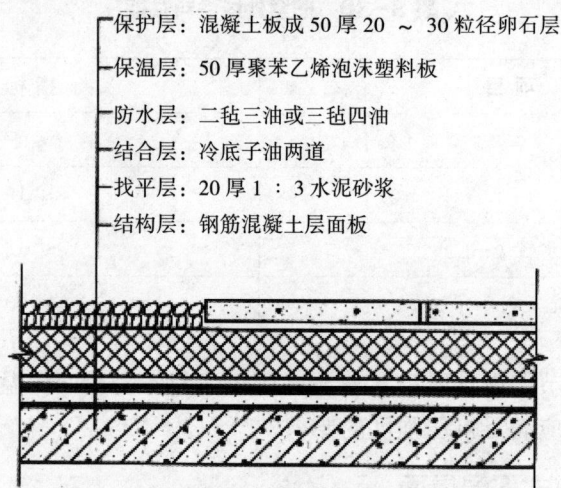

保护层：混凝土板成50厚20～30粒径卵石层
保温层：50厚聚苯乙烯泡沫塑料板
防水层：二毡三油或三毡四油
结合层：冷底子油两道
找平层：20厚1∶3水泥砂浆
结构层：钢筋混凝土层面板

图8-10　倒置式保温油毡屋面（单位：mm）

第五节　建筑物地面节能设计

地面是楼板层和地坪的面层，是人们日常生活、工作和生产时直接接触的部分，属装修范畴，也是建筑中直接承受荷载，经常受到摩擦、清扫和冲洗的部分。地面按其是否直接接触土壤分为两类，见表8-31。

表8-31　地面的种类

种　类	所处位置、状况
地面（直接接触土壤）	周边地面 非周边地面
地板（不直接接触土壤）	接触室外空气地板 不采暖地下室上部地板 存在空间传热的层间地板

一、地面热工性能

（1）《民用建筑热工设计规范》（GB 50176—2016）对地面的热工性能分类及适用的建筑类型做出了规定。表8-32为地面热工性能分类。

表8-32 地面热工性能分类

类别	吸热指数 $B[W/m^2 \cdot h^{-1/2} \cdot K)]$	适用的建筑类型
I	<17	高级居住建筑、托幼、医疗建筑
II	17～23	一般居住建筑、办公、学校建筑等
III	>23	临时逗留及室温高于23℃的采暖房间

注：表中 B 值是反映地面从人体脚部吸收热量多少和速度的一个指数。厚度为 3～4mm 的面层材料的热渗透系数对 B 值的影响最大。热渗透系数 $b=\sqrt{\lambda cp}$ 故面层宜选择密度、比热容和导热系数小的材料较为有利。

（2）居住建筑楼板的传热系数及地面的热阻应更具所处城市的气候分区按表8-33的规定进行设计。

表8-33 城市的气候分区传热系数

气候分区	楼地面部位	传热系数 K [W/(m²·K)]	热阻尺 (m²·K/W)
严寒地区 A 区	底面接触室外空气的楼板	0.35	
	分隔采暖与非采暖空间的楼板	0.58	
	周边及非周边地面		0.30
严寒地区 B 区	底面接触室外空气的楼板	0.45	
	分隔采暖与非采暖空间的楼板	0.75	
	周边及非周边地面		3.20
气候分区	楼地面部位	传热系数 K [W/(m²·K)]	热阻尺 (m²·K/W)

续 表

气候分区	楼地面部位	传热系数 K [W/($m^2 \cdot$ K)]	热阻尺 ($m^2 \cdot$ K/W)
寒冷地区	底面接触室外空气的楼板	0.60	
	分隔采暖与非采暖空间的楼板	1.00	
	周边地面		1.77
	非周边地面		3.20
夏热冬冷地区 夏热冬暖地区	底面接触室外空气的楼板	1.50	
	周边及非周边地面	2.00	

注：1.周边地面是指距外墙内表面 2m 以内的地面，非周边地面是指距外墙内表面 2m 以外的地面；

2.地面热阻是指建筑基础持力层以上各层材料的热阻。

（3）公共建筑楼板地面的传热系数及地下室外墙的热阻应根据所处城市的气候分区按表 8-34 的规定进行设计。

表 8-34 公共建筑不同气候分区楼地面及地下室外墙的传热系数

气候分区	楼地面部位	体形系数 不大于0.3	体形系数 大于0.3
严寒地区 A 区	底面接触室外空气的楼板	$K \leqslant 0.45$	$K \leqslant 0.40$
	分隔采暖与非采暖空间的楼板	$K \leqslant 0.60$	
	周边地面	$R \geqslant 2.00$	
	非周边地面	$R \geqslant 80$	
	采暖地下室外墙（与土接触的墙）	$R \geqslant 2.00$	
严寒地区 B 区	底面接触室外空气的楼板	$K \leqslant 0.50$	$K \leqslant 0.45$
	分隔采暖与非采暖空间的楼板	$K \leqslant 0.80$	
	周边地面	$R \geqslant 2.00$	
	非周边地面	$R \geqslant 1.80$	
	采暖地下室外墙（与土接触的墙）	$R \geqslant 1.80$	

续　表

气候分区	楼地面部位	体形系数不大于0.3	体形系数大于0.3
寒冷地区	底面接触室外空气的楼板	$K \leqslant 0.60$	$K \leqslant 0.50$
	分隔采暖与非采暖空间的楼板	$K \leqslant 1.50$	
	周边及非周边地面	$R \geqslant 1.50$	
	采暖、空调地下室外墙（与土接触的墙）	$R \geqslant 1.50$	
夏热冬冷地区	底面接触室外空气的架空或外挑楼板	$K \leqslant 1.00$	
	地面及地下室外墙（与土接触的墙）	$R \geqslant 1.20$	
夏热冬暖地区	底面接触室外空气的架空或外挑楼板	$K \leqslant 1.50$	
	地面及地下室外墙（与土接触的墙）	$R \geqslant 1.00$	

注：1. 周边地面是指距外墙内表面 2m 以内的地面，非周边地面是指距外墙内表面 2m 以外的地面；

2. 地面热阻是指建筑基础持力层以上各层材料的热阻之和；

3. 地下室外墙热阻是指土以内各层材料热阻之和。

二、地面保温设计

当地面的温度高于地下土壤温度时，热流便由室内传入土壤中。居住建筑室内地面下部土壤温度的变化并不太大，变化范围：一般从冬季到春季仅有 10℃左右，从夏末至秋天也只有 20℃左右，且变化得十分缓慢。但是，在房屋与室外空气相邻的四周边缘部分的地下土壤温度的变化还是相当大的。冬天，它受室外空气以及房屋周围低温土壤的影响，将有较多的热量由该部分被传递出去，其温度分布与热流的变化情况如图 8-11 所示，如不采取保温措施，则外墙内侧墙面以及室内墙角部位易出现结露，在室内墙角附近地面有冻脚观察，并使地面传热损失加大。

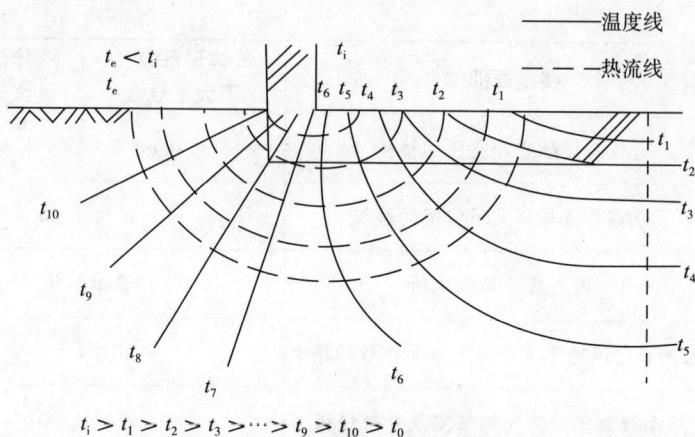

$t_i > t_1 > t_2 > t_3 > \cdots > t_9 > t_{10} > t_0$

图 8-11　地面周边的温度分布

满足节能标准的具体措施是在室内地坪以下垂直墙面外侧加 50 ~ 70mm 厚聚苯板以及从外墙内侧算起 2.0m 范围内的地面下部加铺 70mm 厚聚苯板，最好是挤塑聚苯板等具有一定抗压强度、吸湿性较小的保温层。地面保温构造如图 8-12 所示。

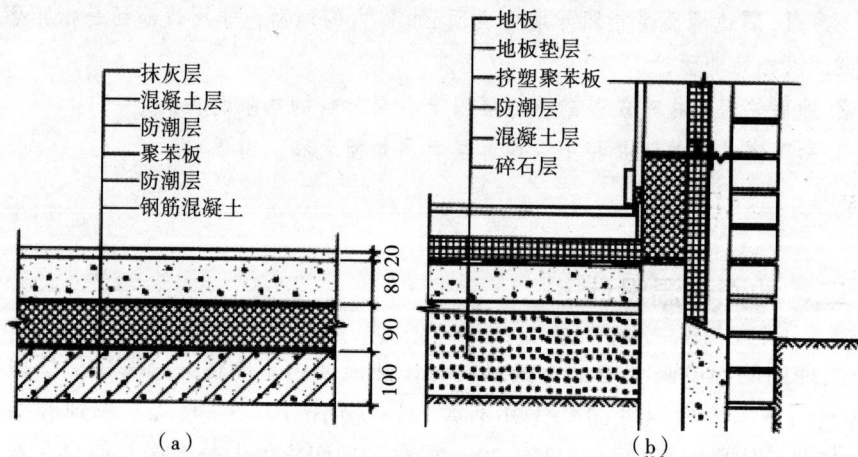

图 8-12　地面铺保温板（单位：mm）

（a）普通聚苯板保温地面；（b）保温板铺在防潮层上面

采暖（空调）居住（公共）建筑接触室外空气的地板（如过街楼地板）、不采暖地下室上部的地板及存在空间传热的层间楼板等，应采取保温措施，使地板的传热系数满足相关节能标准的限值要求。保温层设计厚度应满足相关节能标准对该地区地板的节能要求。

低温辐射地板构造如图 8-13 所示。将改性聚丙烯（PP-C）等耐热耐压管按照合理的间距盘绕，铺设在 30 ～ 40mm 厚聚苯板上面，聚苯板铺设在混凝土地层中，可分户循环供热，便于调节和计量，充分体现管理上的便利和建筑节能的要求。低温地板辐射采暖，有利于提高室内舒适度以及改善楼板保温性能。

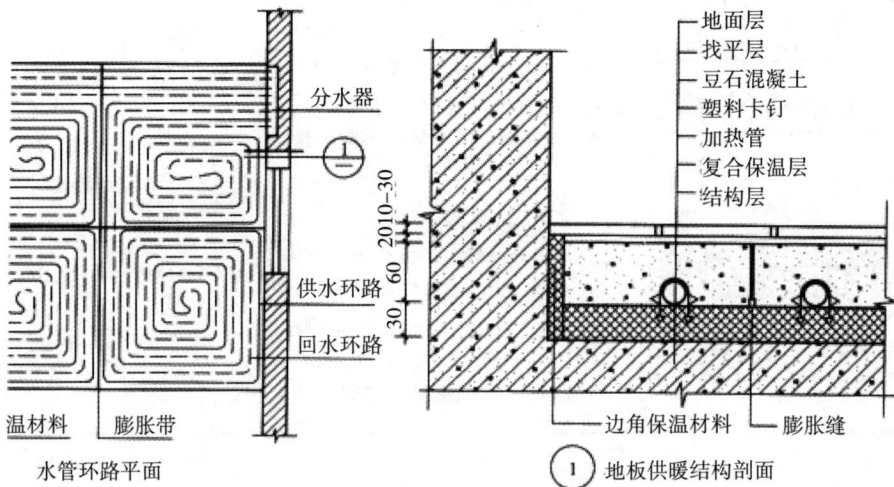

图 8-13　低温辐射地板构造（单位：mm）

接触室外空气地板的保温构造做法及热工性能参数见表 8-35。

表 8-35　接触室外空气地板的保温构造及热工性能参数

简图	基本构造（由上而下）	保温材料厚度（mm）	传热系数 K（W/(m²·K)）
	1 ～ 20mm 水泥砂浆找平层； 2 ～ 100mm 现浇钢筋混凝土楼板； 3 ～ 挤塑聚苯板（胶黏剂粘贴）； 4 ～ 3mm 聚合物砂浆（网格布）	15 20 25	1.32 1.13 0.98

简图	基本构造（由上而下）	保温材料厚度（mm）	传热系数 K（W/(m²·K)）
	1 ～ 20mm 水泥砂浆找平层； 2 ～ 100mm 现浇钢筋混凝土楼板； 3 ～膨胀聚苯板（胶黏剂粘贴）； 4 — 3mm 聚合物砂浆（网格布）	20 25 30	1.41 1.24 1.10
	1 ～ 18mm 实木地板； 2 ～ 30mm 矿（岩）棉或玻璃棉板； 30mm × 40mm 杉木龙骨 @400； 3 ～ 20mm 水泥砂浆找平层； 4 ～ 100mm 现浇钢筋混凝土楼板	20 25 30	1.29 1.18 2.1.09
	1 ～ 12mm 实木地板； 2 ～ 15mm 细木工板； 3 ～ 30mm 矿（岩）棉或玻璃棉板； 30mm × 40mm 杉木龙骨 @400； 4 ～ 20mm 水泥砂浆找平层； 5 ～ 100mm 现浇钢筋混凝土楼板	20 25 30	1.10 2.1.02 0.95

三、地面防潮设计

夏热冬冷和夏热冬暖地区的建筑物底层地面，除保温性能满足节能要求外，还应采取一些防潮技术措施，以减轻或消除梅雨季节由于湿热空气产生的地面结露现象。尤其是当采用空铺实木地板或胶结强化木地板面层时，更应特别注意下面垫层的防潮设计。

（一）地面防潮应采取的措施

（1）防止和控制地表面温度不要过低，室内空气湿度不能过大，避免湿空气与地面发生接触。

（2）室内地表面的表面材料宜采用蓄热系数小的材料，减少地表温度与空气温度的差值。

（3）地表采用带有微孔的面层材料来处理。

（二）底层地坪的防潮构造设计

底层地坪的防潮构造设计，可参照图 8-14 和图 8-15 选择。其中，图 8-14 是用空气层防潮技术，必须注意空气层的密闭。图 8-14 和图 8-15 所示为防潮地坪构造做法，都应具备以下三个条件：

（1）有较大的热阻，以减少向基层的传热。

（2）表面层材料导热系数要小，使地表面温度易于紧随空气温度变化。

（3）表面材料有较强的吸湿性，具有对表面水分的"吞吐"作用。

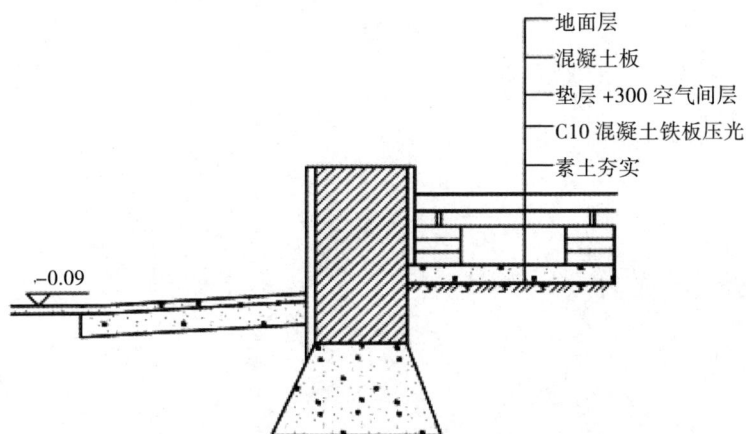

图 8-14 空气防潮技术地面（单位：mm）

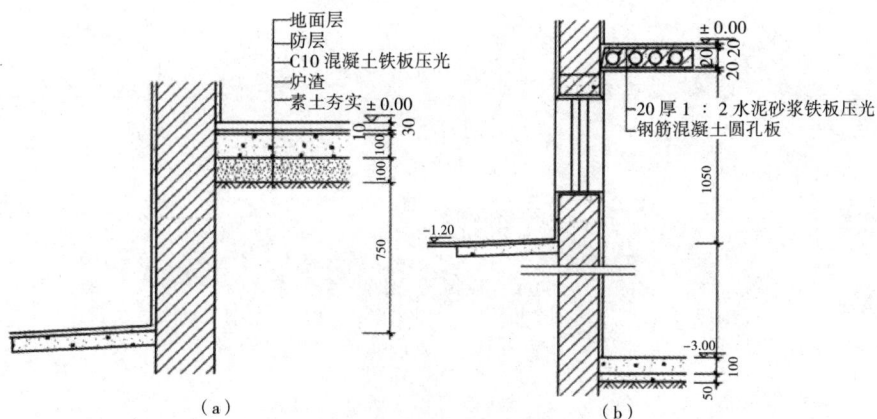

图 8-15 普通防潮技术地面（单位：mm）

（a）防潮技术地面；（b）架空防潮技术地面

第九章　建筑照明节能设计

第一节 建筑光环境基本概述

光环境是物理环境中一个组成部分,它和湿环境、热环境、视觉环境等并列。对建筑物来说,光环境是由光照射与其内外空间所形成的环境。因此光环境形成一个系统,包括室外光环境和室内光环境。前者是在室外空间由光照射而形成的环境,其功能是要满足物理、生理(视觉)、心理、美学、社会(电节能、绿色照明)等方面的要求。后者是室内空间由光照射而形成的环境,其功能是要满足物理、生理、心理、人体功效学及美学等方面的要求。

光环境和空间两者之间有着相互依赖、相辅相成的关系。空间中有了光才能发挥视觉功效,才能在空间中辨认人和物体的存在,同时光也以空间为依托显现出它的状态、变化(如控光、滤光、调光、混光、封光等)及表现力,在室内空间中的光必须通过材料形成光环境,例如光通过透光、半透光或不透光材料形成相应的光环境。此外,材料表面的颜色、质感、光泽等也会形成相应的光环境。

一、光的性质和度量

建筑光环境的设计和评价离不开定量的分析和说明,需要借助一些物理光度量来描述光源与光环境的特征。在建筑光环境中常用的光度量有光通量、发光强度、照度和亮度等。

(一)光通量

辐射体以电磁辐射的形式向四面八方辐射能量,在单位时间内以电磁辐射的形式向外辐射的能量称为辐射功率或辐射通量(W),相应的辐射通量中能被人眼感觉为光的那部分称为光通量,即在波长 380 ~ 780nm 的范围内辐射出的、并被人眼感觉到的辐射通量。光通量是表征光源发光能力的基本量,其单位为流明(lm),例如 100W 普通白炽灯发出 1250lm 的光通量,40W 日光色荧光灯约发出 2400lm 的光通量。光通量是描述光源基本特征的参数之一。

(二)发光强度

光通量只能说明光源的发光能力,并没有表示出光源所发出光通量在空间的分布情况。因此，仅知道光源的光通量是不够的，还必须了解表示光通量在空间分布状况的参数，即光通量的空间密度，称为发光强度。发光强度简称为光强，光强为发光体在给定方向上的发光强度是该发光体在该方向上的立体角元内传输的光通量除以该立体角元所得之商，即单位立体角的光通量。发光强度的符号为单位为坎德拉（cd）。

（三）照度

对于被照面而言，照度是指物体被照亮的程度，即光源照射在被照物体单位面积上的光通量，它表示被照面上的光通量密度。照度是以垂直面所接受的光通量为标准，若倾斜照射则照度下降。照度的计算方法，有利用系数法、概算曲线法、比功率法和逐点计算法等。保证光环境的光量和光质量的基本条件是照度和亮度。其中照度的均匀度对光环境有着直接的影响，因为它对室内空间中人的行为、活动能产生实际效果，但是以创造光环境的气氛为主时，不应偏重于保持照度的均匀度。

（四）亮度

亮度是表示人对发光体或被照射物体表面的发光或反射光强度实际感受的物理量，亮度和光强这两个量在一般的日常用语中往往被混淆使用。亮度实质上是将某一正在发射光线的表面的明亮程度定量表示出来的量。在光度单位中，亮度是唯一能引起眼睛视觉感的量，亮度的表示符号为 L，单位为尼特（nits）。虽然在光环境设计中经常用照度和照度分布（均匀度）来衡量光环境的优劣，但就视觉过程来说，眼睛并不直接接受照射在物体上的照度作用，而是通过物体的反射或透射，将一定亮度作用于人的眼睛。

二、视觉与光环境

视觉是通过视觉系统的外周感觉器官（眼）接受外界环境中一定波长范围内的电磁波刺激，经中枢有关部分进行编码加工和分析后获得的主观感觉。视觉是人体各种感觉中最重要的一种，据科学测试证明，大约有87%的外界信息是人依靠眼睛获得的，并且75%～90%的人体活动是由视觉引起的。视觉与触觉等其他感觉不同，后者是单独地感受一个物体的存在，而视觉所感知的是环境的大部分或全部。

良好的光环境是保证视觉功能舒适、有效的基础。在一个良好的光环境中，人们可以不必通过意识的作用强行将注意力集中到所有要看的地方，能够不费力而清楚地看到所有搜索的信息，并与所要求和预期的情况相符合，背景中没有视觉"噪声"（不相关或混乱的视觉信号）干扰注意力。反之，人们就会感到注意力分散和不舒适，直接影响到劳动生产率和视力的健康。

（一）颜色对视觉和心理的影响

颜色同光一样，是构成光环境的要素，颜色问题涉及物理学、生理学、心理学等学科较为复杂。颜色来源于光，不同的波长组成的光反应了不同的颜色，直接看到的光源的颜色称为表观色。光投射到物体上，物体对光源的光谱辐射有选择地反射或透射对人眼所产生的颜色，感觉称物体色，物体色由物体表面的光谱反射率或透射率和光源的光谱组成共同决定。若用白光照射某一表面，它吸收的白光包含绿光和蓝光，反射红光，这一表面就呈红色，若用蓝光照射同一表面，它将成为黑色，因为光源中没有红光成分，反之，若用红光照射该表面，它将成鲜艳的红色，这个例子充分说明，物体色决定于物体表面的光谱反射率。同时，光源的光谱组成对于显色也是至关重要的。颜色是正常人一生中一种重要的感受。在工作和学习环境中，需要颜色不仅是因为它的魅力和美丽，还为个人提供正常情绪上的排遣。一个灰色或浅黄色的环境，几乎没有外观的感染力，它趋向于导致人在主观上的不安、内在的紧张和乏味。另一个方面，颜色也可以使人放松、激动和愉快。人的大部分心理上的烦恼都可以归于内心的精神活动，好的颜色刺激可给人的感官以一种振奋的作用，从而从恐怖和忧虑中解脱出来。

良好的建筑光环境离不开颜色的合理设计，颜色对人体产生的心理效果直接影响光环境的质量。色性相近的颜色对个体视觉的影响及产生的心理效应的相互联系、密切相通的性质称为色感的共通性，它是颜色对人体产生心理感受的一般特性。色感的共通性见表9-1。

表9-1　色感的共通性

心理感受	左趋势	积极色				中性色		消极色			右趋势
明暗感	明亮	白	黄	橙	绿、红	灰	灰	青	紫	黑	黑暗
冷热感	温暖		橙		黄	灰	绿	青	紫		凉爽
胀缩感	膨胀		红	橙	黄	灰	绿	青	紫		收缩
距离感	近		黄	橙	红		绿	青	紫		远

续　表

心理感受	左趋势	积极色			中性色		消极色			右趋势
重量感	轻盈	白	黄	橙　红	灰	绿	青	紫	黑	沉重
兴奋感	兴奋	白	红	橙红　黄绿红紫	灰	绿	青绿	紫青	黑	沉重

有实验表明，当手伸到同样温度的热水中时，多数受试者会说染成红色的热水要比染成蓝色的热水温度高。在车间操作的工人，在青蓝色的场所工作13℃时就会感到比较冷，在橙红色的场所工作11℃时还感觉不到冷，这样的主观温差效果最多可达3～4℃。在黑色基底上贴大小相同的6个实心圆，分别是红、橙、黄、绿、青、紫六色，实际看来，红、橙、黄三色的圆有跳出之感觉，而绿、青、紫三色却有缩进之感觉。比如，法国的国旗，将白、红、蓝三色做成30：3：37的比例时才会产生三色等宽的感觉。

明度对轻重感的影响比色相要大，明度高于7的颜色显轻，明度低于4的颜色显重。其原因一是波长对眼睛的影响，二是颜色联想，三是颜色爱好引起的情绪反映，有很多与下面例子类似的情形：同样重量的包装袋，如果采用黑色，搬运工人则觉得比较沉重，但如果采用淡绿色，反而觉得比较轻；吊车和吊灯表面，常采用轻盈的颜色，以有利于众人感到心理上的平衡和稳定。

自然科学家歌德把颜色分为积极色（或主动色）和消极色（或被动色）。主动色能够产生积极的有生命力的和努力进取的态度，而被动色易表现出不安的温柔和向往的情绪。如黄、红等暖色，明快的色调加上高亮度的照明，对人有一种离心作用，即把人的组织器官引向环境，将人的注意力吸引到外部，增加人的激活作用、敏捷性和外向性。这种环境有助于肌肉的运动和机能的发挥，适合于从事手工操作和进行娱乐活动的场所。灰、蓝、绿等冷色调加上低度的照明，对人有一种向心作用，即把热闹从环境引向本人的内心世界，使人精神不易涣散，能更好地把注意力集中到难度大的视觉任务和脑力劳动上，增进人的内向性。这种环境适合需要久坐、对眼睛和脑力工作要求高的场所，如办公室、研究室和精细的装配车间等。

（二）视觉功效舒适光环境要素

1.视觉功效

视觉功效是人借助视觉器官完成一定视觉作业的能力。通常用完成作业的速度和精度来评定视觉功效。除了人的因素外，在客观上，它既取决于作业对象的大小、形状、位置、作业细节与背景的亮度对比等作业本身固有的特性，也与照明密切相关。在一定范围内，随着照明的改善，视觉功效会有显著的提高。关于视觉功效的研究，通常在控制识别时间的条件下，对视角、照度和亮度对比同视觉功效之间进行实验研究，为制定合理的光环境设计标准提供视觉方面的依据。

2. 舒适光环境要素与评价标准

什么样的光环境能够满足视觉的要求，是确定设计标准的依据。良好光环境的基本要素可以通过使用者的意见和反映得到。为了建立人对光环境的主观评价与客观评价之间的对应关系，世界各国的科学工作者进行了大量的研究工作。通过大量视觉功效的心理物理实验，找出了评价光环境质量的客观标准，为制定光环境设计标准提供了依据。舒适光环境要素主要包括以下方面。

（1）适当的照度或亮度水平。研究人员曾对办公室和车间等工作场所，在各种照度条件下感到满意的人数百分比进行过大量调查，发现随着照度的增加，感到满意的人数百分比也在增加，满意人数最大百分比的照度在1500～30001之间；照度超过此数值后，对照度满意的人数反而减少，这说明照度或亮度要适量。物体的亮度取决于照度，照度过大，会使物体过亮，容易引起视觉疲劳和眼睛灵敏度的下降。不同工作性质的场所对照度值的要求不同，适宜的照度应当是在某具体工作条件下，大多数人都感觉比较满意且保证工作效率和精度均较高的照度值。

（2）合理的照度分布。光环境控制中规定照度的平面称为参考面，人们的工作面往往就是参考面，通常假定工作面是由室内墙面限定的距地面高0.70～0.80m的水平面。原则上，任何照明装置都不会在参考面上获得绝对均匀的照度值。考虑到人眼的明暗视觉适应过程，参考面上的照度应当尽可能均匀，否则很容易引起视觉疲劳。一般认为空间内照度最大值、最小值与平均值相差不超过1/6是可以接受的。

（3）舒适的亮度分布。人眼的视野是非常宽的。在工作房间里，除了视看的对象外，工作面、天棚、墙面、窗户和灯具等都会进入人眼的视野，这些物体的亮度水平和亮度对比构成人眼周围视野的适应亮度。如果它们与中心视野内的工作对象亮度相差过大，就会加重眼睛瞬时适应的负担，或者产生眩光，降低视觉功效。此外，房间主要表面的平均亮度，形成房间明亮程度的总印象，其亮度分布使人产生不同的心理感受。因此，舒适并且有利于提高工作效率的光环境还应当具有合理的亮度分布。

（4）宜人的光色。光源的颜色质量常用两个性质不同的术语来表征，即光源的表观颜色（色表）和显色性。光源的表观颜色（色表）是决定照明空间色调气氛的重要因素，常用色品坐标、颜色温度（简称色温）和相关色温等参数来表示。光源对物体颜色呈现的程度称为显色性，也就是颜色的逼真程度，显色性高的光源对颜色的再现较好。显色性是指不同光谱的光源照射在同一颜色的物体上时所呈现不同颜色的特性；通常用显色指数（Ra）来表示光源的显色性。光源的显色指数越高，其显色性能越好。

光源的表观颜色（色表）和显色性，都取决于光源的光谱组成，但不同光谱组成的光源，可能具有相同的表观颜色（色表），而其显色性却大不相同。同样，表观颜色（色表）完全不同的光源，也可能具有相等的显色性。因此，光源的颜色质量必须用这两个性质不同的术语来表征，缺一不可。

（5）避免眩光干扰。当视野内出现高亮度或过大的亮度对比时，会引起视觉上的不舒适、厌烦或视觉疲劳，这种高亮度或过大的亮度对比称为眩光，这是评价光环境舒适性的一个重要指标。当这种高亮度或过大的亮度对比被人眼直接看到时，称为"直接眩光、如果是从视野内的光滑面反射到人的眼睛，则称为"反射眩光"或"间接眩光"。由于反射面的光学性能和眼睛所处的位置不同，反射出的光源的亮度大小和分布不同，"反射眩光"对人的影响也不同。光泽的表面能够将光源的图像清楚地反映出来，且这一眩光落在工作面上，而不在视看对象上，这种"反射眩光"的机理和效应与"直接眩光"相似。

如果光泽的表面反射出光源的亮度较低，且不能清楚地看到光源的图像，而是落在了视看对象上，并使观看目标的亮度对比度下降，从而减少了能见度，这种眩光呈光幕反射或模糊反射，如在灯光下看光滑的彩图时，总会有一个亮斑影响观看。根据眩光对视觉的影响程度，可以分为"失能眩光"和"不舒适眩光"。"失能眩光"的出现会导致视力下降，甚至丧失视力。"不舒适眩光"的存在使人感到不舒服，影响注意力的集中，时间长了会增加视觉疲劳，但一般不会影响视力。对室内光环境来说，遇到的基本上都是不舒适的眩光。

（6）光的方向性。在光的照射下，室内空间结构特征、人和物都清晰而自然地显示出来，这样的光环境给人的感受就生动。一般来说，照明光线的方向性不能太强，否则会出现生硬门阴影，令人心情不愉快；但光线也不能过分漫射，以致被照射物体没有立体感。因此，光的方向性应根据光照物体的实际来确定。

三、建筑的天然采光

为实现城市的可持续发展战略，节能减排就成了建筑设计中的关键任务。如果把节能的观念与建筑采光的设计有机地结合起来，不仅能够减少成本、绿化环境，还能使建筑拥有更安全、舒适、自然的采光环境。从而促进居住者身心健康的发展，保障城市化进程的和谐发展，真正实现无污染的设计理念。

与人工照明相比，天然采光可以节省能源，削减建筑能耗峰值；太阳是一个取之不尽、用之不竭的绿色能源，最大限度地利用天然光，不但可以节省照明用电，还减少了环境污染；天然采光可以舒缓神经、舒畅心情，提高工作效率。据此，建筑光环境采光设计应当从两方面进行评价，即是否实现建筑节能和是否改善建筑内部环境的质量。

（一）天然光与人工光的视觉效果

利用电能做功，产生可见光的光源叫电光源。电光源的发明有力促进了电力装置的建设。电光源的转换效率高，电能供给稳定，控制和使用方便，安全可靠，并可方便地用仪表计数耗能，故在其问世后一百多年中很快得到了普及。它不仅成为人类日常生活的必需品，而且在工业、农业、交通运输以及国防和科学研究中，都发挥着重要作用。但是，单纯依赖电光源对于绿色建筑的节能来讲，电光源的耗能巨大，不符合当今建筑节能的要求。

在人类的生产、生活与进化过程中，天然光是长期依赖的唯一光源，人的眼睛已习惯在天然光下观看物体，在天然光下比人工光下有更高的灵敏度，尤其在低照度下或观看小的物体时，这种视觉区别更加显著。充分利用天然光，节约照明用电，对我国实现可持续发展战略具有重要意义，同时具有巨大的生态效益、环境效益和社会效益。虽然天然采光有很多优点，但也存在一些不足之处，因此在运用中要注意天然光的控制与调节，以尽量克服由天然采光带来的不利影响。

（二）我国光气候的分区

在科学技术和经济发展等因素的影响下，人们对建筑采购节能设计的要求越来越高，同时，由于我国疆域面积辽阔，不同地区的气候特征和环境状况相差悬殊，因此以地域气候和环境为基础的建筑采光节能设计方式也会有所不同。从建筑设计策略的角度研究不同的区域性气候特征，探讨适合地区的节能气候设计策略，对建筑节能具有重要的意义。

影响室外地面照度的气象因素主要有太阳高度角、云、日照率等。我国的地域辽阔，同一时刻南北方的太阳高度角相差很大。从日照率看来，由北和西北往东南方向逐渐减少，以四川盆地一带为最低。从云量看来，自北向南逐渐增多，以四川盆地最多；从云状看来，南方以低云为主，向北逐渐以高云和中云为主。以上这些均充分说明，南方以天空扩散光照度较大，北方以太阳直射光为主，并且南北方室外平均照度差异比较大。如果在采光设计中采用同一标准值，显然是不合理的。为此，在采光设计标准中将全国划分为五个光气候区，各地区取不同的室外临界照度值。这样，在保证一定室内照度的情况下，各地区有不同的采光系数标准。在进行建筑采光设计时，要根据建筑物所处的光气候区，按照现行的《建筑采光设计标准》（GB 50033—2013）中的相关规定进行。

（三）不同采光口形式及其对室内光环境影响

与人工光相比，自然光是天然的绿色能源，有利于建筑物的节能，同时也有利于人的视觉健康。如何在建筑物的空间内合理地利用自然光，是建筑物光环境研究中的一个大课题，其中采光口的形式及其对室内光环境的影响是重要研究内容。

建筑物按照采光口所处的位置不同，可分为侧窗采光和天窗采光两类，最常见的采光口形式是侧窗，它可以用于任何有外墙的建筑物。但由于它的照射范围有限，所以一般只用于进深不大的房间采光。任何有屋顶的室内空间均可采用天窗采光，由于天窗位于屋顶部，在开窗形式、面积、位置等方面受到的限制比较少。如果同时采用侧窗采光和天窗采光方式时，则称为混合采光。

1. 侧窗采光

侧窗采光的采光口可以设置在墙体的两侧墙上，通过侧窗的光线有强烈的方向性，有利于形成阴影，对观看立体物件特别适宜，并可以直接看到外界景物，视野比较宽阔，可满足建筑通透感的要求，所以得到较普遍的应用。根据多数人体的高度，侧窗窗台的高度通常为1m左右。有时，为了获得更多的可用墙面或提高房间深处的照度及其他需要，也可以将窗台的高度提高到2m以上靠近天花板处，这种窗口称为高侧窗。在高大车间、厂房、展览馆、体育场馆等建筑中，高侧窗是一种常见的采光口形式。

2. 天窗采光

在建筑物的顶部设置的采光口称为天窗。利用天窗采光的方式称为天窗采光或顶部采光，一般常用于大型工业厂房和大厅房间。这些房间面积大，侧窗采光不能满足视觉的要求，则需要用顶部采光来补充。天窗采光与侧窗采光相比，具有以下特点：采光效率比较高，一般约为侧窗的8倍；具有较好的照度均匀性；由于在建筑物的最上部，一般很少受到室外的遮挡。按照使用要求的不同，天窗又可分为多种形式，如矩形天窗、锯齿形天窗、平天窗、横向天窗和井式天窗等。

第二节 绿色照明的现行标准与采光设计

绿色照明是美国国家环保局于 20 世纪 90 年代初提出的概念。完整的绿色照明内涵包含高效节能、环保、安全、舒适等 4 项指标，不可或缺。高效节能意味着以消耗较少的电能获得足够的照明，从而明显减少电厂大气污染物的排放，达到环保的目的。安全、舒适指的是光照清晰、柔和及不产生紫外线、眩光等有害光照，不产生光污染。

一、绿色照明的基本内涵

国内外实施绿色照明的实践证明，真正的绿色照明是通过科学的照明设计，采用效率高、寿命长、安全可靠和性能稳定的照明电器产品（包括电光源、灯具、灯用电器附件、配线器材、调光控制设备、控光器件等），充分利用天然的光源，改善提高人们工作、学习、生活条件和质量，从而创造一个高效、舒适、安全、经济、有益的光环境，并充分体现现代文明的照明系统。

1991 年 1 月美国环保局（EPA）首先提出实施"绿色照明"和推进"绿色照明工程"的概念，很快得到联合国的支持和许多发达国家和发展中国家的重视，世界上许多国家也先后制定了"绿色照明"计划，并积极采取相应的政策和技术措施，均取得了良好的社会经济和节能环保效益。1993 年 11 月，中国国家经贸委开始启动绿色照明工程，并于 1996 年联合国家计委、科技部、建设部等 13 个单位，共同组织实施了"中国绿色照明工程"。为了进一步推动中国绿色照明工程的开展，2001 年国家经贸委与联合国开发计划署（UNDP）和全球环境基金（GEF）共同实施了"中国绿色照明工程促进项目"，取得了十分可喜的成果。经过多年的深入研究和实践，人们逐渐对绿色照明有了更深层次的理解，为推广建筑"绿色照明"打下了良好的基础。

（1）绿色照明工程要求人们不要局限于节能这一认识，要提高到节约能源、保护环境的高度，这样影响更广泛，更深远。绿色照明工程不只是个经济效益问题，更是一项着眼于资源利用和环境保护的重大课题。通过照明节电减少发电量，进而降低燃煤量（我国 70% 左右的发电量还是依赖燃煤获得），减少二氧化硫、氮氧化物等有害气体以及二氧化碳等温室气体的排放，有助于解决世界面临的环境与发展课题。

（2）绿色照明工程要求的照明节能，已经不完全是传统意义的节能，这在中国"绿色照明工程实施方案"宗旨中已经有清楚的描述，即满足照明质量和视觉环境条件的更高要求。因此，照明节能的实现不能靠降低照明标准，而是依靠充分运用现代科技手段，对照明工程设计水平、方位以及照明器材效率的提高。

（3）高效照明器材是照明节能的重要基础，但照明器材不只是光源，光源是首要因素，已经为人们认识，但不唯一的灯具和电气附件（如镇流器）的效率，对于照明节能的影响也是不可忽视的，这点往往不为人们所注意，比如一台带漫射罩的灯具，或一台带格栅的直管形荧光灯具，高效优质产品比低质产品的效率可以高出 50% ~ 100%，足以见其节能效果，对于实施绿色照明要求起着一定的作用。此外，运行维护管理也有不可忽视的作用。

（4）实施绿色照明工程，不能简单地理解为提供高效节能照明器材。高效器材是重要的物质基础，但是还应有正确合理的照明工程设计。绿色照明工程设计是统管全局的，对能否实施绿色照明要求起着决定作用。

（5）高效光源是照明节能的首要因素，必须重视推广应用高效光源。但是有人把推广高效光源简单地理解为推广节能灯（而这里的节能灯是专指紧凑型荧光灯），这是很不全面的。因为光源种类很多，有不少高效者应予推广。就能量转换效率而言，有和紧凑型荧光灯光效相当的（如直管荧光灯），有比其光效更高的（如高压钠灯，金属卤化物灯），这些高效光源各有其特点和优点，各有其适用场所，绝非简单地用一类节能光源能代替的。根据应用场所条件不同，至少有三类高效光源应予推广使用。

（6）高效照明工具光导照明系统，由采光罩、光导管和漫射器三部分组成。其照明原理是通过采光罩高效采集室外自然光线，并导入系统内重新分配，经过特殊制作的光导管传输和强化后，由系统底部的漫射器把自然光均匀高效的照射到场馆内部，从而打破了"照明完全依靠电力"的观念。

二、绿色照明标准

（一）绿色照明产品能效标准

按照物理学的观点，能效是指在能源的利用中，发挥作用的能源量与实际消耗的能源量之比。从消费角度看，能效是指为终端用户提供的服务与所消耗的总能源量之比。所谓"提高能效"，是指用更少的能源投入提供同等的能源服务。现代意义的节约能源并不是减少使用能源，降低生活品质，而应该是提高能效，降低能源消耗，也就是"该用则用、能省则省"。

"能效"一词来源于国外，是"能源利用效率"的简称。能效与能耗是两个不同的概念。能效即能源利用效率，它反映了产品利用能源的效率质量特性，它评价的是单位能源所产生的输出或做功，是评价产品用能性能的一种较为科学的方法；能耗是指用能产品在使用时，对能源消耗量大小进行评价的指标。单位能耗是反映能源消费水平和节能降耗状况的主要指标，一次能源供应总量与国内生产总值（GDP）的比率，是一个能源利用效率指标。该指标说明一个国家经济活动中对能源的利用程度，反映经济结构和能源利用效率的变化。

使用能效，可以更客观的反映产品的用能情况，利用它可以更科学地进行产品之间能源利用性能的对比。能效标准即能源利用效率标准，是对用能产品的能源利用效率水平或在一定时间内能源消耗水平进行规定的标准，能效标准具有较高的社会效益和经济效益，我国已颁布实施了多项用能产品的能效标准，涉及家用电器、照明器具和交通工具等。通过实施能效标准，可以不断提高家用电器的能源利用率，用较少的能源来维持或提高现有的生活水平和工作效率，同时有利于保护环境和保障国家能源供需的平衡。

在国际上，能效标准已成为许多国家能源宏观管理的政策手段。国家可以通过能效标准的制定、实施、修订，来调节社会节能总量或用能总量。我国能效标准中的能效限定值是强制性的，能效等级可能今后也会成为强制性的。其中能效限定值是国家允许产品的最低能效值，低于该值的产品则是属于国力明令淘汰的产品；能效等级是指在一种耗能产品的能效值分布范围内，根据若干个从高到低的能效值划分出不同的区域，每个能效值区域为一个能效等级。

1977 年，我国开始了电气产品能效标准的研究工作，并于 1999 年 11 月 1 日正式发布我国第一个照明产品能效标准《管形荧光灯镇流器能效限定值及节能评价值》（GB 17896—1999），并于 2012 年 5 月 1 日重新进行修订发布。之后，我国加快了照明产品能效标准的研究和制定工作，先后组织有关人员研究制定了自镇流荧光灯、双端荧光灯、高压钠灯、金属卤化物灯、高压钠灯镇流器、金属卤化物灯镇流器、单端荧光灯等产品的能效标准。到目前为止，我国已正式发布的电气产品能效标准已达11项，在数量和质量两个方面我国电气产品能效标准研究水平已位居世界前列。我国已制定的电气照明产品能效标准见表9-2。

表9-2 我国已制定的电气照明产品能效标准

序号	标准编号	标准名称	发布日期	实施日期
1	GB 17896—2012	管形荧光灯镇流器能效限定值及能效等级	2012-05-01	2012-09-01
2	GB 19043—2003	普通照明用双端荧光灯能效限定值及能效等级	2003-03-17	2003-09-01
3	GB 19044—2003	普通照明用自镇流荧光灯能效限定值及能效等级	2003-03-17	2003-09-01
4	GB 19415—2003	单端荧光灯能效限定值及节能评价值	2003-11-27	2004-06-01
5	GB 19573—2004	高压钠灯能效限定值及能效等级	2004-08-17	2005-02-01
6	GB 19574—2004	高压钠灯用镇流器能效限定值及节能评价值	2004-08-17	2005-02-01
7	GB 20053—2006	金属卤化物灯镇流器能效限定值及能效等级	2006-01-09	2006-07-01
8	GB 20054—2006	金属卤化物灯能效限定值及能效等级	2006-01-09	2006-07-01
9	GB 20052—2006	三相配电变压器能效限定值及节能评价值	2006-01-09	2006-07-01
10	GB 18613—2012	中小型三相异步电动机能效限定值及能效等级	2012-05-11	2012-09-01
11	GB 21518—2008	交流接触器能效限定值及能效等级	2008-04-01	2008-11-01

我国的电气照明产品能效等级均分为3级。1级最高，是国际先进水平，目前市场上只有少数产品能够达到；2级是国内先进、高效产品，也是节能的评价值，达到2级及以上的产品经过认证可以取得节能认证标志；3级以下为

淘汰产品，禁止在市场上出售，也是能效限定值。

（二）照明工程设计测量标准

节约能源、保护环境、提高照明品质，这是实施绿色照明的宗旨。节约能源的前提是要满足人们正常的视觉需求，也就是要满足照明设计标准的要求，不应当一味地强调节能而降低照明的照度和质量等要求。我国工程建设的标准体系建立的比较完善，不同的照明场所都已经制订或正在制订相应的设计、测量标准，我国的照明设计和测量标准见表9-3。这些标准均是针对人们的视觉工作需求而制订的，具有一定的科学性和可行性，并尽量和国际标准接轨，这样才具有一定的先进性。

准均是针对人们的视觉工作需求而制订的，具有一定的科学性和可行性，并尽量和国际标准接轨，这样才具有一定的先进性。

表9-3 我国的照明设计和测置标准

序号	标准编号	标准名称	发布日期	实施日期
1	GB 50033—2013	建筑采光设计标准	2012-12-25	2013-05-01
2	GB 50034—2013	建筑照明设计标准	2013-11-29	2014-06-01
3	GB 50582—2010	室外工作场所照明设计标准	2010-05-31	2010-12-01
4	GB/T 50668—2011	节能建筑评价标准	2003-11-27	2004-06-01
5	JGJ/T 119—2008	建筑照明术语标准	2008-11-23	2009-06-01
6	CJJ 45—2006	城市道路照明设计标准	2006-12-19	2007-07-01
7	JGJ 153—2007	体育场馆照明设计及检测标准	2007-03-17	2007-09-01
8	JGJ/T163—2008	城市夜景照明设计规范	2008-11-04	2009-05-01
9	GB/T 23863—2009	博物馆照明设计标准	2009-05-04	2009-12-01
10	GB 5700—2008	照明测量方法	2008-07-16	2009-01-01
11	GB 5699—2008	采光测量方法	2008-07-16	2009-01-01
12	GB 50411—2007	建筑节能工程施工质量验收规范	2007-01-16	2007-10-01
13	JGJ 16—2008	民用建筑电气设计规范	2008-01-31	2008-08-01

第三节 照明系统的节能设计

我国最新颁布的国家标准《建筑采光设计标准》（GB 50033—2013）和《建筑照明设计标准》（GB 50034—2013），为建筑采光和照明的设计人员明确绿色照明设计提供了依据，绿色照明的宗旨是节约电能、保护环境、提高照明质量，保证经济效益。在实现绿色照明的过程中，照明工程设计是其重要的内容之一，它不仅涉及照明器材的选用、照度标准、照明方式及保证照明质量等内容，还应考虑到照明光源的光线进入人的眼睛，最后引起光的感觉这一复杂的物理、生理和心理过程。因此，在绿色照明的前提下，照明工程设计是一个系统的设计，应当考虑到照明系统的总效率，这不仅包括到照明系统的照明效率，也包括照明使用者的生理和心理效率。

工程实践充分证明，在绿色照明设计中，只有关注到照明系统的总效率，才可以创造出高效、经济、舒适、安全、可靠、有益环境和改善人们生活质量，提高工作效率，保护人民身心健康的照明环境。绿色照明设计的具体内容和设计原则主要包括以下方面。

一、天然光的利用

天然光作为人类生存的必不可少的元素，其作用一直为人们所重视。尤其是在现代社会，人们已深入地了解到天然光在人们的日常生活中，对人的生理及心理所产生的巨大影响，以及其为人类社会发展做出的贡献。因此，如何充分利用天然光，为人们创造一个良好的生活环境，并为人类的可持续发展做出贡献，已成为一个重要的研究课题。而在建筑领域，如何利用天然采光进行建筑照明，从而为使用者创造良好的视觉环境，并减少建筑的能源消耗，已成为建筑师关注的焦点，建筑照明充分利用天然光，已经成为进行绿色照明设计的一个重要理念。

充分利用天然光，尽量节约电能，应从被动地利用天然光向积极地利用天然光发展。如在采暖与采光的综合平衡条件下考虑技术和经济的可行性，尽量利用开侧窗或顶部天窗采光或者中庭采光，使白天在尽可能多的时间利用天然采光。在一些情况下也可以利用各种导光采光设备实现天然光照明，如镜面反射采光法、导光管导光采光法、光纤导光采光法、棱镜传光采光法和光伏效应间接采光照明法等。

（一）镜面反射采光法

所谓镜面反射采光法就是利用平面或曲面镜的反射面，将阳光经一次或多次反射，将光线送到室内需要照明的部位。这类采光法通常有两种做法：一是将平面或曲面反光镜和采光窗的遮阳设施结合为一体，既反光又遮阳；二是将平面或曲面反光镜安装在跟踪太阳的装置上，作为定日镜，经过它一次或是二次反射，将光线送到室内需采光的区域。

（二）导光管导光采光法

用导光管导光的采光方法的具体做法随系统设备形式、使用场所的不同而变化。整个系统由七部分组成，实际上可归纳为阳光采集、阳光传送和阳光照射三部分。阳光收集器主要由定日镜、聚光镜和反射镜三大部分组成；阳光传送的方法很多，归纳起来主要有空中传送、镜面传送、导光管传送、光纤传送等；阳光照射部分使用的材料有漫射板、透光棱镜或特制投光材料等，使导光管出来的光线具有不同配光分布，设计时应根据照明场所的要求选用相应的配光材料。

（三）光纤导光采光法

光纤导光采光法就是利用光纤将阳光传送到建筑室内需要采光部位的方法。这种方法是结合太阳跟踪，透镜聚焦等一系列专利技术，在焦点处大幅度提升太阳光亮度，通过高透光率的光导纤维将光线引到需要采光的地方（光纤系统示意见图9-1）。光纤导光采光的设想早已提出，而在工程上大量应用则是近十多年的事。

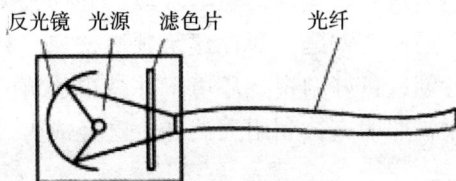

图9-1 光纤系统示意

光纤导光采光的核心是导光纤维（简称光纤），在光学技术上又称光波导，是一种传导光的材料。这种材料是利用光的全反射原理拉制的光纤，它具有线径细（一般只有几十个微米，而 $1\mu m = 10^{-6}m$，比人的头发丝还要细）、质量轻、寿命长、可绕性好、抗电磁干扰、不怕水、耐化学腐蚀、光纤原料丰富、光纤生产能耗低，特别经光纤传导出的光线基本上具有无紫外和红外辐射线等一系列优点，以致在建筑照明与采光、工业照明、飞机与汽车照明以及景观装饰照明等许多领域中推广应用，成效十分显著。

（四）棱镜传光采光法

棱镜传光采光的主要原理是旋转两个平板棱镜，产生四次光的折射。受光面总是把直射光控制在垂直方向。这种控制机构的原理是当太阳方位角、高度角有变化时，使各平板棱镜在水平面上旋转。当太阳位置处于最低状态时，两块棱镜使用在同一方向上，使折射角的角度加大，光线射入量增多。另外，当太阳高度角变大时，有必要减少折射角度。在这种情况下，在各棱镜方向上给予适当的调节，也就是设定适当的旋转角度，使各棱镜的折射光被抵消一部分。

当太阳高度最大时，把两个棱镜控制在相互相反的方向。根据太阳位置的变化，给予两个平板棱镜以最佳旋转角。范围内的直射阳光在垂直方向加以控制。被采集的光线在配光板上进行漫射照射。为实现跟踪太阳的目的，对时间、纬度和经度进行数据的设定，操作是利用无线遥控器来进行的。驱动和控制用电是由太阳能蓄电池来供应，而不需要市电供电。

（五）光伏效应间接采光照明法

光伏效应间接采光照明法（简称光伏采光照明法），就是利用太阳能电池的光电特性，先将光转化为电，而后将电再转化为光进行照明，而不是直接利用自然采光的照明方法。其具有以下优点：①节能环保。②供电方式简单、规模不影响发电效率。③寿命长，维护管理简便，可实现无人操作。④相对综合成本低，节约投资。⑤安装不受地域限制，规模可按需确定，太阳能电池供电特别适用于解决无电的山区、沙漠、海上及高空区域的用电问题，应用领域广。总之，在地下空间设计中，应尽可能多地考虑自然光线的引入。在条件允许的情况下，采用被动式采光法，充分利用自然光线；在条件相对较差的情况下，利用现有技术手段，采用主动采光法，将自然光通过孔道、导管、光纤等传递到隔绝的地下空间中。充分满足工作、生活在地下空间的人们对自然的渴望。

二、照明器材的选用

（一）使用高效光源

照明所用的光源种类很多，有不少高效光源应予推广。这些高效光源各有其特点和优点，各有其适用的场所，在设计中应根据具体条件选择适用的灯具。各种电光源的光效、显色指数、色温和平均寿命等技术指标见表9-4。

表 9-4　各种电光源的技术指标

光源种类	光效 /（lm/W）	显色指数 /Ra	色温 /K	平均寿命 /h
普通照明	15	100	2800	1000
卤钨灯	25	100	3000	2000 ~ 5000
普通荧光灯	70	70	全系列	10000
三基色荧光灯	93	80 ~ 98	全系列	12000
紧凑型荧光灯	60	85	全系列	8000
高压汞灯	50	45	3300 ~ 4300	6000
金属卤化物灯	75 ~ 95	65 ~ 92	3000/4500/5600	6000 ~ 20000
高压钠灯	100 ~ 200	23/60/85	1950/2200/2500	24000
低压钠灯	200		1750	28000
高频无极灯	55 ~ 70	85	3000 ~ 4000	40000 ~ 80000
发光二极管（LED）	70 ~ 100	全彩	全系列	20000 ~ 30000

由表9-4可知，低压钠灯的光效排序第一，国内几乎不生产，主要用于道路照明；第二是高压钠灯，主要用于室外照明；第三是金属卤化物灯，室内外均可应用，一般低功率用于室内层高较低的房间；而大功率的应用于体育场馆，以及建筑夜景照明等；第四是荧光灯，在荧光灯中以三基色荧光灯的光效最高；高压汞灯的光效较低，卤钨灯和普通照明白炽灯的光效更低。

在不同的场所进行照明设计时，应选择适当的光源，其具体的技术措施如下。

（1）尽量减少普通照明白炽灯的使用量　白炽灯因其安装和使用方便，价格低廉，目前在国际上及我国其生产量和使用量仍占照明光源的首位，但因其光效低、能耗大、寿命短，应尽量减少其使用量。在一些场所应禁止使用白炽灯，无特殊需要不应采用 100W 以上的大功率白炽灯。如确实需采用，宜采用光效稍高的双螺旋灯丝白炽灯、充气白炽灯、涂反射层白炽灯或小功率的高敏卤钨灯（光效比白炽灯提高 1 倍）。

（2）使用细管径 T8 荧光灯和紧凑型荧光灯的光效较高、使用寿命长、节约电能。目前应重点推广细管径（26mm）T8 荧光灯和各种形状的紧凑型荧光灯，以代替粗管径（38mm）荧光灯和白炽灯，在有条件时，可采用更节约电能的 T5（16mm）的荧光灯。

（3）减少高压汞灯的使用量因这种灯光效较低、显色性差，不是很节能的电光源，特别是不应随意使用能耗大的自镇流高压汞灯。

（4）使用推广高光效、长寿命的高压钠灯和金属卤化物灯钠灯的光效可达 1201m/W 以上，使用寿命可达 12000h 以上，而金属卤化物灯的光效可达 901m/W，使用寿命可达 l0000h。特别适用于工业厂房照明、道路照明以及大型公共建筑照明。

在进行照明设计中，应根据使用场所、建筑性质、视觉要求、照明的数量和质量要求来选择光源。照明设计中，主要应考虑光源的光效、光色、寿命、启动性能、工作的可靠性、稳定性及价格因素等。

（二）使用高效灯具

选择合理的灯具配光可使光的利用率大大提高，从而达到最大节能的效果。灯具的配光应符合照明场所的功能和房间体形的要求，如在学校和办公室宜采用宽配光的灯具。在高大（高度 6m 以上）的工业厂房宜采用窄配光的深照型灯具。在不高的房间采用广照型或余弦型配光灯具。房间的体形特征用室空间比（RCR）来表示。

要保证灯具的发光效率节约电能，在进行设计时灯具的选择应做到以下几点。

（1）在满足眩光限制要求的条件下，应优先选用开启式直接型照明灯具，不宜采用带漫射透光罩的包合式灯具和装有格栅的灯具。

（2）灯具所发出的光的利用率要高，即灯具的利用系数高。灯具的利用系数取决于灯具的效率、配光形状、房间各表面的颜色装修和反射比以及房间的形体。在一般情况下，灯具的效率高，其利用系数也高。

（3）选用高光量维持率的灯具。因为灯具在使用过程中，由于灯具中的光源的光通量随着光源点燃时间的增长，其发出的光通量下降，同时灯具的反射面由于受到尘土和污渍的污染，其反射比在下降，从而导致反射光通量的下

降，这些都会使灯具的效率降低，造成能源的浪费。

（三）合理布置灯具

在房间中进行灯具布置时，可以分为均匀布置和非均匀布置两种形式。灯具在房间均匀布置时，一般应采用正方形、矩形、菱形的布置形式。其布置是否达到规定的均匀度，取决于灯具的间距 L 和灯具的悬挂高度 H（灯具至工作面的垂直距离），即 L/H。L/H 值越小，则照度均匀度越好，但用灯多、用电多、投资大、不经济；L/H 值大，则不能保证照度的均匀度。各类灯具的距高比（L/H）应符合下列要求：窄配光为 0.5 左右；中配光为 0.7～1.0；宽配光为 1.0～1.5；半间接型为 2.0～3.0；间接型为 3.0～5.0。

为了使整个房间有较好的亮度分布，还应注意灯具与顶棚的距离。当采用均漫射配光的灯具时，灯具与顶棚的距离和顶棚与工作面的距离之比宜在 0.2～0.5 之间。当靠墙处有工作面时，靠墙的灯具距墙不大于 0.75m；当靠墙处无工作面时，靠墙的灯具距墙不大于（0.4~0.6）L（灯间距）。

在高大的厂房内，为节能并提高垂直照度也可采用顶灯与壁灯相结合的布灯方式，但不应只设置壁灯而不装顶灯，以避免空间亮度明暗不均，不利于视觉适应。对于大型公共建筑，如大厅、商店等，有时也不采用单一的均匀布灯方式，以形成活泼多样的照明，同时也可以节约电能。

三、照明标准的选择

根据视觉工作的需要规定的各类环境中必需的照度标准，是建筑照明设计和照明维护管理的依据。合理制定照明标准对提高劳动生产率、改善劳动卫生条件和保证安全生产起很大作用。许多技术先进的国家均制定照明标准，如联邦德国的 DIN5034、日本的 JISZ9110、中国的《工业企业照明设计标准》（GB 50034—1992）等。

国际照明委员会在《描述照明参量对视功能影响的分析模型》报告中提出了根据视觉效能确定照明标准的统一方法。视觉效能与识别对象的尺寸、识别对象与背景的亮度对比、识别对象本身的亮度等有关。由于亮度的现场测量和计算都较复杂，因此照明标准中规定了工作面上识别对象所需的最低照度值，即照度标准值。当识别对象尺寸较小时，识别对象与背景的亮度对比度对视觉效能影响较大，为此照明标准中又规定按亮度对比度大小取不同照度标准值；当识别对象尺寸较大时，亮度对比度的影响较小，因此在照明标准中未做规定。

　　凡符合下列条件之一时，参考平面或作业面的照度值应提高一级：①当眼睛至识别对象的距离大于 500mm 时。②连续长时间紧张的视觉作业，对视觉器官有影响时。③识别对象在活动面上，识别时间短促而辨认困难时。④视觉作业对操作安全有特殊要求时。⑤识别对象的反射比小时或低对比时。⑥当作业精度要求较高，且产生差错造成很大损失时。⑦工作人员年龄偏大，长时间持续的视觉工作时。⑧建筑标准要求较高时。

　　凡符合下列条件之一时，参考平面或作业面的照度值应降价一级：①进行临时工作时。②当工作精度和识别速度无关紧要时。③当反射比或亮度对比特别高时。④建筑标准要求较低时。⑤能源比较紧张的地区。

第四节　绿色照明系统效益分析

　　随着科学技术的发展和社会的进步，人们对居住条件和生活环境的要求不断提高，对照明产品的需求也逐年增长。与此同时，人们的能源节约和环境保护意识也在逐渐加强。绿色环保建筑照明系统的应用已经成为一种社会发展趋势，也是照明产业最亟待解决的问题，

　　在对绿色照明系统进行设计时，除了要对照明系统的组成和布置进行分析和比较外，还应对其经济效益情况进行分析和论证，以便选择既有高照明质量，又有很好的经济效益的高效照明方案，实现"节电、省钱、环保、健康"，使得社会效益和经济效益达到最佳。由此可见，对绿色照明系统进行经济效益分析是非常必要的。绿色照明经济效益的分析，应从全寿命周期的角度进行考虑，重点研究基于全寿命周期的寿命周期成本（LCC）方法在绿色照明工程经济分析中的应用。

一、寿命周期成本（LCC）方法概述

　　在当前各领域、各地区、各部门、各企业，坚持科学发展观，转变经济增长方式，发展循环经济，建设资源节约型、环境友好型社会的进程中，分析探讨寿命周期成本的基本内涵、评价理论方法及应用推广具有重要意义。

（一）寿命周期成本的定义

　　寿命周期成本（LCC）概念的提出，源于英美国家有关部门关于有形资产

设置费与维护费及其比例变化的调查结果。20世纪50年代，美国通过调查发现有形资产的维护费为其设置费的10倍以上，为有形资产预算费的25%以上。20世纪60年代，英国通过调查发现制造业一年维护费用在5.5亿英镑以上。上述事实表明，有形资产的建设者（方）为减少投资而只想方设法减少有形资产设置成本，却大大增加了有形资产使用维护成本。

很显然，只考虑有形资产考虑的做法，已不符合现代经济学的基本原理和可持续发展的基本思想。况且，有形资产的使用维护费用在其开发设计阶段就已基本确定了。正确而科学的观念和做法是不仅在开发设计阶段就考虑有形资产的使用维护问题，而且要将设置费用与维护费用综合起来加以权衡分析，即考虑有形资产的整个寿命周期成本。

因此，美国弗吉尼亚州立大学教授、美国后勤学会副会长B.S.布兰查德首先将寿命周期成本定义为：有形资产在其寿命周期内，包括开发研究费、制造安装费、运行维护费及报废回收费在内的总费用。之后，美国预算局、国防部相继界定了寿命周期成本的基本内涵和组成内容。英国为追求有形资产寿命周期成本的经济性，创立的设备综合工程学综合运用管理、财务、工程技术与其他措施，以使有形资产寿命周期成本最小化。日本设备工程师协会成立寿命周期成本委员会，借鉴美英法，结合本国实际，界定寿命周期成本的基本含义与构成内容。

我国建设工程造价协会组织编写的工程造价工程师教材中也对寿命周期成本进行界定；我国在《价值工程基本术语和一般工作程序》（GB 8223—1987）中，也确定价值工程中的成本是指产品或工程的寿命周期成本。另外，也有学者将有形资产或产品策划开发、设计、制造等过程发生的，由生产者承担的成本称为狭义寿命周期成本，而把包括上述设置建设生产过程发生的成本与消费者购入后发生的使用维护成本，以及报废发生的成本在内的全寿命周期成本称为广义寿命周期成本。

广义LCC是从产品和工程项目生产、流通、交换、消费各环节组成的全过程与消费者角度而定义的，这一定义符合经济学基本原理，符合节约型社会根本宗旨，符合科学发展观基本思想、符合可持续发展基本要求。

（二）寿命周期成本的内容

从LCC方法定义的阐释中可以看出，该方法同样适用于绿色照明系统全寿命周期的成本核算。寿命周期包括初始化成本和未来成本，在工程寿命周期成本中，不仅包括资金意义上的成本，还应包括环境成本、社会成本等。

其包括的具体内容如下。

1. 初始化成本

初始化成本是在设施获得之前将要发生的成本，即建造成本，也就是我国所说的工程造价，包括资金投资成本，购买和安装成本。

2. 未来成本

从设施开始运营到设施拆除期间所发生的成本，包括能源成本、运行成本、维护和修理成本、替换成本、剩余值（任何专售和处置成本）。

3. 运行成本

运行成本是年度成本，例如维护和修理成本，包括在设施运行过程中的成本。这些成本与建筑物的功能和保管服务有关。

4. 维护和修理成本

维护和修理成本之间有着明显的不同。维护成本是和设施维护有关的时间进度计划成本；修理成本是未曾预料到的支出，是为了延长建筑物的生命而不是替换这个系统所必需的。维护和修理成本应当被当年成本来对待。

5. 替换成本

替换成本是对要求维护一个设施的正常运行的主要建筑系统的部件可以预料的支出。替换成本是由于替换一个达到其使用寿命终点的建筑物系统或部件而产生的。

6. 剩余值

剩余值是一个系统在全寿命周期成本分析期末的纯价值。剩余值可以是正值，也可以是负值。

不同的成本在系统全寿命周期的不同时间占有不同的比例，所以在绿色照均系统中应当运用更科学的方法计算全寿命周期内的经济成本。项目在寿命周期不同阶段成本发生情况如图9-2所示。

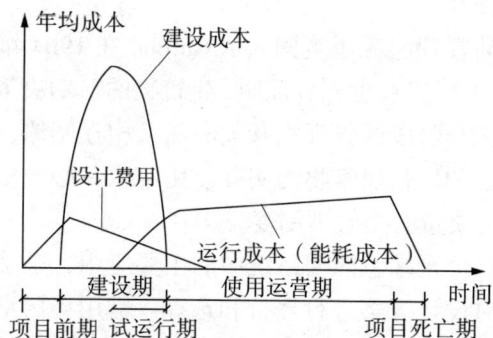

图9-2　项目在寿命周期不同阶段成本发生情况

二、绿色照明系统全寿命周期成本因素分析

要寻找影响照明系统生命周期成本的关键因素，要从全生命周期成本的构成开始分析。生命周期成本被定义为 3 个范畴：初投资成本（建设成本）、年运行和维护成本、年固定成本。

照明系统的初始化成本费包括光源的费用、灯具的费用和配电安装人工费用及安装配件费用。未来成本中固定投资成本主要是指设备系统的年折旧费用。照明设备与其他机电设备一样，在使用过程中会有一定的损耗，通过设备损耗的情况可以估算出设备的耐用年限，从而确定出设备的折旧年数和折旧率。所谓折旧率就是指在预设的折旧年份内，每年分摊到设备投资成本的百分数。年运行和维护费用包括年光源费和年系统维护费用，年系统维护费用又包括更改光源人工费和灯具清洁维护费两部分。年能源成本指的是照明系统的年用电量。

照明系统的用电量由系统的总功率和系统的点亮时间有关，系统的总功率由光源和镇流器的功率以及光源的总数决定。年平均点灯时间需要根据照明系统的性质、设计场所的功能特征等因素决定。拆除成本包括系统拆除成本、废弃物处理成本，并扣除回收利用材料和构件的价值。

全寿命周期成本不仅包括以上所述的货币成本，还包括环境成本和社会成本。环境成本是指工程产品系列在其全寿命周期内对于环境的潜在和显在的不利影响，照明系统对于环境的影响可能是正面的，也可能是负面的，前者表现为某种形式的收益，后者则体现为某种形式的成本。社会成本是指工程产品从项目构思、产品建成投入使用，直至报废不堪再用全过程中对社会的不利影响。在绿色照明系统中，由于目前环境成本和社会成本很难进行量化，所以目前暂不考虑。

三、绿色照明系统寿命周期成本估价的目标

项目全寿命周期管理起源于英国人 A.Gordon 在 1964 年提出的 "全寿命周期成本管理" 理论。工程实践也充分证明，建筑物的前期决策、勘察设计、施工、使用维修乃至拆除各个阶段的管理相互关联而又相互制约，从而构成一个全寿命管理系统，为保证和延长建筑物的实际使用年限，必须根据其全寿命周期来进行成本估价和制定质量安全管理制度。

寿命周期成本估价在绿色照明系统中的主要应用，是确定方案在寿命周期内的费用，并据此对设计方案进行评价和选择。借用英国皇家特许测量协会在《建筑的寿命周期成本估价》文献中对寿命周期成本估价的目标定义，绿色照

明系统寿命周期成本估价的目标可定义为：使得投资选择权能够被更有效的估价；考虑所有成本而不只是初始化成本的影响；帮助整个照明系统和项目进行有效的管理。

将寿命周期成本估价的方法应用于绿色照明系统，有利于绿色照明工程可持续性的发展，有助于规划设计者对绿色照明系统经济性的认识，从全寿命周期成本的角度综合考虑投入和产出，从而有利于绿色照明工程的推广。

四、绿色照明系统的全寿命周期成本分析

寿命周期成本分析又称寿命周期成本评价，是为了使用户所用的系统具有经济的寿命周期成本，在系统的开发阶段将寿命成本作为设计参数，而对系统进行彻底的分析比较时做出的决策的方法。

绿色照明系统的全寿命周期成本指的是工程项目前期的决策、设计、投标、招标、施工、工程验收直到建筑的拆除阶段等过程中所发生的一系列成本，即建筑的研发费用、设备的安装费用、后期的运行维护费用以及拆除安置费用。按照建筑阶段的费用，绿色照明系统的全寿命周期成本包括工程的决策设计成本、照明系统成本、使用和维护成本以及回收和处理成本四大部分；如果从社会学角度来看，绿色照明系统的全寿命周期成本包括企业的付出成本、消费者的付出成本以及社会成本三个部分。

（一）绿色照明系统的决策设计成本

绿色照明系统的决策设计成本包括项目建议书的提出，对照明系统的布局选择、勘查和研究期间发生的费用。绿色照明系统决策设计阶段的准备对建筑整体的影响非常大，不仅影响建筑的后续使用情况，还影响绿色照明系统在建设过程中的费用以及经济效益，决策设计阶段准备完善，就可以为整个项目节约资金。虽然照明系统的决策设计阶段所花费的成本在整个寿命周期中的成本比重不大，但是决策设计阶段影响其他阶段的成本。

（二）绿色照明系统的建筑成本

绿色照明系统的建筑成本即在建筑的施工过程中所发生的各项费用，包括物料的采购成本、照明系统设备的采购成本、人工工资成本、管理成本以及其他成本。施工过程是绿色照明系统最为重要的阶段，在本质上影响着照明系统的质量，施工阶段所花费的成本也是最高的，在照明系统施工阶段，会有物料的消耗、设备的消耗以及人工成本和税费的消耗。在这个阶段，国家政策、设

备价格、物料的价格波动以及市场需求等，都影响着绿色照明系统的全寿命周期成本。

（三）绿色照明系统的使用和维护成本

绿色照明系统的使用和维护成本即绿色建筑在后期的使用过程中，居民需要付出的人力、物力和财力，包括照明系统中的设备维护成本、能源消耗成本等多方面。一般情况下，绿色照明系统的使用周期相对较长，其使用和维护成本在整个全寿命周期成本中占比较大。

（四）绿色照明系统的回收处理成本

当绿色照明系统在使用过程中达到使用年限后，就需要对其废弃的物料进行处理，这个过程中产生的费用就是绿色照明系统的回收处理成本。废弃物料处理手段不同，对环境以及社会产生的影响不同，所产生的成本也不同。

第十章 采暖、通风与空调节能设计

第一节 采暖、通风与空调节能设计要求

一、一般规定

（1）集中采暖和集中空气调节系统的施工图设计，必须对每一个房间进行热负荷和逐项逐时的冷负荷计算。

（2）随着经济发展，人民生活水平的不断提高，对空调、采暖的需求逐年上升，对于居住建筑设计选择集中空调、采暖系统方式，还是分户空调、采暖方式，应根据节能要求，考虑当地资源情况、环境保护、能源效率及用户对采暖运行费用可承受的能力等综合因素，经技术经济分析比较确定。

（3）位于严寒和寒冷地区的居住建筑，应设置采暖设施；位于寒冷（B）区的居住建筑夏天还需要空调降温，最常见的就是设置分体式房间空调器，因此，设计时宜设置或预留设置空气调节设施的位置和条件。在我国西北地区，夏季干热，适合应用蒸发冷却降温方式。

（4）居住建筑集中供热热源形式的选择，应符合下列规定。

①以热电厂和区域锅炉房为主要热源；在城市集中供热范围内时，应优先采用城市热网提供的热源。②技术经济合理情况下，宜采用冷、热、电联供系统。③集中锅炉房的供热规模应根据燃料确定，当采用燃气时，供热规模不宜过大，采用燃煤时供热规模不宜过小。④在工厂区附近时，应优先利用工业余热和废热。⑤有条件时应积极利用可再生能源。

（5）居住建筑的集中采暖系统，应按热水连续采暖进行设计。居住区内的商业、文化及其他公共建筑的采暖形式，可根据其使用性质、供热要求经技术经济比较确定。公共建筑的采暖系统应与居住建筑分开，并应具备分别计量的条件。

（6）除当地电力充足和供电政策支持，或者建筑所在地无法利用其他形式的能源外，严寒、寒冷地区全年有 4～6 个月采暖期，时间长，采暖能耗占有较高比例。近些年来由于采暖用电所占比例逐年上升，致使一些省市冬季尖峰负荷也迅速增长，电网运行困难，出现冬季电力紧缺。盲目推广没有蓄热配

置的电锅炉，直接电热采暖，将进一步劣化电力负荷特性，影响民众日常用电。因此，应严格限制应用直接电热进行集中采暖的方式。

当然，作为自行配置采暖设施的居住建筑来说，并不限制居住者选择直接电热方式自行进行分散形式的采暖。

二、采暖系统节能设计要求

（1）室内的采暖系统，应以热水为热媒。

（2）集中采暖（集中空调）系统，必须设置住户分室（户）温度调节、控制装置及分户热计量（分户热分摊）的装置或设施。

（3）室内的采暖系统制式，宜采用双管系统。当采用单管系统时，应在每组散热器的进出水支管之间设置跨越管，散热器应采用低阻力两通或三通调节阀。

由于严寒地区和寒冷地区的"供热体制改革"已经开展，近年来已开发应用了一些户间采暖"热量分摊"的方法，并且有较大规模的应用。下面对目前在国内已经有一定规模应用的采暖系统"热量分摊"方法的原理和应用时需要注意的事项加以介绍，供选用时参考。

①散热器热分配计方法。该方法是利用散热器热量分配计所测量的每组散热器的散热量比例关系，来对建筑的总供热量进行分摊，散热器热量分配计分为蒸发式热量分配计与电子式热量分配计两种基本类型。该方法适用于以散热器为散热设备的室内采暖系统，尤其适用于采用垂直采暖系统的既有建筑的热计量收费改造，比如将原有垂直单管顺流系统，加装跨越管，但这种方法不适用于地面辐射供暖系统。

蒸发式热量分配计初投资较低，但需要入户读表。电子式热量分配计初投资相对较高，但该表具有入户读表与遥控读表两种方式可供选择。热分配计方法需要在建筑物热力入口设置楼栋热量表，在每台散热器的散热面上安装一台散热器热量分配计。

②温度面积方法。该方法是利用所测量的每户室内温度，结合建筑面积来对建筑的总供热量进行分摊。其具体做法是，在每户主要房间安装一个温度传感器，用来对室内温度进行测量，通过采集器采集的室内温度经通信线路送到热量采集显示器；热量采集显示器接收来自采集器的信号，并将采集器送来的用户室温送至热量采集显示器；热量采集显示器接收采集显示器、楼前热量表送来的信号后，按照规定的程度将热量进行分摊。

温度面积法适用于新建建筑各种采暖系统的热计量收费，也适合于既有建筑的热计量收费改造。

③通断时间面积方法。该方法是以每户的采暖系统通水时间为依据，分摊总供热量的方法。具体做法是，对于分户水平连接的室内采暖系统，在各户的分支支路上安装室温通断控制阀。用于对该用户的循环水进行通断控制来实现该户室温控制。同时在各户的代表房间里放置室内控制器，用于测量室内温度和供用户设定温度，并将这两个温度值传输给室温通断控制阀。室温通断控制阀根据实测室温与设定值之差，确定在一个控制周期内通断阀的开停比，并按照这一开停比控制通断调节阀的通断，以此调节送入室内热量。同时，记录和统计各户通断控制阀的接通时间，按照各户的累计接通时间结合采暖面积分摊整栋建筑的热量。

通断时间面积法适用于水平单管串联的分户独立室内采暖系统，但不适合于采用传统垂直采暖系统的既有建筑的改造。可以分户实现温控，但是不能分室温控。

④流量温度方法。这种方法适用于共用立管的独立分户系统和单管跨越管采暖系统。该户间热量分摊系统由流量热能分配器、温度采集器处理器、单元热能仪表、三通测温调节阀、无线接收器、三通阀、计算机远程监控设备以及建筑物热力入口设置的楼栋热量表等组成。通过流量热能分配器、温度采集器处理器测量出的各个热用户的流量比例系数和温度系数，测算出各个热用户的用热比例，按此比例对楼栋热量表测量出的建筑物总供热量进行户间热量分摊。但是这种方法不适合在垂直单管顺流式的既有建筑改造中应用，此时温度测量误差难以消除。

⑤户用热水表示方法。这种方法以每户的热水循环量为依据，进行分摊总供热量。该方法的必要条件是每户必须为一个独立的水平系统，也需要对住户位置进行修正。由于这种方法忽略了每户供暖供回水温差的不同，在散热器系统中应用误差较大。所以，通常适用于温差较小的分户地面辐射供暖系统。

⑥户用热量表方法。该分摊系统由各户用热量表以及楼栋热量表组成。户用热量表安装在每户采暖环路中，可以测量每个住户的采暖耗热量。热量表由流量传感器、温度传感器和计算器组成。根据流量传感器的形式，可将热量表分为：机械式热量表、电磁式热量表、超声波式热量表。机械式热量表的初投资相对较低，但流量传感器对轴承有严格要求，以防止长期运转由于磨损造成误差较大；对水质有一定要求，以防止流量计的转动部件被阻塞，影响仪表的正常工作。电磁式热量表的初投资相对机械式热量表要高，但流量测量精度是

热量表所用的流量传感器中最高的，压损小。电磁式热量表的流量计工作需要外部电源，而且必须水平安装，需要较长的直管段，这使得仪表的安装、拆卸和维护较为不便。超声波热量表的初投资相对较高，流量测量精度高、压损小、不易堵塞，但流量计的管壁锈蚀程度、水中杂质含量、管道振动等因素将影响流量计的精度，有的超声波热量表需要直管段较长。

户用热量表方法需要对住户位置进行修正。它适用于分户独立式室内采暖系统及分户地面辐射供暖系统，但不适合于采用传统垂直系统的既有建筑的改造。

（4）当室内采用散热器供暖时，每组散热器的进水支管上应安装散热器恒温控制阀。用户可根据对室温高低的要求，调节并设定室温。这样恒温控制阀就确保了各房间的室温，避免了立管水量不平衡，以及单管系统上层及下层室温不匀问题。同时，更重要的是当室内获得"自由热"（free hear，又称"免费热"，如阳光照射，室内热源——炊事、照明、电器及居民等散发的热量）而使室温有升高趋势时，恒温控制阀会及时减少流经散热器的水量，不仅保持室温合适，同时达到节能目的。

对于安装在装饰罩内的恒温阀，则必须采用外置传感器，传感器应设在能正确反映房间温度的位置。

恒温阀由恒温阀头和恒温阀体组成，如图 10-1 所示，其特性及其选用，应遵循行业标准《散热器恒温控制阀》（JG/T 195-2007）的规定。

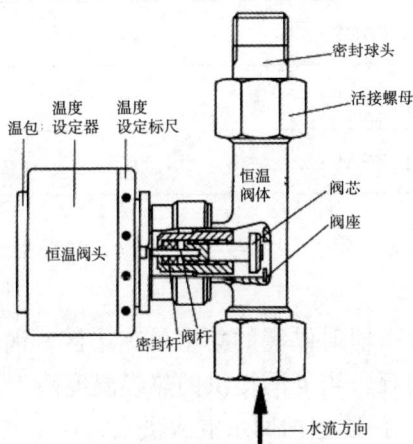

图10-1　内置温包式恒温阀结构示意图

（5）散热器宜明装，散热器的外表面应刷非金属性涂料。

（6）采用散热器集中采暖系统的供水温度（t）、供回水温差（Δt）与工作压力（P），宜符合下列规定：

①当采用金属管道时，$t \leqslant 95℃$、$\Delta t \geqslant 25℃$。

②当采用热塑性塑料管时，$t \leqslant 85℃$，$\Delta t \geqslant 25℃$且工作压力不宜大于1.0MPa。

③当采用铝塑复合管－非热熔连接时，$t \leqslant 890℃$、$\Delta t \geqslant 25℃$。

④当采用铝塑复合管－热溶连接时，应按热塑性塑料管的条件应用。

⑤当采用铝塑复合管时，系统的工作压力可按表10-1确定。

表 10-1　不同工作温度时铝塑复合管的允许工作压力

管材类型	代号	长期工作温度（℃）	允许工作压力（MPa）
搭接焊式	PAP	60	1.00
		75★	0.82
		82★	0.69
	XPAP	75	1.00
		82	0.86
对接焊式	PAP3. PAP4	60	1.00
	XPAP1. XPAP2	75	1.50
	XPAP1. XPAP2	95	1.25

注：＊指采用中密度乙烯（乙烯与辛烯共物）材料生产的复合管

（7）采用低温地面辐射供暖的集中供热小区，锅炉或换热站不宜直接提供温度低于60℃的热媒。当外网提供的热媒温度高于60℃时，宜在各户的分集水器前设置混水栗，抽取室内回水混入供水，保持其温度不高于设定值，并加大户内循环水量；混水装置也可以设置在楼栋的采暖热力人口处。

（8）低温地板辐射采暖是国内近20年以来发展较快的新型供暖方式，埋管式地面辐射采暖具有温度梯度小、室内温度均匀、脚感温度高等特点，在热辐射的作用下，围护结构内表面和室内其他物体表面的温度，都比对流供暖时高，人体的辐射散热相应减少，人的实际感觉比相同室内温度对流供暖时舒适得多。对室内具有足够的无家具覆盖的地面可供布置加热管的居住建筑，宜采用低温地面辐射供暖方式进行采暖。低温地面辐射供暖系统户（楼）内的供水温度不应超过60℃。供回水温差宜等于或小于10℃；系统的工作压力不应大于0.8MPa。

保持较低的供水温度和供回水温差，有利于延长塑料加热管的使用寿命；有利于提高室内的热舒适感；有利于保持较大的热媒流速，方便排除管内空气；有利于保证地面温度的均匀。

（9）施工图设计时，应严格进行室内供暖管道的水力平衡计算，确保各并联环路间（不包括公共段）的压力损失差额不大于15%；大水力平衡计算时，要计算水冷却产生的附加压力，其值可取设计供、回水温度条件下附加压力值的2/3。

（10）当设计低温地面辐射供暖系统时，宜按主要房间划分供暖环路，并应配置室温自动调控装置。在每户分水器的进水管上，应设置水过滤器，并应按户设置热量分摊装置。

（11）在寒冷地区，当冬季设计状态下的采暖空调设备能效比（COP）小于1.8时，不宜采用空气源热泵机组供热；当有集中热源或气源时，不宜采用空气源热泵。

三、夏热冬暖地区空调采暖和通风节能设计

（1）居住建筑空调与采暖方式及设备的选择，应根据当地资源情况，充分考虑节能、环保因素，并经技术经济分析后确定。

（2）采用集中式空调（采暖）方式的居住建筑，应设置分室（户）温度控制及分户冷（热）量计量设施。

（3）采用集中供冷（热）方式的居住建筑，供冷（热）设备宜选用电驱动空调机组（或热泵型机组），或燃气吸收式冷热水机组，或有利于节能的其他形式的冷（热）源。所选用机组的能效比（性能系数）应符合现行有关产品标准的规定值，并优先选用能效比较高的产品、设备。

（4）采用分散式房间空调器进行空调采暖的居住建筑，空调设备应选用符合现行国家标准《房间空气调节器能源效率限定值及能效等级》（GB 12021.3—2010）的节能型空调器。居住建筑采用户式中央空调（热栗）系统时，所选用机组的能效比（性能系数））不应低于现行有关产品标准的规定值。对冬季需要采暖的地区采用电驱动风冷或水源热泵型空调器，或燃气驱动的吸收

式冷（热）水机组，或多联式空调（热泵）机组等。

（5）居住建筑采暖不宜采用直接电热设备。以空调为主，采暖负荷小，采暖时间很短的地区，可采用直接电热采暖。

（6）在有条件时，居住区宜采用热电厂冬季集中供热、夏季吸收式集中供冷技术，或小型（微型）燃气轮机吸收式集中供冷供热技术，或蓄冰集中供冷等技术。有条件时，在居住建筑中宜采用太阳能、地热能、海洋能等可再生能源空调、采暖技术。

（7）居住建筑应统一设计分体式房间空调器的安放位置和搁板构造，设计安放位置时应避免多台相邻室外机吹出气流相互干扰，并应考虑凝结水的排放和减少对相邻住户的热污染和噪声污染；设计搁板构造时应有利于室内机和室外机的吸入和排出气流通畅；设计安装整体式（窗式）房间空调器的建筑应预留其安放位置。

（8）在进行居住建筑通风设计时，通风机械设备宜选用符合国家现行标准规定的节能型设备及产品。

（9）居住建筑通风设计应处理好室内气流组织，提高通风效率。厨房、卫生间应安装机械排风装置。

（10）当居住建筑设置全年性空调、采暖系统，并对室内空气品质要求较高时，宜在机械通风系统中采用全热或显热热量回收装置。

四、夏热冬冷地区采暖、空调和通风节能设计

（1）居住建筑采暖、空调方式及其设备的选择。夏热冬冷地区冬季湿冷夏季酷热，对于居住建筑选择设计集中采暖、空调系统方式，还是分户采暖、空调方式，应根据当地能源情况，经技术经济分析，及用户对设备运行费用的承担能力综合考虑确定。对于一些特殊的居住建筑，如幼儿园、养老院等，可根据具体情况设置集中采暖、空调设施。

（2）当居住建筑采用集中采暖、空调系统时，必须设置分室（户）温度调节、控制装置及分户热（冷）量计量或分摊设施。

（3）合理利用能源、提高能源利用率、节约能源是我国的基本国策。用高品位的电能直接用于转换为低品位的热能进行采暖，热效率低，运行费用高，是不合适的。除当地电力充足和供电政策支持或者建筑所在地无法利用其他形式的能源外，夏热冬冷地区居住建筑不应设计直接电热采暖。

（4）居住建筑进行夏季空调、冬季采暖，宜采用下列方式。

①电驱动的热泵型空调器（机组）。

②燃气、蒸汽或热水驱动的吸收式冷（热）水机组。

③低温地板辐射采暖方式。

④燃气（油、其他燃料）的采暖炉采暖等。

（5）当以燃气为能源提供采暖热源时，可以直接向房间送热风，或经由风管系统送人；也可以产生热水，通过散热器、风机盘管进行采暖，或通过地下埋管进行低温地板辐射采暖。当设计采用户式燃气采暖热水炉作为采暖热源时，其热效率应达到国家标准《家用燃气快速热水器和燃气采暖热水炉能效限定值及能效等级》（GB 20665—2006）中的第 2 级，见表 10-2。

表 10-2　热水器和采暖炉能效等级

类　型	热负荷		最低热效率值（％）		
			能效等级		
			1	2	3
热水器	额定热负荷		96	88	84
	≤50% 额定热负荷		94	84	—
采暖炉（单采暖）	额定热负荷		94	88	84
	≤50% 额定热负荷		92	84	—
热采暖炉（两用型）	供暖	额定热负荷	94	88	84
		≤50% 额定热负荷	92	84	—
	热水	额定热负荷	96	88	84
		≤50% 额定热负荷	94	84	—

（6）当设计采用电机驱动压缩机的蒸汽压缩循环冷水（热栗）机组，或采用名义制冷量大于7100W的电机驱动压缩机单元式空气调节机,或采用蒸汽、热水型溴化锂吸收式冷水机组及直燃型溴化锂吸收式冷（温）水机组作为住宅小区或整栋楼的冷热源机组时，所选用机组的能效比（性能系数）应符合现行国家标准《公共建筑节能设计标准》（GB 50189—2005）中的规定值；当设计

采用多联式空调（热泵）机组作为户式集中空调（采暖）机组时，所选用机组的制冷综合性能系数 [IPLV（C）] 不应低于国家标准《多联式空调（热泵）机组能效限定值及能源效率等级》（GB 21454—2008）中规定的第 3 级。

（7）当选择土壤源热泵系统、浅层地下水源热栗系统、地表水（淡水、海水）源热泵系统、污水水源热泵系统作为居住区或户用空调的冷热源时，严禁破坏、污染地下资源。

（8）当采用分散式房间空调器进行空调和（或）采暖时，宜选择符合国家标准《房间空气调节器能效限定值及能效等级》（GB 12021.3—2010）和《转速可控型房间空气调节器能效限定值及能源效率等级 KGB 21455—2008）中规定的节能型产品（即能效等级 2 级）。

（9）当技术经济合理时，应鼓励居住建筑中采用太阳能、地热能等可再生能源，以及在居住建筑小区采用热、电、冷联产技术。

（10）居住建筑通风设计应处理好室内气流组织、提高通风效率。厨房、卫生间应安装局部机械排风装置。对采用采暖、空调设备的居住建筑，宜采用带热回收的机械换气装置。

第二节　采暖节能设计

一、采暖节能的原理与方法

（一）采暖节能的原理

1. 促进在室内产生热

只要建筑内有人居住，就必有热源。机器设备产生出来的其他形式的能，最终都要变成热散发在室内。另外，人的体温，也是很好的热源，如果在一个很窄小的房间里有很多人，仅这些人就会使室内很暖和。再如住宅，厨房设备产生的热，除做饭菜时消耗一部分之外，还会有多余的热产生。这样，在住宅内部就不可避免地要有热源存在。另外，建筑构（部）件里储存的热，在该构（部）件完全冷却之前，也可以作为热源来使用。所产生的这些热，完全不需要另外进行"促进"，就可加以利用。

2. 抑制室内对热的吸收

除人体之外，还有很多物体都能产生热，相反能吸收热的低温物体，根据热力学第二定律，怎么也不会在室内"产生"热。这是由于低温构（部）件的蓄热作用和在特别干燥的条件下水的汽化热作用。

3. 促进室外的热进入室内

除无人居住的冷房间之外，一般来说，在需要采暖的条件下，室内温度要比室外高。由于热往往要从高温的地方向低温的地方流动，所以根本不会有热从室外进入到室内。因此，可以利用的形式只有不受气温影响的辐射线，即太阳辐射。如果这样考虑，与其说辐射热是热，实际上还不如说辐射热是能，辐射能只有被物体吸收之后，才能变为热。

4. 抑制室内的热向室外流失

辐射、导热、对流等都可以使热流失。另外，室外的低温空气进入室内，也属于热流失的一种现象。对这些现象都可以进行抑制，也就是可以进行广义上的保温。

上述各项内容是按正常情况考虑条件，或者考虑到只有瞬间变化的现象，然而在现实中，室内外的温度或热源等条件，一般来说就像白天与夜间、夏季与冬季一样，是根据时间而变化的，因此，还需要考虑到建筑构（部）件的蓄热作用和对时间变化的适应情况。

（二）采暖节能的方法

1. 促进辐射热进入室内

（1）满足阳光透过的条件。建筑用地的形状，与其他建筑物的位置关系，树木、围墙等，都可能成为妨碍辐射热到达的物体，故而要研究这些物体的存在、位置（方位、高度、距离）、形状、透射率等。为不遮挡阳光对其他建筑物和建筑物周围土地的照射，建筑用地最好是向南的斜坡地，或相邻建筑之间留有充足的间距（图 10-2）。在建筑物的周围植树时，要根据不同的位置，选用不同的树种。建筑物的南侧适宜植落叶树（图 10-3），并且最好没有障碍物。但有时为了遮挡外面的窥视视线，又必须设置遮挡物，利用视线水平级差或通过遮挡物的形式挡住视线，但不能妨碍太阳辐射线进入室内。

需要太阳辐射线通过开口部入射到室内时，要保证开口的方向和开口面积，并要考虑到开口对热线的透明度问题。一般情况下，朝南设置较大的开口。但由于相邻住户的关系，不便使开口向南时，可以采用设天窗的方法弥补。

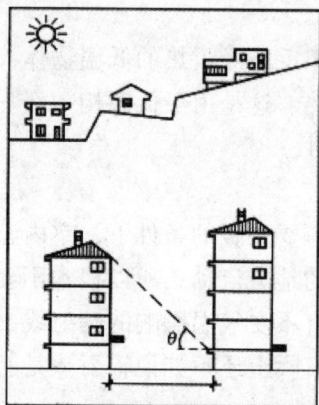

图 10-2　向阳斜坡地和相邻建筑的间距

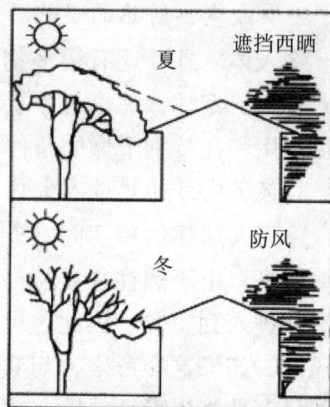

图 10-3　建筑物的南侧植落叶树，
北侧植常绿树

（2）形成反射的条件。太阳的辐射虽然很多，但由于它遍布全球，所以辐射密度并不太高。为收集更多的能，要有很大的受热面积，而且，只有正好对着太阳的一面才能受热，因此还必须考虑到利用阳光反射提高能的密度，使背阴的一侧也能得到太阳辐射，即利用物体表面受到太阳辐射时的反射和再辐射。对此，可以研究反射面的面积、反射率（对于热线的反射率以及再辐射率）、反射方向等。例如，在建筑物的北侧设反射面（墙壁、陡壁坡、百叶式反射板），也能使北侧的房间得到太阳辐射热（图 10-4）；或者扩大朝南的开口部位尺寸，增加辐射热的受热面积；或者把受热面上反射出来的辐射线，再返回到受热面上去。

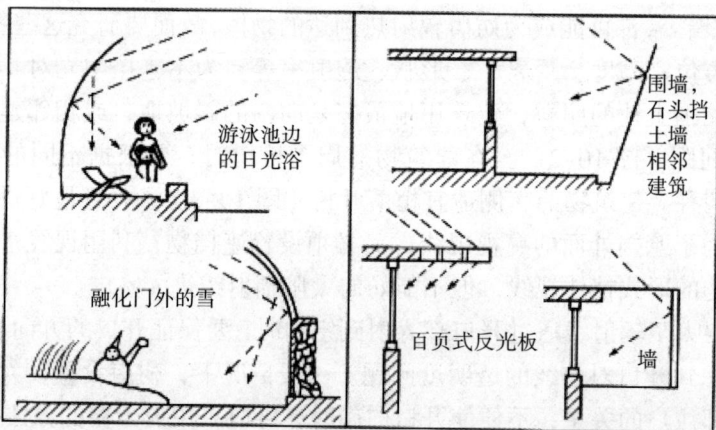

图 10-4　利用反射面得到太阳辐射的方法（这种方法也可以用在室外）

2. 抑制辐射热损失

（1）从表面的辐射。表面积、外表面材料的辐射系列（颜色、材质等）、温度差等越小越好。寒冷地区的建筑，为了减少表面积，平面方向和立面方向都不做成凹凸形状。在非常寒冷的地方，为了避免散热，有的建筑物根本就不设阳台或女儿墙等突出的部分，为减少建筑物的表面积，有时把建筑物拐角作成圆弧状，有时把整个建筑物建成穹顶状或拱顶状。

对于像北侧外墙那样的建筑部位，只需要解决辐射热的损失时，用表面光滑的金属板等辐射少的饰面材料，也可以减少热损失。

另外，辐射造成的热损失，是由于物体之间有温度差产生的，因此，一个物体的外表面与周围的物体温度相同时，这个物体就不会有热损失。如果提高建筑物的屋顶和墙体的保温性能，尽量降低建筑物的外表面温度，就能减少由辐射造成的热损失。从这一方面，也能解释保温的作用。

（2）从开口部位的辐射。如果考虑到与促进辐射线进入室内的场合完全相反的情况，以不设开口为好。在需要采光和眺望时，最好把开口的尺寸控制在必要的最低限度之内。在特殊情况下，例如在非常寒冷的条件下，可以这样设计，但在一般情况下，还是需要有开口部位的。因此，一般来说，要求开口应有可变性，即在需要有开口时，就把开口打开，在不需要开口的夜间等情况下，为防止辐射线通过开口部位，就可以把开口关闭。对于辐射线来说，开口部位还可做成不透明的，使辐射线向室内产生反射或再辐射。采用这种方法时的可动部位，一般是使用窗帘、百叶窗、推拉门窗、木板套窗等。但是，设可动部位的缺点是需要操作，有操作就要耗能，开闭和收藏时都要占用必要的空间，还会有耐久性的问题等等。较为理想的是，可动部位的材质可随着外界条件的变化能自然地进行变化，但这样的材料很难找到。因此，建议采用操作简单，而且所用的保温材料不仅能防止辐射传热也能有效地防止导热传热的方法，如把泡沫塑料的碎块和空气一起吹入到双层玻璃之间的空隙里的方法。

3. 蓄热效果的利用

太阳辐射和气温等外界条件经常有变动，白天的太阳辐射，根据太阳的高度不同而发生变化，夜间外界气温降低，形成建筑物向外部空间进行辐射，天气不同，太阳辐射、气温、风等也有变化。如果建筑物能把所吸收的热储存起来，在吸热量少的时候使用，就可以减少室内环境条件的波动。另外，如果室内的建筑部位热容量大，在停止暖通空调的运转之后，也不会很快使室内环境条件恶化。这时，最好采用外保温方法。

通过适当地增大屋顶和墙等围护结构的热容量，不仅可以减小室内环境条件随外界条件变化的幅度，而且能够错开向室内散热的时间。如果把时间调配合适，可使室内白天凉快，夜间温暖，这是不用任何设备和可动部分就能得到的。

4.抑制对流热损失

关于对流传热，应考虑从部位表面向空气中的热传递、空气的进出和冷风吹到人体上等三种现象。其中空气的进出，可以认为是主要的对流传热现象。

建筑物必须设有人出入的开口部位，为了减少热损失，可以采用人能出人、但不通风的方法（图 10-5）。或采取无人出人即刻关门的方法。但一般的建筑；不宜采用过于复杂的结构装置。通常，在设计上采用开门时不让外面的风直接进入室内的方法。

一般的建筑部位不能有缝隙，这是应该考虑到的，但在开口部位很容易出现缝隙。在可动部位和窗框之间，一般可通过采用气密材料进行压接、采用双层窗框或采取关闭木板套窗的方法，冬季等长期不需要打开的时候，也可把接缝贴封起来（图 10-6）。一般部位的缝隙量是缝隙率（每单位面积的缝隙量）和全部表面积的乘积，开口部位的缝隙量与其周围长度成正比例。减小建筑物的面积，也可以减少缝隙。

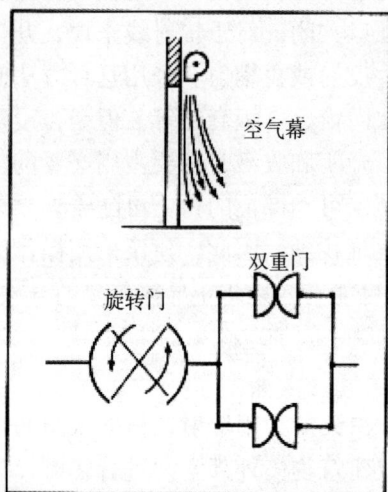

图 10-5　人可出入，但不通风

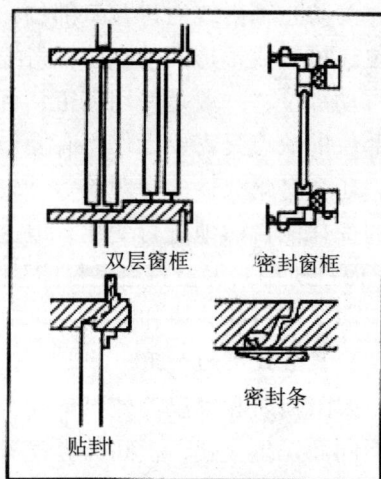

图 10-6　堵塞开口部位的缝隙

二、燃气红外线辐射采暖设计

（1）燃气红外线辐射采暖，可用于建筑物室内采暖或室外工作地点的采暖。

（2）采用燃气红外线辐射采暖时，必须采取相应的防火防爆和通风换气等安全措施。

（3）燃气红外线辐射采暖的燃料，可采用天然气、人工煤气、液化石油气等。燃气质量、燃气输配系统应符合国家现行标准《城镇燃气设计规范》（GB 50028—2007）的要求。

（4）燃气红外线辐射器的安装高度，应根据人体舒适度确定，但不应低于 3m。

（5）燃气红外线辐射器用于局部工作地点采暖时，其数量不应少于两个，且应安装在人体的侧上方。

（6）燃气红外线辐射器全面采暖的耗热量应按上述"三、"中的有关规定进行计算，可不计高度附加，并应对总耗热量乘以 0.8 ～ 0.9 的修正系数。

辐射器安装高度过高时，应对总耗热量进行必要的高度修正。

（7）局部区域燃气红外线辐射采暖耗热量可按低温热水地板辐射采暖中的有关规定计算。

（8）布置全面辐射采暖系统时，沿四周外墙、外门处的辐射器散热量，不宜少于总热负荷的 60%。

（9）由室内供应空气的厂房或房间，应能保证燃烧器所需要的空气量。当燃烧器所需要的空气量超过该房间每小时 0.5 次的换气次数时，应由室外供应空气。

（10）燃气红外线辐射采暖系统采用室外供应空气时，进风口应符合下列要求：

①设在室外空气洁净区，距地面高度不低于 2m。

②距排风口水平距离大于 6m；当处于排风口下方时，垂直距离不小于 3m；当处于排风口上方时，垂直距离不小于 6m。

③安装过滤网。

（11）无特殊要求时，燃气红外线辐射采暖系统的尾气应排至室外。排风口应符合下列要求：

①设在人员不经常通行的地方，距地面高度不低于 2m。

②水平安装的排气管，其排风口伸出墙面不少于 0.5m。

③垂直安装的排气管，其排风口高出半径为 6m 以内的建筑物最高点不少于 lm。

④排气管穿越外墙或屋面处加装金属套管。

（12）燃气红外线辐射采暖系统，应在便于操作的位置设置能直接切断采暖系统及燃气供应系统的控制开关。利用通风机供应空气时，通风机与采暖系统应设置联锁开关。

三、热风采暖及热空气幕

（1）符合下列条件之　时，应采用热风采暖：

①能与机械送风系统合并时。

②由于防火防爆和卫生要求，必须采用全新风的热风采暖时。

③利用循环空气采暖，技术经济合理时。

（2）热风采暖的热媒宜采用 0.1～0.3MPa 的高压蒸汽或不低于 90℃的热水。当采用燃气、燃油加热或电加热时，应符合国家现行标准《城镇燃气设计规范》（GB 50028—2007）和《建筑设计防火规范》KGB 50016—2018）的要求。

（3）位于严寒地区或寒冷地区的工业建筑，采用热风采暖且距外窗 2m 或 2m 以内有固定工作地点时，宜在窗下设置散热器，条件许可时，兼做值班采暖。当不设散热器值班采暖时，热风采暖不宜少于两个系统（两套装置）。一个系统（装置）的最小供热量，应保持非工作时间工艺所需的最低室内温度，但不得低于 5℃。

（4）采用暖风机热风采暖时，应符合下列规定：

①应根据厂房内部的几何形状、工艺设备布置情况及气流作用范围等因素，设计暖风机台数及位置。

②室内空气的换气次数，宜大于或等于每小时 1.5 次。

③热媒为蒸汽时，每台暖风机应单独设置阀门和疏水装置。

（5）采用集中热风采暖时，应符合下列规定：

①工作区的风速应按规定确定，但最小平均风速不宜小于 0.15/s；送风口的出口风速，应通过计算确定，一般情况下可采用 5～15m/s。

②送风口的高度不宜低于 3.5m，回风口下缘至地面的距离宜采用 0.4～0.5m。

③送风温度不宜低于 35℃并不得高于 70℃。

（6）选择暖风机或空气加热器时，其散热量应乘以 1.2～1.3 的安全系数。

（7）符合下列条件之一时，宜设置热空气幕：

①位于严寒地区、寒冷地区的公共建筑和工业建筑，对经常开启的外门，且不设门斗和前室时。

②公共建筑和工业建筑，当生产或使用要求不允许降低室内温度时或经技术经济比较设置热空气幕合理时。

（8）热空气幕的送风方式：公共建筑宜采用由上向下送风。工业建筑，当外门宽度小于 3m 时，宜采用单侧送风；当大门宽度为 3 ～ 18m 时，应经过技术经济比较，采用单侧、双侧送风或由上向下送风；当大门宽度超过 18m 时，应采用由上向下送风。

注：侧面送风时，严禁外门向内开启。

（9）热空气幕的送风温度，应根据计算确定。对于公共建筑和工业建筑的外门，不宜高于 50℃；对高大的外门，不应高于 70℃。

四、电采暖设计

电采暖是将清洁的电能转换为热能的一种优质、舒适、环保的采暖方式，采暖的历史从人类"向火"开始，随着时代变迁不断发生着质的演变，每一次跨越都是一个新的里程。时至今日，对采暖系统的要求已经不再仅仅是"不冷""够暖和"，而且还要"舒适"，于是，电采暖正成为高贵的时尚之选。电热采暖在北欧各国是比较普遍的一种采暖方式，经过长期的实际应用，被证实其拥有很多其他采暖方式不可比拟的优越性，其已被全球越来越多的用户认同和接受。符合下列条件之一，经技术经济比较合理时，可采用电采暖：环保有特殊要求的区域；远离集中热源的独立建筑；采用热泵的场所；能利用低谷电蓄热的场所；有丰富的水电资源可供利用时。

（一）电采暖的分类

电采暖按采暖方式分为干式采暖和湿式采暖两大类。其中，干式采暖按照受热面积及均匀性可以作如下分类。

（1）点式采暖：以空调、电热扇、辐射板为代表。

（2）线式采暖：以发热电缆为代表。

（3）面式采暖：以电热膜为代表。电热膜，又可以进一步细分为：电热棚膜、电热墙膜和电热地膜等不同的电热膜品种。

湿式采暖按照工作原理又分为以下两种。

（1）电阻采暖：以电阻棒、PTC 陶瓷、石英玻璃管为主。

（2）电磁采暖：以高频电磁、中频电磁、工频电磁为主。

从控制板的技术层面，电磁采暖可分为工业级主控板和民用主控板。

（二）电采暖的低碳特性

以电热地膜、高频电磁感应加热器为代表的电采暖方式，是实现全民低碳供暖的重要途径。它的低碳特性主要体现在直接能源、能量转换、污染排放、人居生活及社会经济等方面。

（1）低碳能源：采暖能源的清洁、可再生。相对于煤炭、天然气、秸秆、木材等采暖能源，电能作为一种最有发展潜力的采暖能源，正随着以太阳能、风能、水能、核能等为代表的新能源的兴起而蓬勃发展。而新能源所提供给人类的电能是清洁的、可再生的，是真正的低碳甚至"零"碳能源。

（2）低碳转换：采暖的热转换效率高。相对于传统采暖方式，电热供暖系统的热转换率高达 98.68%，可以大大减少转换及传递过程中的能量损失。

（3）低碳排放：废气等污染的零排放。相对传统采暖方式，使用电能作为采暖能源，不需要建锅炉房、储煤、堆灰、管网等设施，节约了土地，不产生废气、废水、废物等污染物，从而废气等污染的排放直降为零。同时，即便以煤炭作为发电能源，也可以通过促进和提高煤炭发电的规模性和集约性，通过节省和减少煤炭运输过程中的能源损失及车辆污染，从而在整体上减少碳排放，由此强化能源使用的低碳性。

（4）低碳生活：符合人体工学设计，舒适与智能化。相对于以散热器、空调、电暖器为代表的点式供暖系统及以发热电缆为代表的线式供暖系统，以电热地膜、高频电磁加热为代表的新一代电热供暖系统，十分契合人在活动空间足暖头凉、身体舒适的宜居需要。具体来说：这种独有的加温方式，让人感觉室内温度均匀、清新、舒适静音，而且没有传统供暖产生的干燥和闷热，也不会因气流引起室内浮灰。电热地膜、高频电磁加热不仅加热了室内空气，同时系统内散发的远红外线波对人体有调节免疫、延缓衰老等功能，自下而上的升温过程符合暖足温头的人体养生学原理。另外，智能温控功能可以让人随心取暖，促进行为节能，开启全新一代人性化低碳生活。

（5）低碳经济：有力推动建筑节能及低谷电力的创收。电热地膜、高频电磁加热供暖系统的使用，以建筑节能为前提。从而，这一新兴采暖方式的大力推广和普遍使用，直接地推动了国家 65% 的法定建筑节能标准的严格检验及落地执行，并由此推动了中国低碳建筑的发展。再者，从电力使用平衡角度上看，高峰用电量与夜间用电量相差悬殊，造成夜间电力的浪费。充分利用低谷电量，不但可以为国家增加低谷电力收入，而且也可以降低发电成本，平抑电价，节约能源，推动电力能源的低碳化使用。

（三）电采暖设计

（1）采用电采暖时，应满足房间用途、特点、经济和安全防火等要求。

（2）低温加热电缆辐射采暖，宜采用地板式；低温电热膜辐射采暖，宜采用顶棚式。

（3）低温加热电缆辐射采暖和低温电热膜辐射采暖的加热元件及其表面工作温度，应符合国家现行有关产品标准规定的安全要求。

根据不同使用条件，电采暖系统应设置不同类型的温控装置。

绝热层、龙骨等配件的选用及系统的使用环境，应满足建筑防火要求。

第三节　通风节能设计

一、一般规定

（1）为了防止大量热、蒸汽或有害物质向人员活动区散发，防止有害物质对环境的污染，必须从总体规划、工艺、建筑和通风等方面采取有效的综合预防和治理措施。

（2）放散有害物质的生产过程和设备，宜采用机械化、自动化，并应采取密闭、隔离和负压操作措施。对生产过程中不可避免放散的有害物质，在排放前，必须采取通风净化措施，并达到国家有关大气环境质量标准和各种污染物排放标准的要求。

（3）放散粉尘的生产过程，宜采用湿式作业。输送粉尘物料时，应采用不扬尘的运输工具。放散粉尘的工业建筑，宜采用湿法冲洗措施，当工艺不允许湿法冲洗且防尘要求严格时，宜采用真空吸尘装置。

（4）大量散热的热源（如散热设备、热物料等），宜放在生产厂房外面或坡屋内。对生产厂房内的热源，应采取隔热措施。工艺设计，宜采用远距离控制或自动控制。

（5）确定建筑物方位和形式时，宜减少东西向的日晒。以自然通风为主的建筑物，其方位还应根据主要进风面和建筑物形式，按夏季最多风向布置。

（6）位于夏热冬冷或夏热冬暖地区的建筑物建筑热工设计，应符合国家现行标准《民用建筑热工设计规范》（GB 50176—2016）的规定。采用通风屋顶隔热时，其通风层长度不宜大于10m，空气层高度宜为20cm左右。散热量小于23W/m³的工业建筑，当屋顶离地面平均高度小于或等于8m时，宜采用屋顶隔热措施。

（7）对于放散热或有害物质的生产设备布置，应符合下列要求：

①放散不同毒性有害物质的生产设备布置在同一建筑物内时，毒性大的应与毒性小的隔开。

②放散热和有害气体的生产设备，应布置在厂房自然通风的天窗下部或穿堂风的下风侧。

③放散热和有害气体的生产设备，当必须布置在多层厂房的下层时，应采取防止污染室内上层空气的有效措施。

（8）建筑物内，放散热、蒸汽或有害物质的生产过程和设备，宜采用局部排风。当局部排风达不到卫生要求时，应辅以全面排风或采用全面排风。

（9）设计局部排风或全面排风时，宜采用自然通风。当自然通风不能满足卫生、环保或生产工艺要求时，应采用机械通风或自然与机械的联合通风。

（10）凡属设有机械通风系统的房间，工业建筑应保证每人不小于30m³/h的新风量；人员所在房间不设机械通风系统时，应有可开启外窗。

（11）组织室内送风、排风气流时，不应使含有大量热、蒸汽或有害物质的空气流入没有或仅有少量热、蒸汽或有害物质的人员活动区，且不应破坏局部排风系统的正常工作。

（12）凡属下列情况之一时，应单独设置排风系统：

①两种或两种以上的有害物质混合后能引起燃烧或爆炸时。

②混合后能形成毒害更大或腐蚀性的混合物、化合物时。

③混合后易使蒸汽凝结并聚积粉尘时。

④散发剧毒物质的房间和设备。

⑤建筑物内设有储存易燃易爆物质的单独房间或有防火防爆要求的单独房间。

（13）同时放散有害物质、余热和余湿时，全面通风量应按其中所需最大的空气量确定。多种有害物质同时放散于建筑物内时，其全面通风量的确定应按国家现行标准《工业企业设计卫生标准》（GBZ 1—2010）执行。

送入室内的室外新风量，工业建筑应保证每人不小于30m³/h的新风量。

（14）放散入室内的有害物质数量不能确定时，全面通风量可参照类似房间的实测资料或经验数据，按换气次数确定，亦可按国家现行的各相关行业标准执行。

（15）建筑中的防烟可采用机械加压送风防烟方式或可开启外窗的自然排烟方式。建筑中的排烟可采用机械排烟方式或可开启外窗的自然排烟方式。具体设计要求如下：

①机械排烟系统与通风、空气调节系统宜分开设置。当合用时，必须采取可靠的防火安全措施，并应符合机械排烟系统的有关要求。

②防烟与排烟系统中的管道、风口及阀门等必须采用不燃材料制作。排烟管道应采取隔热防火措施或与可燃物保持不小于 150mm 的距离。

排烟管道的厚度应按现行国家标准《通风与空调工程施工质量验收规范 KGB 50243—2002》的有关规定执行。

③机械加压送风管道、排烟管道和补风管道内的风速应符合下列规定：

a. 采用金属管道时，不宜大于 20.0m/s。

b. 采用非金属管道时，不宜大于 15.0m/s。

④当防烟楼梯间前室、合用前室采用敞开的阳台、凹廊进行防烟，或前室、合用前室内有不同朝向且开口面积符合下列规定的可开启外窗时，该防烟楼梯间可不设置防烟设施。

a. 防烟楼梯间前室、消防电梯间前室，不应小于 $2.0m^2$；合用前室，不应小于 $3.0m^2$。

b. 靠外墙的防烟楼梯间，每 5 层内可开启排烟窗的总面积不应小于 $2.0m^2$。

c. 中庭、剧场舞台，不应小于该中庭、剧场舞台楼地面面积的 5%。

d. 其他场所，宜取该场所建筑面积的 2% ～ 5%。

（5）作为自然排烟的窗口宜设置在房间的外墙上方或屋顶上，并应有方便开启的装置。自然排烟口距该防烟分区最远点的水平距离不应超过 30.0m。

（6）在地下建筑和地上密闭场所中设置机械排烟系统时，应同时设置补风系统。当设置机械补风系统时，其补风量不宜小于排烟量的 50%。

（7）机械排烟系统的排烟量不应小于表 10-3 的规定。

（8）机械排烟系统中的排烟口、排烟阀和排烟防火阀的设置应符合下列规定：

①排烟口或排烟阀应按防烟分区设置；排烟口或排烟阀应与排烟风机连锁，当任一排烟口或排烟阀开启时，排烟风机应能自行启动。

②排烟口或排烟阀平时为关闭时，应设置手动和自动开启装置。

③排烟口应设置在顶棚或靠近顶棚的墙面上，且与附近安全出口沿走道方向相邻边缘之间的最小水平距离不应小于 1.50m；设在顶棚上的排烟口，距可燃构件或可燃物的距离不应小于 1.00m。

④设置机械排烟系统的地下、半地下场所，除歌舞娱乐放映游艺场所和建筑面积大于 50m² 的房间外，排烟口可设置在疏散走道。

⑤防烟分区内的排烟口距最远点的水平距离不应超过 30.0m；排烟支管上应设置当烟气温度超过 280℃时能自行关闭的排烟防火阀。

⑥排烟口的风速不宜大于 10.0m/s。

（9）机械加压送风防烟系统和排烟补风系统的室外进风口宜布置在室外排烟口的下方，且高差不宜小于 3.0m；当水平布置时，水平距离不宜小于 10.0m。

（10）排烟风机的设置应符合下列规定：

①排烟风机的全压应满足排烟系统最不利环路的要求，其排烟量应考虑 10%～20% 的漏风量。

②排烟风机可采用离心风机或排烟专用的轴流风机。

③排烟风机应能在 280℃的环境条件下连续工作不少于 30min。

④在排烟风机入口处的总管上应设置当烟气温度超过 280℃时能自行关闭的排烟防火阀，该阀应与排烟风机连锁，当该阀关闭时，排烟风机应能停止运转。

（11）当排烟风机及系统中设置有软接头时，该软接头应能在 280℃的环境条件下连续工作不少于 30min。排烟风机和用于排烟补风的送风风机宜设置在通风机房内。

（12）机械加压送风防烟系统的加压送风量应经计算确定。当计算结果与表 10-4 的规定不一致时，应采用较大值。

（13）防烟楼梯间内机械加压送风防烟系统的余压值应为 40～50Pa；前室、合用前室应为 25～30Pa。

（14）防烟楼梯间和合用前室的机械加压送风防烟系统宜分别独立设置。

（15）防烟楼梯间的前室或合用前室的加压送风口应每层设置 1 个。防烟楼梯间的加压送风口宜每隔 2～3 层设置 1 个。

（16）机械加压送风防烟系统中送风口的风速不宜大于 7.0m/s。

（17）高层厂房（仓库）的机械防烟系统的其他设计要求应按现行国家标准《高层民用建筑设计防火规范》[GB 50045—1995（2005）] 的有关规定执行。

表 10-3 机械排烟系统的最小排烟量

条件和部位		单位排烟量 [m³/(h·m²)]	换气次数 (次/小时)	备 注
担负 1 个防烟分区		60	—	单台风机排烟量不应小于 7200m³/h
室内净高大于 6.0m 且不划分防烟分区的空间				
担负 2 个及 2 个以上防烟分区		120	—	应按最大的防烟分区面积确定
中庭	体积小于等于 17000m³	—	6	体积大于 17000m³ 时，排烟量不应小于 102000m³/h
	体积大于 17000m³	—	4	

表 10-4 最小机械加压送风量

条件和部位		加压送风量 (m³/h)
前室不送风的防烟楼梯间		25000
防烟楼梯间及其	防烟楼梯间	16000
合用前室分别加压送风	合用前室	13000
消防电梯间前室		15000
防烟楼梯间用自然排烟，前室或合用前室加压送风		22000

三、机械通风

（1）设置集中采暖且有机械排风的建筑物，当采用自然补风不能满足室内卫生条件、生产工艺要求或在技术经济上不合理时，宜设置机械送风系统。设置机械送风系统时，应进行风量平衡及热平衡计算。

每班运行不足2h的局部排风系统，当室内卫生条件和生产工艺要求许可时，可不设机械送风补偿所排出的风量。

（2）选择机械送风系统的空气加热器时，室外计算参数应采用采暖室外计算温度；当其用于补偿消除余热、余湿用全面排风耗热量时，应采用冬季通风室外计算温度。

（3）要求空气清洁的房间，室内应保持正压。放散粉尘、有害气体或有爆炸危险物质的房间，应保持负压。

当要求空气清洁程度不同或与有异味的房间比邻且有门（孔）相通时，应使气流从较清洁的房间流向污染较严重的房间。

（4）机械送风系统进风口的位置，应符合下列要求：

①应直接设在室外空气较清洁的地点。

②应低于排风口。

③进风口的下缘距室外地坪不宜小于2m，当设在绿化地带时，不宜小于1m。

④应避免进风、排风短路。

（5）用于甲、乙类生产厂房的送风系统，可共用同一进风口，但应与丙、丁、戊类生产厂房和辅助建筑物及其他通风系统的进风口分设；对有防火防爆要求的通风系统，其进风口应设在不可能有火花溅落的安全地点，排风口应设在室外安全处。

（6）凡属下列情况之一时，不应采用循环空气：

①甲、乙类生产厂房，以及含有甲、乙类物质的其他厂房。

②丙类生产厂房，如空气中含有燃烧或爆炸危险的粉尘、纤维，含尘浓度大于或等于其爆炸下限的25%时。

③含有难闻气味以及含有危险浓度的致病细菌或病毒的房间。

④对排除含尘空气的局部排风系统，当排风经净化后，其含尘浓度仍大于或等于工作区容许浓度的30%时。

（7）机械送风系统（包括与热风采暖合用的系统）的送风方式，应符合下列要求：

①放散热或同时放散热、湿和有害气体的工业建筑，当采用上部或上下部同时全面排风时，宜送至作业地带。

②放散粉尘或密度比空气大的气体和蒸汽，而不同时放散热的工业建筑，

当从下部地区排风时，宜送至上部区域。

③当固定工作地点靠近有害物质放散源，且不可能安装有效的局部排风装置时，应直接向工作地点送风。

（8）符合下列条件，可设置置换通风：

①有热源或热源与污染源伴生。

②人员活动区空气质量要求严格。

③房间高度不小于 2.4m。

④建筑、工艺及装修条件许可且技术经济比较合理。

（9）置换通风的设计，应符合下列规定：

①房间内人员头脚处空气温差不应大于 3℃。

②人员活动区内气流分布均匀。

③工业建筑内置换通风器的出风速度不宜大于 0.5m/s。

④民用建筑内置换通风器的出风速度不宜大于 0.2m/s。

（10）同时放散热、蒸汽和有害气体或仅放散密度比空气小的有害气体的工业建筑，除设局部排风外，宜从上部区域进行自然或机械的全面排风，其排风量不应小于每小时 1 次换气；当房间高度大于 6m 时，排风量可按 $6m^3(h \cdot m^2)$ 计算。

（11）当采用全面排风消除余热、余湿或其他有害物质时，应分别从建筑物内温度最高、含湿量或有害物质浓度最大的区域排风。全面排风量的分配应符合下列要求：

①当放散气体的密度比室内空气轻，或虽比室内空气重但建筑内放散的显热全年均能形成稳定的上升气流时，宜从房间上部区域排出。

②当放散气体的密度比空气重，建筑内放散的显热不足以形成稳定的上升气流而沉积在下部区域时，宜从下部区域排出总排风量的 2/3，上部区域排出总排风量的 1/3，且不应小于每小时 1 次换气。

③当人员活动区有害气体与空气混合后的浓度未超过卫生标准，且混合后气体的相对密度与空气密度接近时，可只设上部或下部区域排风。

注：①相对密度小于或等于 0.75 的气体视为比空气轻，当其相对密度大于 0.75 时，视为比空气重。

②上、下部区域的排风量中，包括该区域内的局部排风量。

③地面以上 2m 以下规定为下部区域。

（12）排除有爆炸危险的气体、蒸汽和粉尘的局部排风系统，其风量应按在正常运行和事故情况下，风管内这些物质的浓度不大于爆炸下限的50%计算。

（13）局部排风罩不能采用密闭形式时，应根据不同的工艺操作要求和技术经济条件选择适宜的排风罩。

（14）建筑物全面排风系统吸风口的布置，应符合下列规定：

①位于房间上部区域的吸风口，用于排除余热、余湿和有害气体时（含氢气时除外），吸风口上缘至顶棚平面或屋顶的距离不大于0.4m。

②用于排除氢气与空气混合物时，吸风口上缘至顶棚平面或屋顶的距离不大于0.1m。

③位于房间下部区域的吸风口，其下缘至地板间距不大于0.3m。

④因建筑结构造成有爆炸危险气体排出的死角处，应设置导流设施。

（15）含有剧毒物质或难闻气味物质的局部排风系统，或含有浓度较高的爆炸危险性物质的局部排风系统所排出的气体，应排至建筑物空气动力阴影区和正压区外。

注：当排出的气体符合国家现行的大气环境质量和各种污染物排放标准及各行业污染物排放标准时，可不受本条规定的限制。

（16）采用燃气加热的采暖装置、热水器或炉灶等的通风要求，应符合国家现行标准《城镇燃气设计规范》（GB 50028—2007）的有关规定。

（17）民用建筑的厨房、卫生间宜设置竖向排风道。竖向排风道应具有防火、防倒灌、排气的功能。

住宅建筑无外窗的卫生间，应设置机械排风排入有防回流设施的竖向排风道，且应留有必要的进风面积。

三、事故通风

（1）可能突然放散大量有害气体或有爆炸危险气体的建筑物，应设置事故通风装置。

（2）设置事故通风系统，应符合下列要求。

①放散有爆炸危险的可燃气体、粉尘或气溶胶等物质时，应设置防爆通风系统或诱导式事故排风系统。

②具有自然通风的单层建筑物，所放散的可燃气体密度小于室内空气密度时，宜设置事故送风系统。

③事故通风宜由经常使用的通风系统和事故通风系统共同保证，但在发生事故时，必须保证能提供足够的通风量。

（3）事故通风量，宜根据工艺设计要求通过计算确定，但换气次数不应小于每小时12次。

（4）事故排风的吸风口，应设在有害气体或爆炸危险性物质放散量可能最大或聚集最多的地点。对事故排风的死角处，应采取导流措施。

（5）事故排风的排风口，应符合下列规定：

①不应布置在人员经常停留或经常通行的地点。

②排风口与机械送风系统的进风口的水平距离不应小于 20m，当水平距离不足 20m 时，排风口必须高出进风口，并不得小于 6m。

③当排气中含有可燃气体时，事故通过系统排风口距可能火花溅落地点应大于 20m。

④排风口不得朝向室外空气动力阴影区和正压区。

（6）事故通风的通风机，应分别在室内、外便于操作的地点设置电器开关。

第四节　空调节能设计

一、一般规定

（1）符合下列条件之一时，应设置空气调节：

①采用采暖通风达不到人体舒适标准或室内热湿环境要求。

②采用采暖通风达不到工艺对室内温度、湿度、洁净度等要求时。

③对提高劳动生产率和经济效益有显著作用时。

④对保证身体健康、促进康复有显著效果时。

⑤采用采暖通风虽能达到人体舒适和满足室内热湿环境要求，但不经济时。

（2）在满足工艺要求的条件下，宜减少空气调节区的面积和散热、散湿设备。当采用局部空气调节或局部区域空气调节能满足要求时，不应采用全室性空气调节。

有高大空间的建筑物，仅要求下部区域保持一定的温湿度时，宜采用分层式送风或下部送风的气流组织方式。

（3）空气调节区内的空气压力应满足下列要求：

①工艺性空气调节，按工艺要求确定。

②舒适性空气调节，空气调节区与室外的压力差或空气调节区相互之间有压差要求时，其压差值宜取 5 ～ 10Pa，但不应大于 50Pa。

（4）空气调节区宜集中布置。室内温湿度基数和使用要求相近的空气调节区宜相邻布置。

（5）围护结构的传热系数，应根据建筑物的用途和空气调节的类别，通过技术经济比较确定。对于工艺性空气调节不应大于表10-5所规定的数值；对于舒适性空气调节，应符合国家现行有关节能设计标准的规定。

表 10-5　维护结构传热系数 K 值　[单位；$W/(m^2 \cdot \mathbb{C})$]

围护结构名称	室温允许波动范围（℃）		
	±（0.1~0.2）	±0.5	≥±1.0
屋顶	—	—	0.8
顶棚	0.5	0.8	0.9
外墙	—	0.8	1.0
内墙和楼板	0.7	0.9	1.2

注：表中内墙和楼板的有关数值，仅使用于相邻空气调节区的温差大于时。

（8）空气调节建筑的外窗面积不宜过大。不同窗墙面积比的外窗，其传热系数应符合国家现行有关节能设计标准的规定；外窗玻璃的遮阳系数，严寒地区宜大于0.80，非严寒地区宜小于0.65或采用外遮阳措施。

室温允许波动范围大于或等于 ±1.0℃的空气调节区，部分窗扇应能开启。

（9）工艺性空气调节区，当室温允许波动范围大于±1.0℃时，外窗宜北向；±1.0℃时，不应有东、西向外窗；±0.5℃时，不宜有外窗，如有外窗时，应北向。

（10）工艺性空气调节区的门和门斗，应符合表10-6的要求。舒适性空气调节区开启频繁的外门，宜设门斗、旋转门或弹簧门等，必要时可设置空气幕。

表 10-6　门和门斗

室温允许波动范围（℃）	外门和门斗	内门和门斗
≥±1.0	不宜设置外门，如有经常开启的外门，应设门斗	门两侧温差大于或等于7℃时，宜设门斗

续　表

室温允许波动范围（℃）	外门和门斗	内门和门斗
±0.5	不应有外门，如有外门时，必须设门斗	门两侧温差大于3℃时，宜设门斗
±（0.1～0.2）		内门不宜通向室温基数不同或室温允许波动范围大于士1.0℃的邻室

（11）选择确定功能复杂、规模很大的公共建筑的空气调节方案时，宜通过全年能耗分析和投资及运行费用等的比较，进行优化设计。

二、空气调节系统

（1）选择空气调节系统时，应根据建筑物的用途、规模、使用特点、负荷变化情况与参数要求、所在地区气象条件与能源状况等，通过技术经济比较确定。

（2）属下列情况之一的空气调节区，宜分别或独立设置空气调节风系统：

①使用时间不同的空气调节区。

②温湿度基数和允许波动范围不同的空气调节区。

③对空气的洁净要求不同的空气调节区。

④有消声要求和产生噪声的空气调节区。

⑤空气中含有易燃易爆物质的空气调节区。

在同一时间内须分别进行供热和供冷的空气调节区。

（3）全空气空气调节系统应采用单风管式系统。下列空气调节区宜采用全空气定风量。

空气焓值：

①空间较大、人员较多。

②温湿度允许波动范围小。

③噪声或洁净度标准高。

（4）当各空气调节区热湿负荷变化情况相似，采用集中控制，各空气调节区温湿度波动不超过允许范围时，可集中设置共用的全空气定风量空气调节系统。需分别控制各空气调节区室内参数时，宜采用变风量或风机盘管等空气调节系统，不宜采用末端再热的全空气定风量空气调节系统。

（5）当空气调节区允许采用较大送风温差或室内散湿量较大时，应采用具有一次回风的全空气定风量空气调节系统。

（6）当多个空气调节区合用一个空气调节风系统，各空气调节区负荷变化较大、低负荷运行时间较长，且需要分别调节室内温度，在经济、技术条件允许时，宜采用全空气变风量空气调节系统。当空气调节区允许温湿度波动范围小或噪声要求严格时，不宜采用变风量空气调节系统。

（7）采用变风量空气调节系统时，应符合下列要求：

①风机采用变速调节。

②采取保证最小新风量要求的措施。

③当采用变风量的送风末端装置时，送风口应符合规定。

（8）全空气空气调节系统符合下列情况之一时，宜设回风机：

①不同季节的新风量变化较大、其他排风出路不能适应风量变化要求。

②系统阻力较大，设置回风机经济合理。

（9）空气调节区较多、各空气调节区要求单独调节，且建筑层高较低的建筑物，宜采用风机盘管加新风系统。经处理的新风宜直接送入室内。当空气调节区空气质量和温、湿度波动范围要求严格或空气中含有较多油烟等有害物质时，不应采用风机盘管。

（10）经技术经济比较合理时，中小型空气调节系统可采用变制冷剂流量分体式空气调节系统。该系统全年运行时，宜采用热泵式机组。在同一系统中，当同时有需要分别供冷和供热的空气调节区时，宜选择热回收式机组。

变制冷剂流量分体式空气调节系统不宜用于振动较大、油污蒸汽较多以及产生电磁波或高频波的场所。

（11）当采用冰蓄冷空气调节冷源或有低温冷媒可利用时，宜采用低温送风空气调节系统；对要求保持较高空气湿度或需要较大送风量的空气调节区，不宜采用低温送风空气调节系统。

（12）采用低温送风空气调节系统时，应符合下列规定：

①空气冷却器出风温度与冷媒进口温度之间的温差不宜小于 3℃，出风温度宜采用 4～10℃，直接膨胀系统不应低于 7℃。

②应计算送风机、送风管道及送风末端装置的温升，确定室内送风温度并应保证在室内温湿度条件下风口不结露。

③采用低温送风时，室内设计干球温度宜比常规空气调节系统提高 1℃。

④空气处理机组的选型，应通过技术经济比较确定。空气冷却器的迎风面

风速宜采用 1.5 ～ 2.3m/s，冷媒通过空气冷却器的温升宜采用 9 ～ 13℃。

⑤采用向空气调节区直接送低温冷风的送风，应采取能够在系统开始运行时，使送风温度逐渐降低的措施。

⑥低温送风系统的空气处理机组、管道及附件、末端送风装置必须进行严密的保冷，保冷层厚度应经计算确定。

（13）下列情况应采用直流式（全新风）空气调节系统：

①夏季空气调节系统的回风焓值高于室外空气焓值。

②系统服务的各空气调节区排风量大于按负荷计算出的送风量。

③室内散发有害物质，以及防火防爆等要求不允许空气循环使用。

④各空气调节区采用风机盘管或循环风空气处理机组，集中送新风的系统。

（14）空气调节系统的新风量，应符合下列规定：

①不小于人员所需新风量，以及补偿排风和保持室内正压所需风量两项中的较大值。

②人员所需新风量应满足要求，并根据人员的活动和工作性质以及在室内的停留时间等因素确定。

（15）舒适性空气调节和条件允许的工艺性空气调节可用新风作冷源时，全空气调节系统应最大限度地使用新风。

（16）新风进风口的面积应适应最大新风量的需要。进风口处应装设能严密关闭的阀门。

（17）空气调节系统应有排风出路并应进行风量平衡计算，人员集中或过渡季节使用大量新风的空气调节区，应设置机械排风设施，排风量应适应新风量的变化。

（18）设有机械排风时，空气调节系统宜设置热回收装置。

（19）空气调节系统风管内的风速，应符合表 10-7 的规定。

表 10-7　风管内的风速（单位：m/s）

室内允许噪声级 dB（A）	主管风速	支管风速
25 ～ 35	3 ～ 4	<2
35 ～ 50	4 ～ 7	2 ～ 3
50 ～ 65	6 ～ 9	3 ～ 5

室内允许噪声级 dB（A）	主管风速	支管风速
65 ~ 85	8 ~ 12	5 ~ 8

注：通风机与消声装置之间的风管，其风速可采用 8~10m/s。

三、空气处理

（1）组合式空气处理机组宜安装在空气调节机房内，并留有必要的维修通道和检修空间。

（2）空气的冷却应根据不同条件和要求，分别采用以下处理方式：

①循环水蒸发冷却。

②江水、湖水、地下水等天然冷源冷却。

③采用蒸发冷却和天然冷源等自然冷却方式达不到要求时，应采用人工冷源冷却。

（3）空气的蒸发冷却采用江水、湖水、地下水等天然冷源时，应符合下列要求：

①水质符合卫生要求。

②水的温度、硬度等符合使用要求。

③使用过后的回水予以再利用。

④地下水使用过后的回水全部回灌并不得造成污染。

（4）空气冷却装置的选择，应符合下列要求：

①采用循环水蒸发冷却或采用江水、湖水、地下水作为冷源时，宜采用喷水室；采用地下水等天然冷源且温度条件适宜时，宜选用两级喷水室。

②采用人工冷源时，宜采用空气冷却器、喷水室。当利用循环水进行绝热加湿或利用喷水提高空气处理后的饱和度时，可采用带喷水装置的空气冷却器。

（5）在空气冷却器中，空气与冷媒应逆向流动，其迎风面的空气质量流速宜采用 $2.5 \sim 5 kg/（m^2 \cdot s）$。当迎风面的空气质量流速大于 $3.0 kg/（m^2 \cdot s）$ 时，应在冷却器后设置挡水板。

（6）制冷剂直接膨胀式空气冷却器的蒸发温度，应比空气的出口温度至少低 3.5℃；在常温空气调节系统情况下，满负荷时，蒸发温度不宜低于 0℃；低负荷时，应防止其表面结霜。

（7）空气冷却器的冷媒进口温度，应比空气的出口干球温度至少低 3.5℃。冷媒的温升宜采用 5～10℃，其流速宜采用 0.6～1.5m/s。

（8）空气调节系统采用制冷剂直接膨胀式空气冷却器时，不得用氨作制冷剂。

（9）采用人工冷源喷水室处理空气时，冷水的温升宜采用 3～5℃；采用天然冷源喷水室处理空气时，其温升应通过计算确定。

（10）在进行喷水室热工计算时，应进行挡水板过水量对处理后空气参数影响的修正。

（11）加热空气的热媒宜采用热水。对于工艺性空气调节系统，当室内温要求控制的允许波动范围小于±1.0℃时，送风末端精调加热器宜采用电加热器。

（12）空气调节系统的新风和回风应过滤处理，其过滤处理效率和出口空气的清洁度应符合有关要求。当采用粗效空气过滤器不能满足要求时，应设置中效空气过滤器。空气过滤器的阻力应按终阻力计算。

（13）一般中、大型恒温恒湿类空气调节系统和对相对湿度有上限控制要求的空气调节系统，其空气处理的设计，应采取新风预先单独处理，除去多余的含湿量，在随后的处理中取消再热过程，杜绝冷热抵消现象。

第十一章　建筑设计中的其他节能技术

第一节 建筑设计中的太阳能利用技术

一、太阳能分布与基本利用方式

（一）我国太阳能分布情况

我国太阳年辐射总量大约在 3300 ～ 8300MJ/（m^2·a），全国 2/3 以上面积地区年日照小时数大于 2000h，属太阳能资源丰富的国家之一。按太阳辐射年总量的不同，我国大致可以分为五个区：资源丰富带、资源较富带、资源一般带、资源较差带和资源最差带，具体见表 11-1。

表 11-1　全国太阳能资源地区类型划分

地区类型	年日照时数（h/a）	年辐射总量[MJ/(m^2·a)]	包括的主要地区	主要地区特点
资源丰富带	3200 ～ 3300	6680 ～ 8400	宁夏北部、甘肃北部、新疆南部、青海西部、西藏西部	该地区地势高，空气稀薄，水汽尘埃含量少，太阳辐射特别强烈，辐射得热明显高于同纬度的平原地区
资源较富带	3000 ～ 3200	5852 ～ 6680	河北西北部、山西北部、内蒙古南部、宁夏南部、甘肃中部、青海东部、西藏东南部、新疆南部	该地区处于我国西北干旱地区，云量少，晴天多，日照时数全国最长
资源一般带	2200 ～ 3000	5016 ～ 5852	山东、河南、河北东南部、山西南部、新疆北部、吉林、辽宁、云南、陕西北部、甘肃东南部、广东南部	该地区晴天多，云量少，日照时间长》但是冬季严寒，气温低，辐射强度较弱

续 表

地区类型	年日照时数（h/a）	年辐射总量[MJ/(m²·a)]	包括的主要地区	主要地区特点
资源较差带	1400～2000	4180～5016	湖南、广西、浙江、湖北、福建北部、广东北部、陕西南部、安徽南部	该地区尽管纬度低，气温高，但由于受季风的影响，阴雨天气多，云量大，全年可利用的日照时数不多
资源最差带	1000～1400	3344～4180	四川大部分地区、贵州	该地区尽管纬度低，气温高，但由于受季风的影响，阴雨天气多，云量大，全年可利用的日照时数不多

综上所述，我国太阳能资源分布情况呈现西高东低的趋势，西部地势较高、干旱少雨、太阳辐射较强，东部地势平缓、冬季严寒、太阳辐射较弱。太阳能资源最丰富地区为青藏高原，

最贫乏地区为四川盆地，两者均处于北纬22°～35°。除西藏和新疆两个自治区外，太阳能资源基本上南部低于北部，南方多数地区多云雾、常下雨，北纬30°～40°地区太阳能分布情况与纬度变化规律相反。

（二）太阳能利用的基本方式

太阳能是新能源和可再生能源的一种，人类利用太阳能的历史悠久。太阳能利用的基本方式可以分为光热利用、太阳能发电、光化作用、光生物作用四大类。

建筑中的太阳能利用主要包括两个方面：一是太阳能热利用，二是太阳能光利用。

（1）太阳能热利用的主要包括太阳能热水器、被动式太阳能建筑、太阳能干燥器等。

（2）太阳光利用的主要内容包括光发电和自然采光。

太阳光发电系统是通过光电转换元件（太阳电池），把太阳能直接转化为电能。太阳能电池有硅、硫化镉（CdS）、砷化镓（GaAs）等几种材料。近年来，随着光电转换效率的提高，光电池成本正在逐步降低，在世界范围内广泛进行着利用光电PV板的太阳能建筑一体化设计实践。自然采光是太阳能光利用的

一个重要领域，随着建筑节能研究与应用的深入，充分有效地利用自然采光成为绿色照明工程的一项重要内容。

二、被动式太阳能利用技术

被动式太阳能利用是指不采用任何其他机械动力，直接通过辐射、对流和传导实现太阳能采暖或供冷，在这一个过程中，建筑本身就是系统的一个组成部件。被动式太阳能利用需要与建筑设计紧密结合，其技术手段依地区气候特点和建筑设计要求而不同，国内常见成熟的技术策略有被动式太阳能采暖和被动式太阳能通风降温。

被动式太阳能建筑设计要求在适应自然环境的同时尽可能地利用自然环境的潜能，因此在设计过程中需全面分析室外气象条件、建筑结构形式和相应的控制方法对利用效果的影响，同时综合考虑冬季采暖供热和夏季通风降温的可能，并协调两者的矛盾。例如，冬季采暖需要尽可能引入太阳辐射热，而夏季则必须遮挡太阳辐射，以降低室内冷负荷。

（一）被动式太阳能建筑设计步骤

一般而言，被动式太阳能建筑设计由以下几个步骤组成。

（1）掌握地区气候特点，明确应当控制的气候因素。

（2）研究控制每种气候因素的技术方法。

（3）结合建筑设计，提出被动式太阳能利用方案，并综合各种技术方案进行可行性分析。

（4）结合室外气候特点，确定全年运行条件下的整体控制和使用策略。

（二）被动式太阳能采暖设计

1. 被动式太阳能采暖设计基本原则

不管是直接得热式还是间接得热式，被动式太阳能采暖建筑设计要想获得成功，必须满足下列四项基本原则。

（1）建筑外围护结构需要很好的保温。

（2）南向设有足够大的集热表面。

（3）室内尽可能布置较多的储热体。

（4）主要采暖房间紧靠集热表面和储热体布置，而将次要的、非采暖房间围在它们的北面和东西两侧。

2. 被动式太阳能采暖设计技术要求

（1）采用被动系统的太阳能建筑，室温会有波动。由于这种波动，可使构件能交替地储藏、释放能量。良好的建筑设计中，窗户面积与地板面积以及储热构件的面积应具有正确的比率，使室温变动的范围可保持在 6 ～ 8° C 之内。这种比率取决于建筑形式、隔热程度及其他因素。晚上则需用隔热窗帘或窗盖板覆盖窗户以减少热损失。

（2）对于居住建筑，南面装玻璃的总面积与地板总面积之比应在 20% ～ 30%，墙、地板以及其他热工构件的表面至少应 5 倍于南面玻璃。这些玻璃有一些用扩散型的则更好，可以使进入的阳光尽可能大地分布到墙、楼板或其他构件表面上去。

（3）被动式太阳能采暖设计各种可能的技术线路如图 11-1 所示。

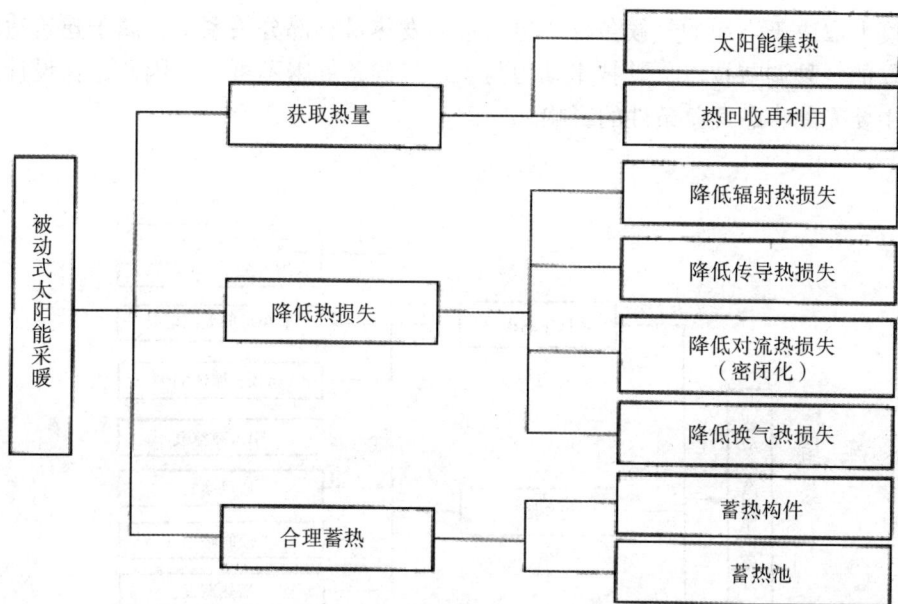

图 11-1　被动式太阳能采暖设计技术路线

（4）为避免夏季直射阳光引起室内过热，可利用阳台或挑檐等作为遮阳构件。

（5）采用了特朗伯墙的房屋中其他墙体并不都要用储热墙，但必须像直接得热系统那样严加隔热。

（三）被动式太阳能通风降温设计

被动式太阳能通风降温设计主要包括通风构件热工性能优化和建筑整体设计优化两部分。

通风构件热工性能优化指的是在设计过程中通过分析各种热压通风设备的结构特性参数，包括绝热材料及蓄热墙厚度、倾角、长度等，对设备通风量的影响，来优化建筑设计。

被动式太阳能通风降温设计各种可能的技术路线如图 11-2 所示。

根据国内外的研究成果，人们发现太阳烟囱（SC）、太阳屋顶集热器（RSC）、特隆布墙（TW）、改良特隆布墙（MTW）、带金属板的特隆布墙（MSW）等均会对太阳能利用、建筑通风及室内热环境有所影响，必须在设计中加以详细的研究优化。

需要注意的是，被动式太阳能通风降温技术对房间热环境的调节效果很大程度上取决于当地的气候条件（也与室内发热量有部分关系），属于建筑适应气候的一种调节技术，其技术动力与当地气候条件密不可分。因此，在设计过程中要充分考虑气象条件的影响。

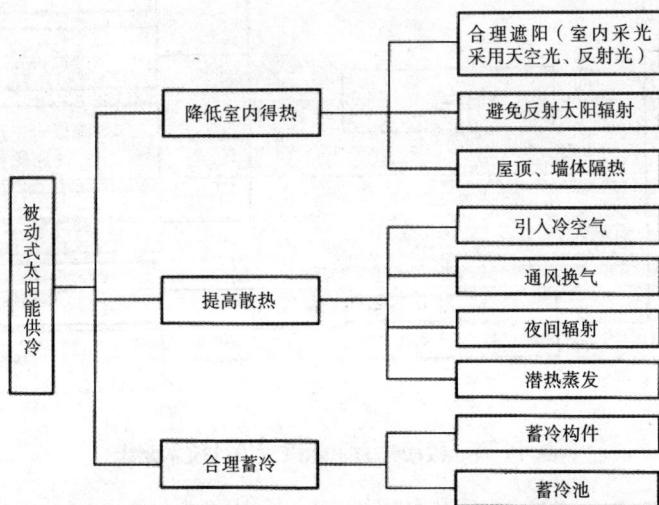

图 11-2　被动式太阳能通风降温设计技术路线

三、主动式太阳能利用技术

（一）太阳能热水系统

太阳能热水系统设计

（1）一般规定。

①太阳能热水系统应根据建筑物的使用功能、地理位置、气候条件和安装条件等综合因素，选择其类型、色泽和安装位置，并应与建筑物整体及周围环境相协调。

②太阳能集热器的规格宜与建筑模数相协调。

③安装在建筑屋面、阳台、墙面和其他部位的太阳能集热器、支架及连接管线应与建筑功能和建筑造型一并设计。

④太阳能热水系统应满足安全、适用、经济、美观的要求，并应便于安装、清洁、维护和局部更换。

（2）系统分类与选择。太阳能热水系统分类可按表11-2进行。

表11-2　太阳能热水系统分类

分类方法	系统分类
按供热水范围分	太阳能热水系统按供热水范围可分为下列三种系统：
	（1）集中供热水系统；
	（2）集中—分散供热水系统；
	（3）分散供热水系统
按系统运行方式分	（4）自然循环系统；
	（5）强制循环系统 $
	（6）直流式系统
按生活热水与集热器内传热工质的关系分	（7）直接系统；
	（8）间接系统

（3）技术要求。

①太阳能热水系统的热性能应满足相关太阳能产品国家现行标准和设计的要求，系统中集热器、贮水箱、支架等主要部件的正常使用寿命不应少于10年。

②太阳能热水系统应安全可靠，内置加热系统必须带有保证使用安全的装置，并根据不同地区应采取防冻、防结露、防过热、防雷、抗雹、抗风、抗震等技术措施。

③辅助能源加热设备种类应根据建筑物使用特点、热水用量、能源供应、维护管理及卫生防菌等因素选择，并应符合现行国家标准《建筑给水排水设计规范》（KGB 50015—2017）的有关规定。

④系统供水水温、水压和水质应符合现行国家标准《建筑给水排水设计规范》（GB 50015－2017）的有关规定。

⑤太阳能热水系统应符合下列要求：

a.集中供热水系统宜设置热水回水管道，热水供应系统应保证干管和立管中的热水循环。

b.集中—分散供热水系统应设置热水回水管道，热水供应系统应保证干管、立管和支管中的热水循环。

c.分散供热水系统可根据用户的具体要求设置热水回水管道。

（二）主动式太阳房

太阳能暖房（简称太阳房）可分为两大类，一种是主动式，另一种是被动式。主动式是用集热器、蓄热器、管道、风机及泵等设备来收集、蓄存及输配太阳能的系统，系统的各部分均可控制而达到需要的室温。主动式太阳房按使用热媒种类不同，可分为空气式和热水式。

下面主要介绍空气式主动太阳房和热水式主动太阳房。

1.空气式主动太阳房

集热器环路内循环的流体是空气则为空气式，是水则为热水式。与热水式相比，空气式系统的优点是无须防冻措施，腐蚀问题不严重，系统没有过热气化的危险；其缺点是所需用管道投资大，风机电力消耗大，蓄热体积大以及不易和吸收式制冷机配合使用。

图11-3为某空气式太阳房。集热器环路内循环的流体是空气，用太阳能集热器来加热空气，有两组空气集热器串联连接，第一组有一层玻璃，第二组有两层玻璃。集热器相对于平屋顶的角度为45°。蓄热介质为卵石，装在两根圆柱形管内。在一根蓄热管中有一根导管自上而下地穿过，以作为屋顶上的集热器组与地下室设备之间的通道。生活用热水通过空气—水热交换器由太阳能预热，所需的其余热能由常规的烧燃料的加热器提供。该系统的辅助热源是烧天然气的炉子。

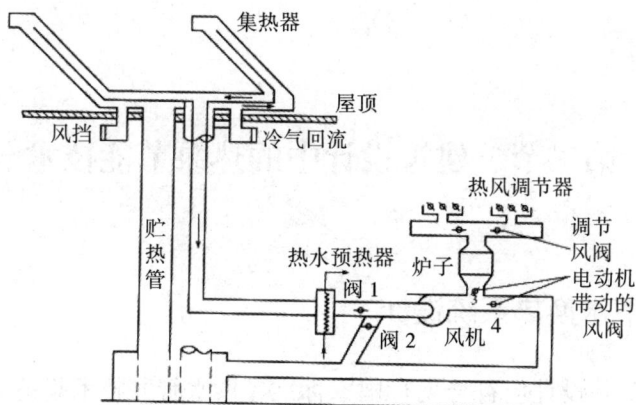

图 11-3 空气式主动太阳房

2. 热水式主动太阳房

图 6-4 为某主动太阳房的热水供热系统。该系统的集热器为平板式太阳能集热器，集热管采用铜管。系统配有辅助热源和辅助水箱。不用集热器系统时，可将水卸至膨胀水箱内。供热房间采用热风供热，热量靠一个水－空气式换热器传给室内空气。室内装有温度传感器，当室内温度降低时，则由蓄热水箱供应热量，如果室内温度继续下降，即蓄热水箱的热量不能满足负荷的要求，电动调节阀就改变位置，使热水从辅助水箱供给散热器。该系统也可供应生活用热水，它使自来水以串联方式通过蓄热箱中的加热盘管及辅助水箱中的另一加热盘管而变为热水。该热水和自来水混合以得到所需的温度为 60℃ 的水。

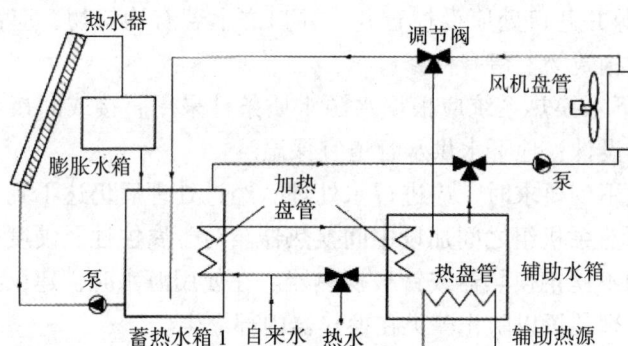

图 11-4 主动太阳房的热水供热系统

第二节　建筑设计中的热泵节能技术

一、地下水换热系统设计

（1）热源井设计应符合现行国家标准《供水管井技术规范 KGB 50296—1999）的相关规定，并应包括下列内容：

①热源井抽水量和回灌量、水温和水质。

②热源井数量、井位分布及取水层位。

③井管配置及管材选用，抽灌设备选择。

④井身结构、填烁位置、滤料规格及止水材料。

⑤抽水试验和回灌试验要求及措施。

⑥井口装置及附属设施。

（2）热源井设计时应采取减少空气侵入的措施。

（3）抽水井与回灌井宜能相互转换，其间应设排气装置。抽水管和回灌管上均应设置水样采集口及监测口。热源井数目应满足持续出水量和完全回灌的需求。

（4）热源井位的设置应避开有污染的地面或地层。

（5）热源井井口应严格封闭，井内装置应使用对地下水无污染的材料。

（6）热源井井口处应设检查井。井口之上若有构筑物，应留有检修用的足够高度或在构筑物上留有检修口。

（7）地下水换热系统应根据水源水质条件采用直接或间接系统；水系统宜采用变流量设计；地下水供水管道宜保温。

当水质达不到要求时，应进行水处理。经过处理后仍达不到规定时，应在地下水与水源热泵机组之间加设中间换热器。对于腐蚀性及硬度高的水源，应设置抗腐蚀的不锈钢换热器或钛板换热器。在使用海水时，建议在进入换热器前增加氯气处理装置以防止藻类在换热器内部滋生。

当水温不能满足水源热泵机组使用要求时，可通过混水或设置中间换热器进行调节，以满足机组对温度的要求。

变流量系统设计可降低地下水换热系统的运行费用，且进入地源热泵系统的地下水水量越少，对地下水环境的影响也越小。

二、地表水换热系统设计

开式地表水换热系统取水口应远离回水口，并宜位于回水口上游。取水口应设置污物过渡装置。

闭式地表水换热系统宜为同程系统。每个环路集管内的换热环路数宜相同，且宜并联连接；环路集管布置应与水体形状相适应，供、回水管应分开布置。

地表水换热盘管应牢固安装在水体底部，地表水的最低水位与换热盘管距离不应小于1.5m。换热盘管设置处水体的静压应在换热盘管的承压范围内。

地表水换热系统可采用开式或闭式两种形式，水系统宜采用变流量设计。

地表水换热盘管管材与传热介质应符合上述"一、"中的规定。

当地表水体为海水时，与海水接触的所有设备、部件及管道应具有防腐、防生物附着的能力；与海水连通的所有设备、部件及管道应具有过滤、清理的功能。

三、建筑物内系统设计

（1）建筑物内系统的设计应符合现行国家标准《采暖通风与空气调节设计规范》（KGB 50019—2016）的规定。其中，涉及生活热水或其他热水供应部分，应符合现行国家标准《建筑给水排水设计规范》（GB 50015—2017）的规定。

（2）水源热泵机组性能应符合现行国家标准的相关规定，且应满足地源热泵系统运行参数的要求。

水源热泵机组正常工作的冷（热）源温度范围：

水环热泵系统 20～40℃（制冷）15～30℃（制热）

地下水热泵系统 10～25℃（制冷）10～25℃（制热）

地埋管热泵系统 10～45℃（制冷）-5～25℃（制热）

（3）水源热泵机组应具备能量调节功能，且其蒸发器出口应设防冻保护装置。

（4）水源热泵机组及末端设备应按实际运行参数选型。

（5）建筑物内系统应根据建筑的特点及使用功能确定水源热泵机组的设

置方式及末端空调系统形式。

（6）在水源热泵机组外进行冷、热转换的地源热泵系统应在水系统上设冬、夏季节的功能转换阀门，并在转换阀门上做出明显标识。地下水或地表水直接流经水源热泵机组的系统应在水系统上预留机组清洗用旁通管。

（7）地源热泵系统在具备供热、供冷功能的同时，宜优先采用地源热泵系统提供（或预热）生活热水，不足部分由其他方式解决。水源热泵系统提供生活热水时，应采用换热设备间接供给。

（8）建筑物内系统设计时，应通过技术经济比较后，增设辅助热源、蓄热（冷）装置或其他节能设施。

第三节　建筑设计中的风能利用技术

风是自然界由大气压力差所引起的大气水平方向的运动。地表增温不同是引起大气压

力差的主要原因，也是风的主要成因。可分为大气环流与地方风两大类。

由于照射在地球上的太阳辐射不匀，造成赤道和两极间的温差，由此引发的大气在赤道

和两极之间运动，叫作大气环流，控制大气环流的主要因素是地球表面状况和地球的自转与公转。地方风是由于地表水陆分布、地势起伏、地表覆盖等地方条件不同引起的，如水陆风、山谷风和林原风等，如图 11-5 所示。

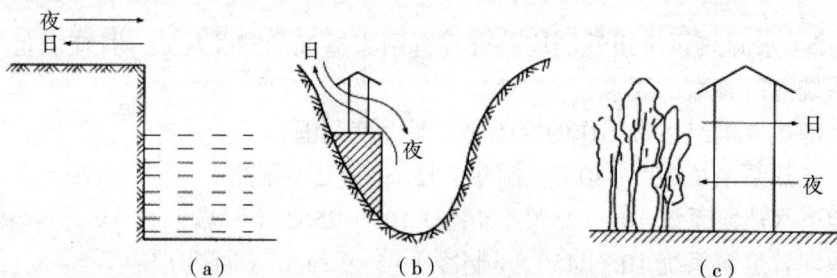

图 11-5　几种地方风

（a）水陆风；（b）山谷风；（c）林原风

风能是地球表面大量空气流动所产生的动能。由于地面各处受太阳辐照后气温变化不同和空气中水蒸汽的含量不同，因而引起各地气压的差异，在水平方向高压空气向低压地区流动，即形成风。风能资源决定于风能密度和可利用的风能年累积小时数。风能密度是单位迎风面积可获得的风的功率，与风速的三次方和空气密度成正比关系。据估算，全世界的风能总量约 1300 亿 kW，中国的风能总量约 16 亿 kW。

一、风能玫瑰图

风能玫瑰图（图 11-6）反映某地风能资源的特点，它是将各方位风向频率与相应风向的平均风速立方数的乘积，按一定比例尺做出线段，分别绘制在 16 个方位上，再将线段端点连接起来，根据风能玫瑰图可以看出哪个方向的风具有能量的优势。

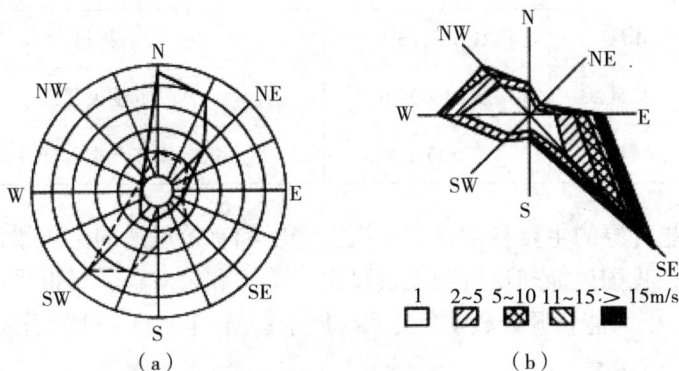

图 11-6　风能玫瑰图

（a）风向频率分布；（b）风速频率分布

风速用来表示风的强弱，气象学上将风分为 12 级，见表 11-3。

表 11-3　风速分级表

风级	风名	风速（m/s^2）	风速分级标准
0	无风	0.0 ~ 0.5	缕烟直上，树叶不动
1	软风	0.6 ~ 1.7	缕烟一边斜，有风的感觉

风级	风名	风速（m/s²）	风速分级标准
2	轻风	1.8 ~ 3.3	树叶沙沙作响，风感觉显著
3	微风	3.4 ~ 5.2	树叶及枝微动不息
4	和风	5.3 ~ 7.4	树叶、细枝动摇
5	清风	7.5 ~ 9.8	大枝摆动
6	强风	9.9 ~ 12.4	粗枝摇摆，电线呼呼作响
7	疾风	12.5 ~ 15.2	树干摇摆，大枝弯曲，迎风步艰
8	大风	15.3 ~ 18.2	大树摇摆，细枝折断
9	烈风	18.3 ~ 21.5	大枝折断，轻物移动
10	狂风	21.6 ~ 25.1	拔树
11	暴风	25.2 ~ 29.0	有重大损毁
12	飓风	>29.0	风后破坏严重，一片荒凉

表征风能资源的主要参数是有效风能密度和有效风速的全年累计小时数。据宏观分析，我国风能理论可开发量仅次于美国和俄罗斯，居世界第三。这两个主要指标，把风能资源分成4个类型：丰富区、较丰富区、可利用区和贫乏区，见表11-4。

表 11-4　中国风能分区占全国面积的百分比

地区类型	主要地区	年有效风能密度（N/m²）	年≥3m/s 累计小时数（h）	年≥6m/s 累计小时数（h）	占全国面积的百分比（%）
丰富区	东南沿海、台湾、海南岛西部和南海群岛西部和南海群岛，内蒙古西端、北部和阴山以东，松花江下游地区	>200	>5000	>2200	8

续 表

地区类型	主要地区	年有效风能密度（N/m²）	年≥3m/s累计小时数（h）	年≥6m/s累计小时数（h）	占全国面积的百分比（%）
较丰富区	东南部离海岸20～50km的地带，海南岛东部，渤海沿岸，东北平原，内蒙古南部，河西走廊，青藏高原	200～150、	5000～4000	2200～1500	18
可利用区	闽、粤离海岸50～100km的地带，大小兴安岭，辽河流域、苏北，长江及黄河下游，西湖沿岸等地	<150～50	<4000～2000	<1500～350	50
贫乏区	四川、甘南、陕西、贵州、湘西、岭南等地	<50	<2000	<350	25

二、风力的风级

风的强弱程度，通常用风力等级来表示，而风力的等级，可由地面或海面物体被风吹动的情形加以估计。目前，国际通用的风力估计，系以蒲福风级为标准。蒲福氏为英国海军上将，于 1805 年首创风力分级标准。先仅用于海上，后亦用于陆上，并屡经修订，乃成今日通用的风级。实际风速与蒲福风级的经验关系式为：

$$V = 0.836B^{\frac{2}{3}} \tag{6-4}$$

式中，B——蒲福风级数；

V——风速（m/s）。

一般而言，风力发电机组起动风速为 2.5m/s，脸上感觉有风且树叶摇动情况下，就已开始运转发电了，而当风速达 28～34m/s 时，风机将会自动侦测停止运转，以降低对受体本身的伤害。

三、风能利用形式

（一）风力发电

风力发电是目前使用最多的形式，人们用风车把风的动能转化为旋转的动作去推动发电机，以产生电力，方法是透过传动轴，将转子（由以空气动力推动的扇叶组成）的旋转动力传送至发电机。到 2008 年为止，全世界以风力产生的电力约有 9410 万 kW，供应的电力已超过全世界用量的 1%。风能虽然对大多数国家而言还不是主要的能源，但在 1999 年到 2005 年之间已经成长了四倍以上。

现代利用涡轮叶片将气流的机械能转为电能而成为发电机。在中国古代则利用风车将收集到的机械能用来磨碎谷物或抽水。

（二）风力提水

我国适合风力提水的区域辽阔，提水设备的制造和应用技术也非常成熟。我国东南沿海、内蒙古、青海、甘肃和新疆北部等地区，风能资源丰富，地表水源也丰富，是我国可发展风力提水的较好区域。风力提水可用于农田灌溉、海水制盐、水产养殖、滩涂改造、人畜饮水及草场改良等，具有较好的经济、生态与社会效益，发展潜力巨大。

（三）风力致热

风力致热与风力发电、风力提水相比，具有能量转换效率高等特点。由机械能转变为电能时不可避免地要产生损失，而由机械能转变为热能时，理论上可以达到 100% 的效率。

第十二章 绿色建筑改造技术典型案例

第一节　北方城镇供热节能案例

一、项目概况

进行改造的建筑物为北京市朝阳区惠新西街 12 号楼，该建筑共 18 层，总建筑面积约 11000m²，计 144 户。该楼建于 1988 年，为内浇外挂预制大板结构，围护结构传热系数实测结果如表 12-1 所示。现场勘查发现，经过 20 年的使用后，该楼虽经几次维修，但外墙一些部位已出现渗漏、破损现象，导致部分墙体结露发霉，冬季室内温度低。红外热成像仪检测结果显示，结露发霉处外墙内表面温度在 9℃ 左右，较相邻外墙内表面温度低 2～3℃。这些部位外墙存在热工缺陷，严重影响外墙保温效果，不少住户反映冬天室内温度低，需通过加开电暖器和穿棉衣来解决热舒适度差的问题。

经现场实测围护结构传热系数数据（表 12-1），计算得到 12 号楼建筑耗热量指标为 25.9W/m²，高于北京市节能标准值 30%。

表 12-1　现场实测围护结构传热系数

围护结构部位	组成	传热系数 [W/（m²·K）]
外墙	280mm 厚陶粒混凝土	2.04
屋面	250mm 厚加气混凝土	1.26

二、改造方案

拟通过围护结构改造，保证该建筑物达到北京市 65% 节能设计标准要求，降低建筑需热量。同时，为最大化地取得节能效果，同步进行了包括安装散热器恒温阀在内的采暖系统改造。

（一）外墙保温改造

（1）如图 12-1 所示，外墙保温采用粘贴膨胀聚苯板薄抹灰涂料饰面做法，聚苯板厚度为 100mm。考虑到外保温系统的防火安全，窗口增设防火隔离带；窗井部分也进行了外墙外保温处理。

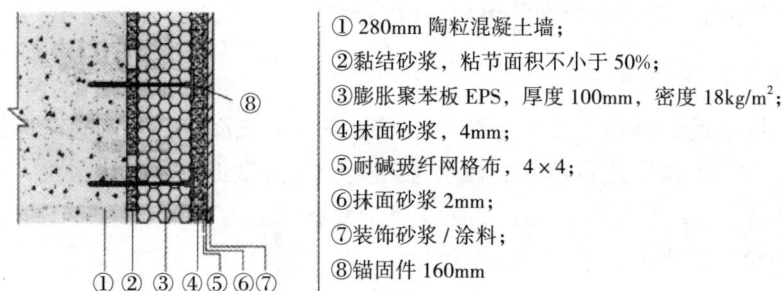

① 280mm 陶粒混凝土墙；
②黏结砂浆，粘节面积不小于 50%；
③膨胀聚苯板 EPS，厚度 100mm，密度 18kg/m²；
④抹面砂浆，4mm；
⑤耐碱玻纤网格布，4×4；
⑥抹面砂浆 2mm；
⑦装饰砂浆 / 涂料；
⑧锚固件 160mm

图 12-1 外墙外保温构造

（2）地下一层外墙采用内保温做法，保温浆料厚度为 50mm。

（二）外门窗

（1）更换全楼外窗，以符合现行节能标准要求。户内外窗选用断热铝合金型材内平开窗，公共走廊外窗选用同系列旋开窗。

（2）外门窗洞口上沿采用岩棉板，设置 200mm 高防火隔离带，宽度超出窗两侧 300mm。窗台构造满足防水、防渗、保温要求，加设金属挡水板（两侧带翻边）。

（3）首层、二层安装防盗网，位置在结构窗洞内，三层以上不安装。

（4）更换防火门。

（三）屋面

（1）屋面在原保温、防水构造的基础上，增设 60mm 挤塑板上加铺防水层一道（如图 12-2 所示）。

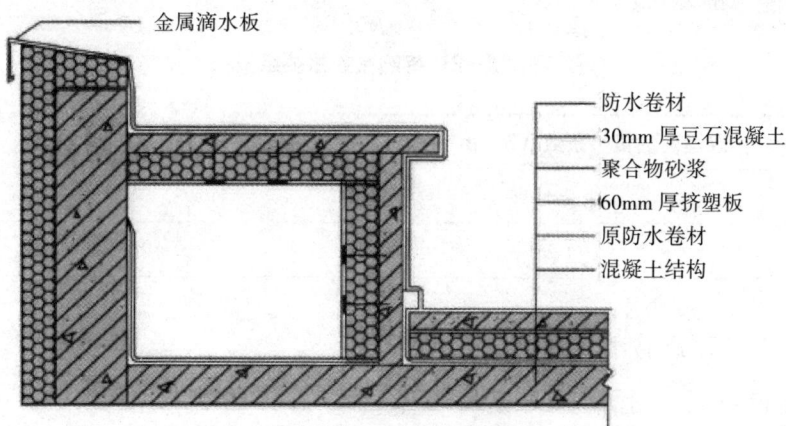

金属滴水板

防水卷材
30mm 厚豆石混凝土
聚合物砂浆
60mm 厚挤塑板
原防水卷材
混凝土结构

图 12-2 屋面保温构造图

（2）屋面设备暖沟及女儿墙均做保温改造。

（四）新风系统

由于更换后的外窗气密性好，为了保证室内空气品质，本次在既有居住建筑节能改造中首次采用有组织通风。通过安装在浴室卫生间的排风机，经排风道向室外排风，产生室内负压；从而使得室外新风通过安装在外墙上的进风口，经隔尘降噪处理后进入室内。

三、改造效果

（一）建筑外围护结构的热工检测

1. 红外热成像仪检测

采用红外热成像仪对建筑物外围护结构进行检测，结果显示：各层外墙外表面温度较均匀，外墙外表面温度略高于室外温度，表明外墙外保温效果较好；外墙内表面温度在 20℃左右，比室温低 2 ~ 4℃，且明显高于室外温度（当时室外气温为零下 3℃），节能改造前，部分住户的外墙内表面温度为 7 ~ 9℃。上述结果表明各层外墙外保温性能较一致，且外墙保温效果显著。改造后的外窗外表面温度明显低于改造前的外窗外表面温度，因此建筑物外窗的保温性能也得到明显改善。

2. 传热系数测试

采用热流计法检测外墙和屋面传热系数，表 12-2 为节能改造前后的检测结果。从表中可以看出，改造后外墙和屋面传热系数大幅降低，满足北京市65% 节能标准要求。

表 12-2　传热系数检测结果

	改造前的传热系数 [W/（m² · K）]	改造后的传热系数 [W/（m² · K）]
外墙	2.04	0.39
屋面	1.26	0.41

（二）建筑物气密性测试

表 12-3 是进行了节能改造后的 12 号楼与同一小区内未经改造的 4 号楼 6个典型用户气密性测试结果。从表中可以看出：在 10Pa 压力作用下，改造后

的 12 号楼平均换气次数为 1.01 次 / 小时，而未经改造的 4 号楼平均换气次数为 3.25 次 / 小时，相差 3 倍，建筑物气密性得到明显改善。

（三）节能效果测试

表 12-3 是改造后的 12 号楼与未改造的 4、6、10 号楼采暖能耗测试结果。可以看出，在室温明显高于其他楼栋的情况下，12 号楼仍节能 34.55%，节能效果明显。若能进一步有效改善室内调节，降低室内温度，可进一步降低 12 号楼的采暖能耗。

表 12-3　12 号楼与未经改造 4、6、10 号楼单位采暖面积能耗比较

楼号	采暖面积(m^2)	室内温度(℃)	采暖能耗 （ kWh/a ）	单位面积能耗 （ kWh/ ($m^2 \cdot a$)	节能率
12	10179.94	23.00	547104	53.74	34.55%
10	8967.87	21.32	731974	81.62	—
6	8967.87	19.47	737256	82.21	—
4	8967.87	20.29	740036	82.52	—

（四）室内热舒适度测试

表 12-4 为 12 号楼的室内热舒适度测试结果。一般来说，舒适度 *PMV* 值在 −0.5 ～ +0.5 之间为较舒适区域。热舒适度值小于 −0.5 时，室内偏凉，热舒适度值大于 +0.5 时，室内偏热。从测试结果看，12 号楼的室内温度偏高。

表 12-4　室内热舒适度测试结果

测试日期	室内热舒适度测试平均值（ *PMV* ）
2008 年 1 月 22 日	0.63
2009 年 3 月 5 日	0.53

（五）住户节能行为调查

项目组在 2008—2009 年采暖季对住户开窗情况和住户温控阀使用情况进行了调查。调查结果统计如下。

1. 住户开窗调查

选取初寒、严寒和末寒期的一天，每小时记录一次住户开窗情况。调查结果表明，虽然安装了新风系统，但是由于室温偏高，住户还是习惯于开窗通风，且南向阳面开窗数量居多。

2. 温控阀使用情况调查

入户调查 116 户，结果表明，虽然相对于设计标准室内温度达到 23.8℃，属于偏热，绝大多数住户仍表示满意，而且即使对住户反复进行了温控装置的使用培训，但多数住户仍不习惯使用温控阀来调节温度。因此应采取方便操作、更有效的末端调节措施，同时落实收费体制改革，才能真正改变居民的用能行为。

第二节　农村住宅建筑节能案例

一、项目概述

（一）地理位置与气候特征

该项目建于黑龙江省大庆市林甸县胜利村。林甸县位于黑龙江省中西部，东经 124°18′ ～ 125°21′、北纬 46°44′ ～ 47°29′ 之间，西与世界著名的丹顶鹤之乡扎龙自然保护区毗邻，县境内西北部 315 万亩的天然湿地是世界八大湿地保护区之一。该地区冬季室外平均风速为 3.5m/s，冬季主导风向为西北风，最冷月平均温度 –19.9℃，最低温度 –38.1℃，采暖期室外平均温度 –10.4℃，平均相对湿度 64%，年采暖天数 182 天，度日数 5112℃·d，最大冻土深度 205cm。该地区冬季气候严寒漫长，夏季凉爽短促。

（二）当地住宅现状

该地区住宅多为传统的 49cm、37cm 砖房，还有一部分为生土建筑，近几年的新建住宅除平面布局、外装修有所更新外，外墙仍采用传统的 49cm 砖墙，窗为双层木窗或单层双玻塑钢窗，门为铁皮包木门或普通木门，围护结构基本保持现状。围护结构的结露及结冰霜程度很严重，在建筑四角处，由于冬季长期结露，墙体内表面发霉、长毛，严重影响了室内的使用和美观。室内冬季居住质量较差，未达到舒适与节能的要求。

（三）住宅设计策略

北方严寒地区农村经济发展水平较低，住宅建设相对滞后，缺乏配套的基础设施，多数地区的住宅施工仍停留在亲帮亲、邻帮邻的传统的手工状态，缺少专业施工队伍。对于偏远地区，由于道路交通不发达，更加阻碍了住宅建设的发展。因此应根据当地的施工技术、运输条件、建材资源等来确定建筑方案与技术措施，尽可能做到因地制宜，就地取材，采用本土技术，降低建造费用。

二、节能技术

（一）空间布局技术

1. 合理设计住宅入口

住宅入口是建筑的主要开口之一，是使用频率最高的部位。严寒地区的冬季，入口是农村住宅的唯一开口部位，也是控制冷风渗透热损失的主要部位。入口的设计避开了当地冬季的主导风向——西北，并加设门斗，避免冷风直接吹入室内造成热量损失。同时，门斗还形成了具有很好保温功能的过渡空间，如图 12-3 所示。

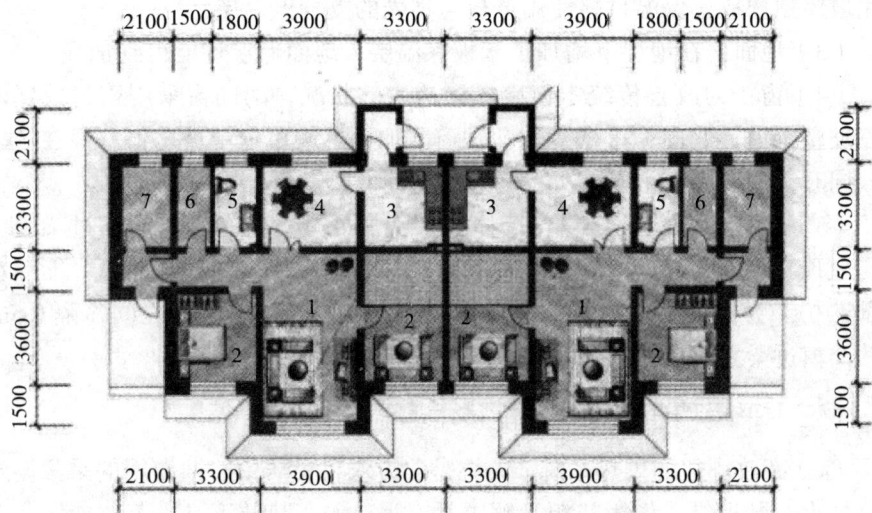

图12-3　北方生态草板房平面图

1 —客厅；2—卧室；3—厨房；4 一餐厅；5—卫生间；6—锅炉间；7—仓房

2. 热环境的合理分区

在满足功能的前提下，改变传统民居一明两暗的单进深布局，采取双进深平面布置，将厨房、储藏等辅助用房布置在北向，构成防寒空间，卧室、起居等主要用房布置在阳光充足的南向。

3. 减少建筑散热面

体形系数是影响建筑能耗的重要因素，它的物理意义是单位建筑体积占有外表面积（散热面）的多少。北方严寒地区农宅通常是以户为单位的单层独立式住宅，以目前几种典型户型（建筑面积 60~120m² ）为例，其体形系数分布范围在 0.7 ～ 0.88 之间，超出城市多层住宅一倍以上。由于体形系数越大，单位建筑空间的热散失面积越大，能耗越高，不利于农宅节能。因此，在与当地农民协商后，加大了农宅进深，并采用两户毗连布置方式，使体形系数降至0.63。

（二）围护结构构造技术

北方农村住宅户均外围护结构面积大，因此，提高住宅围护结构的保温隔热性能是农宅设计的重要方面。在设计过程中采取了以下技术措施：

（1）墙体：采用草板保温复合墙体替代传统的单一材料墙。为保证墙体的耐久性与适用性，墙体内侧采用了 120mm 红砖作为保护层。

（2）屋顶：考虑到适用经济性、施工的可行性以及当地传统构造做法，采用坡屋顶构造，保温材料使用草板与稻壳的复合保温层。

（3）地面：在地层下增加了苯板保温层，地面保温性能得到加强。

（4）窗：为改善传统木窗冷风渗透大的状况，南向窗采用密封较好的单框三玻塑钢窗，北向为单框双玻塑钢窗附加可拆卸单框单玻木窗，只在冬季安装。同时，加设厚窗帘以减少夜间通过窗的散热。

（5）合理切断热桥：复合墙体如果不加处理，将在墙体门窗过梁处、外墙与屋顶交界处、外墙与地面交界处形成热桥。采用聚苯板切断了可能存在的全部热桥。为保证结构的整体性与稳定性，在内外两层砌体之间每隔 0.5m 处及两个窗过梁之间设 φ 6 的拉接筋。

（三）采暖和通风系统节能技术措施

（1）高效舒适的供热系统。火炕是北方农村民居中普遍使用的采暖设施，"一把火"既提供了做饭热源又解决了取暖热源，热效率高，节省能源。经测试，虽然室外达到零下 301 的气温，炕面仍可以保持 30T 以上的温度，并在其周围形成一个舒适的微气候空间。长期实践证明，火炕对于人体是非常有益的，因此保留了北方民居中的传统采暖方式——火炕（图 12-4）。

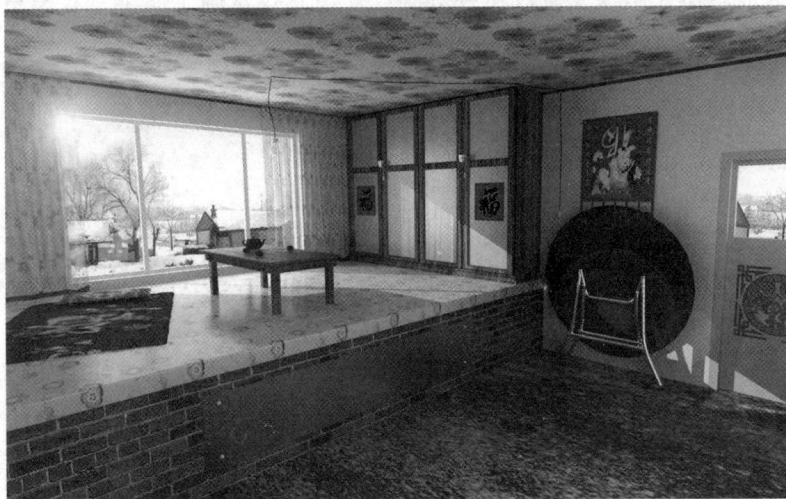

图 12-4 火炕

（2）门斗是室内外的过渡空间，在冬季，门斗内新鲜空气充足，且温度明显高于室外，因此为避免过冷空气进入室内，将取气口设在门斗内，通过埋入地层的三条管线分别进入厨房与卧室，为室内补充必需的氧气，如图 24-4 所示。其中，进入卧室的两条管线布置于炉灶附近，使冷空气被预热后再输送到卧室，减少房间采暖负荷。设置于进气口的可调节阀门可以控制进风量。

（四）可再生能源利用技术

1. 充分利用太阳能

该地区具有丰富的太阳能资源，且住宅无遮挡，太阳能利用具有得天独厚的条件。考虑到当地技术条件与农民的经济状况，优先采用了经济有效的被动式太阳能利用方案，即：增加南向卧室窗的尺寸，同时起居室的外墙采用大玻璃窗构成阳光间。此方案在实际使用中得到了很好的效果。尽管房间进深很大，在寒冷的冬天，阳光仍充满室内各个角落。住宅景观与室内舒适性较传统民居有明显提高，深受农民的欢迎。同时为减少阳光间夜间散热，在起居室加设了玻璃隔断及保温窗帘，有效地解决了阳光间夜间保温问题。

2. 开发当地绿色建材

北方广大农村多数盛产稻草，草板与稻壳是一种非常理想的生态、可再生的绿色保温材料。它具有就地取材、资源丰富可再生、节省运输、加工能耗与费用低等优势，因此，本项目采用了草板和稻壳作为生态草板房围护结构的保温材料。同时研发了一系列相关技术（如加设空气层、透气孔及防虫添加剂等），以防止草板、稻壳出现受潮和虫蛀等问题。该套技术施工简单，农民易操作，经实践检验效果很好，在该地区得到了大量推广。

三、节能测试和评估

（一）测试分析

对生态草板房进行室内热环境测试，测试期间的室内外温度如图12-5所示。

因为生态草板房竣工时已接近年底，农户并未使用全部房间。但对于使用中的西卧室，依靠炕连灶系统，利用每天三次的炊事余热，也能够使得室内温度达到10℃以上。此外，草板房保温性能良好，维持相同室内热环境所需的采暖能耗明显低于当地的传统民居。平均每户每年仅消耗1～2t秸秆即可满足炊事和采暖需求，由于该地区秸秆量充足，农户的炊事采暖能耗费用基本为零。

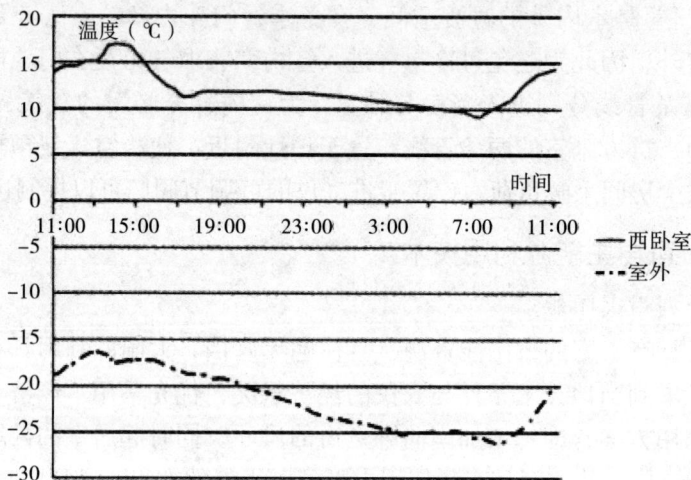

图12-5　温度逐时变化曲线

注：西我是采暖依靠做饭余热加热火炕的方式

（二）使用反馈

1.使用舒适性评价

住宅设计突破传统民居的束缚，符合现代农民的生活特点与要求。阳光间的设置深受农民欢迎；门斗的设置避免了困扰寒地农村农民已久的"摔门"现象，减少了冷风渗透；通风技术简单适用，使节能住宅在门窗紧闭的冬季也能保持室内空气新鲜。做饭时炉灶不再出现"倒烟"现象，外围护结构没有出现结露、结冰霜等现象。总之，住宅从使用上、机理上以及视觉上都较传统住宅有明显改善，居住舒适度大大提高，尤其是冬季室内热环境得到了很大的改善。

2. 可操作性评价

建筑材料就地取材，技术上简单易行，施工方法易被当地农民接受。

3. 社会价值评价

改进后的住宅设计提高了居住舒适度，减少了商品能源的使用和 CO_2 排放。由于所选用的保温材料是农作物废弃物，属于可再生绿色材料，既减少了加工运输保温材料所带来的能耗和污染，也减少了每年春季烧稻草所带来的大气污染，有利于严寒地区农村人居生态环境改善与建筑的可持续发展。

第三节 公共建筑节能案例

深圳建科大楼位于深圳市福田区，现为深圳市建筑科学研究院有限公司办公大楼。该楼于 2009 年竣工，总建筑面积 18623m²，地上 12 层，地下 2 层。2009 年深圳建科大楼获得国家绿色建筑设计评价标识三星级，2011 年获得绿色建筑运行标识三星级，并获得住房城乡建设部绿色建筑创新综合一等奖。该建筑由于采用了大量本地化低成本节能技术，建安费仅为 4200 元 /m²。

在 2011—2013 年期间，清华大学对深圳建科大楼的建筑能耗与室内环境状况进行了长期深入的调研，发现该建筑能耗低于深圳市同类办公建筑能耗，人员对室内环境品质感到满意，是低成本、低能耗、同时室内环境品质能达到健康舒适要求的现代办公建筑。

一、深圳建科大楼的能耗现状

深圳建科大楼消耗的能源主要是电力，用于空调、照明、电梯、办公室设备等。另外每年还消耗 14000m³ 左右的天然气用于食堂的炊事。该建筑的电耗数据来自深圳建科院的能耗监测平台的逐月分项能耗数据，以及物业人员在部分配电箱的逐月手工抄表记录等。通过对电耗数据交互核对分析，保证数据准确性，以2011年11月至2012年10月的12个月电耗数据作为下文的分析基础。

2011年11月至2012年10月间总耗电量为1155722kWh，折合单位建筑面积电耗62.1kWh/（m²·a）。其中，太阳能光伏板产电66585kWh，实际市政购电量为1089137kWh。为了能够与深圳市同类办公建筑进行比较，在扣除了专家公寓、实验室展览区等功能区域及其电耗后，拆分得到办公区的单位建筑面积电耗为60.2kWh/（m²·a），消耗电网供电56kWh/（m²·a），见表12-5。

表12-5 按功能拆分能耗

区域	描述	面积（m²）	耗电量（kWh）	单位面积电耗（kWh/m²）
总数	包括光伏板板产电66585kWh（5.8%）	18623	1155722	62.1
功能区域	包括专家公寓、实验室展览区等	2955	212586	71.9
办公楼部分	剩下部分	15668	943136	60.2
花园		1542	—	—

那么是什么因素导致深圳建科大楼的能耗远低于同类建筑呢？

二、深圳建科大楼的节能设计特点

（一）建筑设计

深圳建科大楼地上12层，其中有10层是室内空间，总高45m，最大进深30m。功能以办公为主。楼内使用者有350～450人。该建筑的窗墙比是0.39，墙体的传热系数是0.69W/（m²·K），窗的传热系数是3.5W/（m²，K），遮阳系数是0.34。

该建筑低区五层楼有大中庭、展厅、实验室、报告厅、会议室；高区七～十层是办公室，其中第八和第十层的层高是7.2m，内部均有一个夹层；十一和十二层是专家公寓、员工活动区、食堂等。高低区之间有一个六层的空中花园，顶楼上有屋顶花园，利用太阳能光伏板和太阳能热水器遮阳。

该楼的建筑特点是敞开式的设计，充分结合华南地区夏热冬暖的气候特点，把建筑室内外空间与深圳建科大楼外观融为一体。首先低区的大中庭是一个通过大门与室外相连的半敞开高大空间。高区每层两个独立封闭区域之间由一个敞开式的平台相连，在这个敞开式平台上有供员工开小组讨论会的区域、提供饮用水和休息的茶水区、打印机区、楼层前台等功能区，还有公共走廊、电梯前室和楼梯。平台旁边上还有部分封闭的室内空间，包括卫生间、电梯、机房等。各楼层的办公室的外窗，均采用了可开启设计，供室内人员自由开启；外窗上还设有遮阳装置。外窗的内外侧均设有把太阳直射光反射到室内白色顶棚上以加强室内天然采光效果、同时避免窗际眩光的天然光反光板。

低区的五层有一个大层高的 300 座报告厅。该报告厅的一个显著特点是其外墙完全可以打开，在室外气温适宜的时候可以采用自然通风，而不需要开空调。报告厅的楼梯间也是完全敞开的。

（二）空调系统

该建筑根据不同功能区的负荷特点，采用了多种类型的空调系统，包括风机盘管系统、溶液除湿新风系统、多联机系统和分体机。为了降低冷冻水的输配能耗，冷水机组均做到小型分散化，每一个区域都有独立服务的小型水冷式冷水机组，冷却水系统是集中处理和供应。

该建筑的大部分空间使用风机盘管加新风系统，风机盘管内用的是 16℃ 的高温冷水，只处理室内显热负荷，湿负荷由溶液除湿新风机组承担，室内人员可以独立设定室内温度控制值。大报告厅配备有独立的冷水机组及新风处理机组；位于地下的实验室及一些功能区域（IT 机房、控制室等）均配备有单独的空调系统。位于十一层的专家公寓等空间所配备的是分体式空调器，以适应这些区域使用时间不固定的特点。

三、深圳建科大楼的节能运行情况

由于该建筑有很大面积的功能区如小组会议区、茶水休息间、打印机室、走廊、楼梯间等设计为敞开或半敞开空间，这些区域均不需要设置空调，而且在大部分使用期间均不需要人工照明，因此大大减少了用能的建筑面积。

该建筑的集中空调系统运行时间是 5 ～ 10 月中旬，共五个半月，其他月份只有非常少量的分体机或者多联机电耗。而深圳市同类办公楼的集中空调系统运行时间基本为 10 个月。因此，深圳建科大楼的集中空调系统的运行时间远远短于当地其他同类建筑。

在空调季，规定的集中空调系统运行时间为工作日的早 8：30～晚 6：00，在非规定时间外需提交申请才能开启冷水机组。由物业提供的实际运行记录可知，在非规定时间段通过提交申请开启机组的情况非常少见。加班期间一般利用自然通风和电风扇来满足热舒适需求。

尽管该建筑的空调和冷热源系统考虑到降低输配能耗和适应负荷变化的独立功能，但实际上在测试期间发现，系统并没有得到很好的调试，很多机组的运行都不在最佳工况点，机组的 COP 偏低。因此，该建筑整体空调系统能耗低不能归因于空调与冷热源设备的高效运行。

在非空调季，办公区域人员主要依靠开窗和使用电风扇来保证室内环境的舒适性。空调季室外很热的时候依然有人开窗，在非空调季，也有很多人不开窗、不使用电风扇。可以看出个体热环境需求和个体环境调节需求的差异性。

在五层的报告厅，尽管是在满员使用情况下，室外温度为 25℃左右就不再开空调，而是全部打开外墙采用自然通风。高区办公室的户外平台利用率很高，即便是在空调季节，室内人员也更愿意使用户外平台开小组会、讨论工作，而不是选择有空调的会议室。

办公区域内电灯均由室内人员控制，可直接反映人员的采光需求。通过对十层办公室内人员在 2012 年 4 月份某一周的用灯记录就可以看出室内人员对人工照明的需求情况，同时反映该建筑办公区域的天然采光设计的实际节能效果。这一周 5 天工作日内有两天为不下雨的阴天、3 天为大雨天。举个例子来说，我们观察十层办公室一周的开灯情况，发现尽管一周阴雨天，但天然光条件相对比较好的时候，室内天然采光仍可满足人员需求，室内人员开灯比率低或者不开灯；即便在大雨天，靠窗区域人员仍无须开灯，但内部区域需开启适量电灯以满足人员需求。

照明占办公区电耗的比例较小；插座电耗在工作日比较稳定，但照明电耗有较大的变化，说明照明电耗主要受员工主动调节的影响。

参考文献

[1] 郎铁柱. 低碳经济与可持续发展 [M]. 天津：天津大学出版社，2015.

[2] 罗清海. 建筑节能与可持续发展 [M]. 北京：中国电力出版社，2013.

[3] 中建建筑承包公司. 中国绿色建筑/可持续发展建筑国际研讨会论文集 [M]. 北京：中国建筑工业出版社，2001.

[4] 刘晨. 绿色建筑 [M]. 沈阳：辽宁科学技术出版社，2015.

[5] 饶戎. 绿色建筑 [M]. 北京：中国计划出版社，2008.

[6] 吴学娟，刘冰. 高层民用建筑改造工程电气设计的应对策略 [J]. 建筑电气，2020，39（03）：19-22.

[7] 郭辉. 建筑室内环境艺术设计的现状及其发展 [J]. 中外企业家，2020（10）：238.

[8] 栗佳乐. 浅析绿色装配式钢结构建筑 [J]. 江西建材，2020（02）：32+34.

[9] 杨晰尧，辛佳颖. 生态经济背景下室内环境设计方向与发展趋势研究 [J]. 营销界，2019（52）：161，175.

[10] 冯征宇. 浅析住宅小区的建筑电气设计及节能措施 [J]. 技术与市场，2020，27（03）：93-94.

[11] 罗金山，陈育民. 基于BIM技术的绿色建筑材料智慧化管理研究 [J]. 中国建材，2020（03）：133-135.

[12] 于国荣. 关于将绿色发展理念融入精致城市建设的探索与思考 [N]. 中国建材报，2020-03-06（003）.

[13] Gareth W. Young，Rob Kitchin. Creating design guidelines for building city dashboards from a user's perspectives[J]. International Journal of Human - Computer Studies，2020，140.

[14] Irfan Šljivo，Garazi Juez Uriagereka，Stefano Puri，Barbara Gallina. Guiding

assurance of architectural design patterns for critical applications[J]. Journal of Systems Architecture, 2020, 110.

[15] 张皓. 浅析阿恩海姆的空间理论及在建筑空间建构中的应用 [J]. 大众文艺, 2020 (07): 115-116.

[16] 赵德全. 医疗建筑供配电系统设计分析 [J]. 工程建设与设计, 2020 (07): 73-75, 78.

[17] 吉喆, 徐飞.BIM 技术在绿色公共建筑设计中的应用分析 [J]. 工程建设与设计, 2020 (07): 173-174, 177.

[18] Giuseppe Campione, Donato Carlea. Excessive Deflection in Long-Span Timber Beams of a Historical Building in the South of Italy: Analysis and Retrofitting Design[J]. Journal of Performance of Constructed Facilities, 2020, 34 (3).

[19] Adriano De Sortis, Fabrizio Vestroni. Seismic Retrofit of Low-Rise Reinforced-Concrete Buildings: A Modified Displacement-Based Design Procedure[J]. Journal of Architectural Engineering, 2020, 26 (2).

[20] 董美华, 王振, 付旭, 李文茹, 李茜, 张友恒, 刘晓立, 王庆勇. 基于绿色 BIM 理念的多层建筑节能设计分析 [J]. 土木建筑工程信息技术, 2020, 12 (01): 70-75.

[21] 陈思恒. 建筑暖通设计中新型节能设计理念的应用研究 [J]. 智能城市, 2020, 6 (06): 125-126.

[22] 李琛, 娄尚. 离网地区被动式建筑与分布式能源结合的适用性分析 [J]. 节能, 2020, 39 (03): 1-5.

[23] 卢聪, 黄能朗, 陈艳艳. 可持续发展理念与建筑设计课程教学的深度融合探索 [J]. 绿色环保建材, 2020 (02): 87.

[24] 史富文. 公共文化建筑 PPP 项目绩效评价指标体系研究 [J]. 合作经济与科技, 2020 (04): 128-131.

[25] 王春伟. 高层住宅建筑防火设计探究 [J]. 工程建设与设计, 2020 (03): 14-16.

[26] 付艳斌. 可持续发展理念下的建筑工程管理问题探究 [J]. 科技与创新, 2020(03): 112-113.

[27] 徐晟, 黄建淞. 绿色建筑施工与可持续发展的分析[J]. 工程技术研究, 2020,5(02): 15-16.

[28] 吴杰锋，刘倩贤.基于可持续发展观念的建筑室内设计 [J].居舍，2020（02）：106.

[29] 滕佳颖，许超，艾熙杰，杨涵，张连强.绿色建筑可持续发展的驱动结构建模及策略 [J].土木工程与管理学报，2019，36（06）：124-131+137.

[30] 丁俊杰.绿色建筑设计要点分析——以浙江三门县公安局工程为例 [J].上海建设科技，2019（06）：6-9.

[31] 万钧，侯惠荣.浅析我国老年人居住建筑设计现状及趋势 [J].中国医院建筑与装备，2019，20（12）：53-55.

[32] 周翔.医疗建筑中柴油发电机组设计探讨 [J].智能建筑电气技术，2019，13（06）：116-121.

[33] 徐莎莎.基于绿色可持续发展的装配式建筑节能减排分析 [J].住宅与房地产，2019（34）：41.

[34] 王浩.绿色建筑可持续发展及影响因素分析 [J].河南建材，2019（06）：215-216.

[35] 聂克.基于绿色经济理念下建筑经济可持续发展研究 [J].纳税，2019，13（33）：190，192.

[36] 魏正旸.试论可持续发展理念在旧工业建筑改造中的应用 [J].建筑与文化，2019（11）：29-30.

[37] 时冬敏.节能条件下的建筑设计要点与发展研究 [J].中国住宅设施，2017（12）：24-25.

[38] 沈婷.建筑设计中节能建筑设计的研究 [J].居舍，2017（36）：80.

[39] 唐怀坤，史一飞.数据中心装配式建筑开放式 BIM 应用工具集研究 [J].智能建筑与智慧城市，2020（03）：45-48.

[40] 土大伟.公共建筑围护体系节能设计研究—严寒地区 [D].北京建筑大学，2017.

[41] 范仁宽.现代办公建筑设计探讨 [J].低碳世界，2020，10（01）：109-110.

[42] 吕琳，刘晖，杨建辉.中国西部建筑类院校公园设计课程教学理念与实践 [J].风景园林，2019，26（S2）：29-34.

[43] 郭琦.现代建筑设计与古建筑设计的融合思考 [J].中国住宅设施，2019（12）：22-23，28.

[44] 刘佳，张雪.建筑节能设计标准变革和建筑物的节能设计 [J].中国标准化，2017（24）：85-86.

[45] 苏延雲，德勒尼玛. 电气节能技术与电力新能源的发展应用 [J]. 智能城市，2017，3（12）：155.

[46] 吴舒畅，闫晓 .EPS 保温板在建筑节能设计中的保温效果研究 [J]. 中国建筑装饰装修，2019（11）：96-97.

[47] 赵欢 . 住宅建筑给排水设计常见问题与解决对策研究 [J]. 中国住宅设施，2018（12）：88-89.

[48] 李萍，王龙 . 建筑工程施工中软土地基处理的相关研究 [J]. 工程建设与设计，2020（06）：152-153.

[49] 黄亚江，董颖，张子晨，商如斌 . 基于 BIM 技术的装配式建筑结构深化设计研究 [J]. 施工技术，2018，47（S4）：892-897.

[50] 杨修，黄翊婕 . 以低能耗为导向的夏热冬暖南区公共建筑节能设计策略研究 [J]. 绿色科技，2019（20）：186-188.